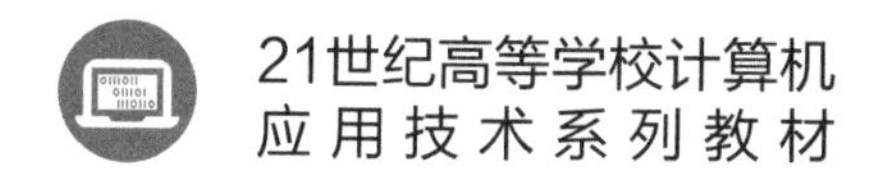

人工智能边缘设备应用

盛建强　孟思明　主　编

王振宇　江跃龙　陈泽宁　副主编

清華大学出版社

北京

内 容 简 介

本书较为全面地介绍了人工智能边缘设备的基础概念、技术栈和应用开发等内容，以企业用人需求为导向，以岗位技能和综合素质为核心，通过理论与实战相结合的方式，旨在培养具备人工智能边缘设备基础认知，掌握人工智能模型选择、部署和推理方法的应用型人才。

全书共三篇：第一篇（模块1～4）为“基础篇：人工智能边缘设备开发入门”，着重讲解人工智能与边缘计算的概念、人工智能边缘设备的挑战与发展、操作系统、硬件基础；第二篇（模块5～7）为“进阶篇：人工智能边缘设备应用技术”，着重讲解人工智能边缘设备软件、算法、硬件、编程库的应用；第三篇（模块8～12）为“应用篇：人工智能边缘设备项目实战”，以国家“十四五”智能制造发展规划中所提及的智能制造领域“生产、管理、服务”三个阶段展开项目实战。

本书适合作为高等院校人工智能专业、智能产品开发与应用、物联网应用技术、嵌入式技术应用等专业的教材，也适合作为需充实人工智能边缘设备应用开发技能的技术人员的参考用书。

图书在版编目（CIP）数据

人工智能边缘设备应用 ：微课视频版 / 盛建强，孟思明主编. -- 北京 ：清华大学出版社，2024. 7.
（21世纪高等学校计算机应用技术系列教材）. -- ISBN 978-7-302-66746-9

Ⅰ. TP18

中国国家版本馆CIP数据核字第2024JE9413号

责任编辑：黄 芝 薛 阳
封面设计：刘 键
责任校对：郝美丽
责任印制：杨 艳

出版发行：清华大学出版社
网 址：https://www.tup.com.cn，https://www.wqxuetang.com
地 址：北京清华大学学研大厦A座 **邮 编**：100084
社 总 机：010-83470000 **邮 购**：010-62786544
投稿与读者服务：010-62776969，c-service@tup.tsinghua.edu.cn
质量反馈：010-62772015，zhiliang@tup.tsinghua.edu.cn
课件下载：https://www.tup.com.cn，010-83470236
印 装 者：三河市人民印务有限公司
经 销：全国新华书店
开 本：185mm×260mm **印 张**：15.25 **字 数**：370千字
版 次：2024年8月第1版 **印 次**：2024年8月第1次印刷
印 数：1～1500
定 价：49.80元

产品编号：101953-01

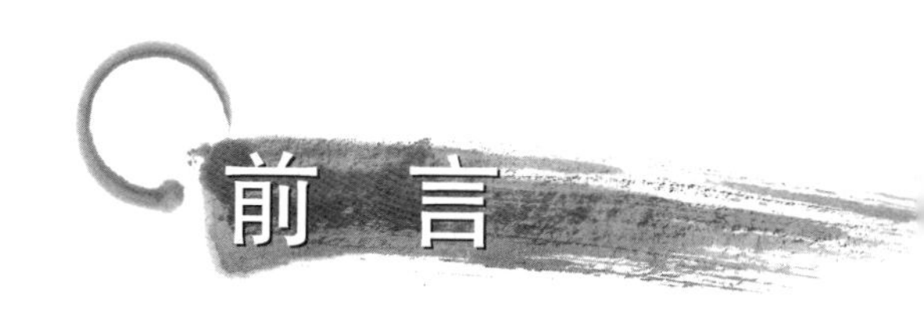

前言

当前，新一代人工智能相关学科发展、理论建模、技术创新、软硬件升级等整体推进，正在引发链式突破，推动经济社会各领域从数字化、网络化向智能化加速跃升。人工智能的迅速发展正在深刻改变人类社会生活、改变世界。经过多年的演进，特别是在移动互联网、大数据、超级计算、传感网、脑科学等新理论、新技术以及经济社会发展强烈需求的共同驱动下，人工智能加速发展，呈现出深度学习、跨界融合、人机协同、群智开放、自主操控等新特征。为抢抓人工智能发展的重大战略机遇，构筑我国人工智能发展的先发优势，加快建设创新型国家和世界科技强国，国务院印发《新一代人工智能发展规划》，其中提到，要加快人工智能关键技术转化应用，推动重点领域智能产品创新，开发智能软硬件，研究图像识别、语音识别、机器翻译、智能交互、知识处理、控制决策等智能系统解决方案，培育壮大面向人工智能应用的基础软硬件产业。由此可知，智能软硬件系统的应用开发是人工智能领域的重要发展方向之一，为此本书选定该方向为主题，展开实践教学，尝试深化产教融合、校企合作，健全多元化办学体制，完善职业教育和培训体系，培养高素质劳动者和技术技能人才。

根据“艾瑞咨询”提供的数据显示，在人工智能企业所涵盖的主要应用领域、人工智能企业全部分布情况中，超过77%的企业属于应用层级，这也意味着人工智能相关企业对于人才的需求并非都是底层开发人才，更多的是技术应用型人才，完全适合职业院校和应用型本科院校学生就业。并且，人工智能头部企业开放了成熟的工程工具和开发平台，这大大降低了对人工智能人才的技术能力要求，促进人工智能技术广泛应用于智能制造、智能终端、智慧城市、智慧农业、智慧交通、智能家居等领域，并实现商业化落地。

党的二十大报告提到，教育、科技、人才是全面建设社会主义现代化国家的基础性、战略性支撑。为全面贯彻党的二十大精神，积极响应《国家职业教育改革实施方案》，贯彻落实《关于深化产教融合的若干意见》和《新一代人工智能发展规划》的相关要求，坚持科技是第一生产力、人才是第一资源、创新是第一动力，深入实施科教兴国战略、人才强国战略、创新驱动发展战略，坚持为党育人、为国育才，全面提高人才自主培养质量，促进人才培养供给侧和产业需求侧结构要素全方位融合，广州万维视景科技有限公司作为教材编写组织单位，以企业用人为导向，以岗位技能和综合素质为核心，组织高职的学术带头人、企业工程师共同开发本书。本书以实际项目转化的案例为主线，按“理实一体化”的指导思想，采用“‘教、学、做’一体化”的教学方法，为培养高端应用型人才提供适当的教学与训练教材，旨在从“鱼”到“渔”，培养学生知识迁移能力，做到学以致用。

本书面向人工智能应用场景，将人工智能应用中的平台、软件、硬件、算法等形成集成应用系统，解决智能制造场景下的人工智能需求，其主要特点如下。

1. 以“岗课赛证创融通”五位一体的育人理念，培养高素质技术技能型人才

本书基于人工智能工程技术人员国家职业技术技能标准（职业编码 2-02-10-09）中的“人工智能应用产品集成实现”方向的专业能力要求和相关知识要求设计课程内容，并对接全国计算机设计大赛人工智能挑战赛（全国一类赛）的竞赛任务技能点，形成“岗课”为基础、

"证赛"衔接、"课创"融通的高素质技术技能人才培养模式。

2. 引入百度人工智能工具平台技术和产业应用案例，深化产教融合

本书以产学研结合作为课程开发的基本途径，依托行业、头部企业的人工智能技术研究和业务应用，并对接产业需求，引入大量的实际产业应用案例，指导学生进行案例复现，发挥行业企业在教学过程中无可替代的关键作用，提高教学内容与产业发展的匹配度，深化产教融合。通过本书，读者能够依托头部企业的成熟 AI 能力，使用国产化深度学习框架 PaddlePaddle 进行学习和创新实践，掌握与行业企业匹配的专业技术能力。

3. 设计任务驱动式教学体例，突出职业教育"做中学，做中教"的理念

本书采用任务驱动式体例，适应结构化、模块化专业课程教学和教材出版要求，以真实生产项目、典型工作任务、AI 案例等为载体组织教学单元。本书将理论知识贯穿在各个项目和学习任务中，通过各种案例使理论教学与实践教学交互进行，突出对动手能力的培养，体现以学生为中心，教与学并重，"做、学、教"一体化的特点。

4. 开发新形态融媒体教材，提供实训平台，探索教材的数字化改造

本书积极推动新形态融媒体教材的建设，运用多元技术手段使得纸质教材与数字资源充分融合、传统学习形式与在线学习形式充分融合，配套资源丰富、呈现形式灵活、信息技术应用适当，深入浅出、图文并茂，并提供免费的人工智能交互式在线学习及教学管理系统给读者进行实训操作，形成了可听、可视、可练、可互动的数字化教材，突出体现新时代融媒体教学特色。搜索"万维视景"官网，在产品中心找到该平台并单击进入，使用本书附带的唯一邀请码进行账号注册，即可免费使用。

5. 结合社会主义先进文化，促进课程思政，落实育人本质

本书结合我国"正能量"的时事热点及政策普及，落实从"思政课程"到"课程思政"的教育工作，提炼人工智能应用场景中的文化基因和价值范式，将其转化为社会主义核心价值观具体化、生动化的有效教学载体，在"润物细无声"的知识学习中融入理想信念层面的精神引导。例如，通过介绍国产开源深度学习框架的意义与重要性，融合科技强国、民族自信、科技创新等文化内涵；通过介绍人工智能算法的安全风险，强调从事人工智能领域的职业素养和道德规范要求等，促进自身全方面发展。

本书作者有着多年的实际项目开发经验，并有着丰富的教育教学经验，完成了多轮次、多类型的教育教学改革与研究工作。模块 1～5 由盛建强编写，模块 6～7 由孟思明编写，模块 8 由王振宇编写，模块 9 由江跃龙编写，模块 10～12 由陈泽宁、李伟昌编写，广州万维视景科技有限公司的马敏敏及陈泽宁负责以企业工程师视角提供产业 AI 案例和优化建议。本书由深圳信息职业技术学院盛建强担任主编，完成全书的修改及统稿。

由于作者水平有限，书中不足之处在所难免，殷切希望广大读者批评指正。同时，恳请读者一旦发现疏漏，于百忙之中及时与作者联系，作者将不胜感激。

作　者

2024 年 4 月

基础篇：人工智能边缘设备开发入门

下载源码

进阶篇：人工智能边缘设备应用技术

基础篇：人工智能边缘设备开发入门

随着科技的飞速发展，人工智能正在引领一场从云、边到端的革命性变革。人工智能边缘设备的广泛应用，代表着人工智能算法的运行场所从远程的云端向用户手中的终端设备迁移。这不仅大大拓展了AI应用场景，保证了网络连接的稳定性，同时很大程度上保护了用户的隐私安全。这种转变，不仅是科技发展的必然产物，更是人工智能深度融入人们日常生活的重要一步，它拉近了人工智能与人们生活的距离，使得人工智能不再是遥不可及的空中楼阁，而是越来越多地出现在人们的现实生活中，为实现更泛在的智能应用提供了可能。在这个以数据和智能为驱动的时代，人工智能边缘设备将扮演越来越重要的角色。

模块1 人工智能边缘设备基础概念

理论讲解

在自动化机器人或智能汽车的应用中，数据的传输和处理如果存在延时或者滞后，都可能导致灾难性的后果。作为新一代信息技术的核心，人工智能边缘设备集成了人工智能技术和边缘计算技术，提供了一种实时采集、处理和分析数据的方法，能够避免数据传输延时导致的不良影响。

【模块描述】

本模块首先介绍人工智能边缘设备的概念，包括人工智能的概念和边缘计算的概念，引出人工智能边缘设备的特点、典型的应用领域和设备，最后通过远程连接与调试设备，为人工智能边缘设备进行初步的环境配置，从而掌握人工智能边缘设备的初步使用方法。

【学习目标】

知识目标	能力目标	素质目标
(1) 了解人工智能的概念。 (2) 了解边缘计算的概念。 (3) 熟悉人工智能边缘设备的特点。 (4) 了解人工智能边缘设备的挑战与发展。	(1) 能够区分云计算与边缘计算。 (2) 能够阐述和介绍人工智能边缘设备的特点与发展趋势。 (3) 能够对人工智能边缘设备进行基础配置。	从《“十四五”数字经济发展规划》，感受人工智能边缘设备的国家战略地位和重要性，激发学习使命感。

【课程思政】

人工智能领域除涉及技术问题之外，还涉及人工智能的道德、伦理和社会责任等方面。这些元素在人工智能的开发和应用过程中起着重要的作用。

首先，人工智能的道德元素主要涉及人工智能如何被用于决策，以及如何权衡不同的人的权益。例如，在自动驾驶技术中，需要权衡的是人的生命和其他道路用户的权益，这需要进行道德和伦理的思考；其次，人工智能的伦理元素主要涉及人工智能如何被用于处理和保护个人信息，例如，人工智能在人脸识别和隐私保护方面就面临着伦理问题；

最后,人工智能的社会责任元素主要涉及人工智能如何被用于促进社会公正和平等。例如,人工智能在处理社会问题时,需要考虑到社会公平、人权、道德伦理等思政元素。

因此,在人工智能边缘设备中,法律、法规的制定和完善是必不可少的,它们能够指导我们更好地开发和应用人工智能技术,同时也能帮助我们更好地理解人工智能的意义和影响。

【知识框架】

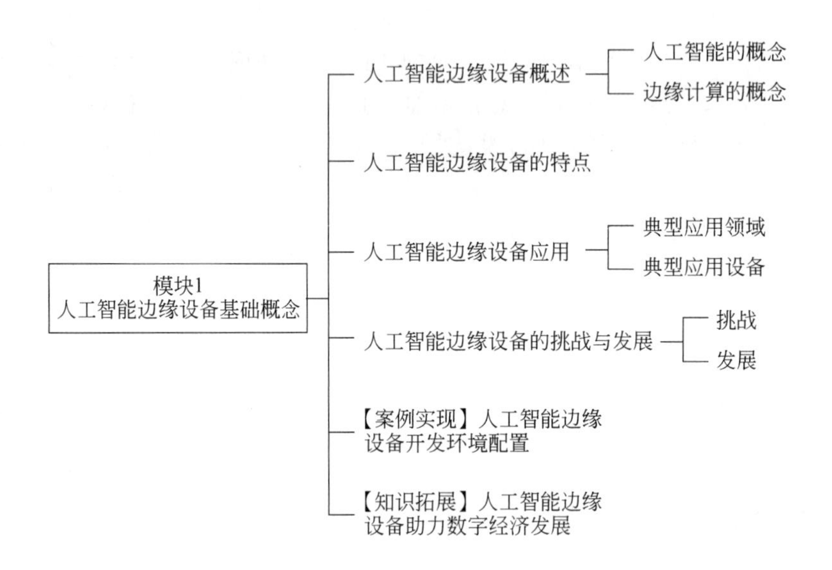

【知识准备】

1.1 人工智能边缘设备概述

人工智能边缘设备是一种集成了人工智能技术和边缘计算技术的智能硬件设备,同时具备人工智能技术和边缘计算技术的特点。接下来分别介绍人工智能和边缘计算的概念。

1.1.1 人工智能的概念

人工智能是一种能够赋予机器"智能"的技术。因此要具体了解什么是人工智能,就需要先了解什么是"智能"。

一般认为,智能是指个体对客观事物进行合理的分析、判断、有目的地行动和有效处理任务的综合能力。智能至少包括三方面的能力,分别为感知能力、记忆与思维能力以及学习与适应能力。

(1) 智能具有感知能力。感知能力是指通过感觉,如视觉、听觉、触觉等器官的活动,接收来自外界的一些信息,如声音、图像、气味等。感知是人类最基本的生理、心理现象,是获取外部信息的重要途径。人类的大部分知识都是通过感知获取的，感知是产生智能活动的前提与必要条件。

（2）智能具有记忆与思维能力。人通过感觉器官获得对外部事物的感性认识，经过初步概括和加工之后，形成相应事物的信息并存储于大脑之中，并利用已有的知识对信息进行分析、比较、判断、推理、联想、决策等，将感性认知抽象为理性知识，这就是一种思维的能力。

（3）智能具有学习与适应能力。学习能力指的是通过教育、训练和学习过程来丰富自身的知识和技巧的能力；而对变化多端的外界环境灵活地做出反应的能力，就是适应能力。人们在与环境的相互作用之中不断地学习知识，积累知识，从而适应环境的变化。

人工智能赋予机器智能的能力，其过程涵盖了训练人工智能模型并部署到智能设备中，使设备能够完成自主学习、判断、决策等与人类相似行为。人工智能是当前经济社会发展的重要的技术变革。

1.1.2 边缘计算的概念

边缘计算和云计算是一对共生互补的概念。云计算是指通过互联网访问云端计算资源、数据和网络功能等，这些资源托管在远离数据源的云计算数据中心内。例如，广东的用户需要使用位于北京的数据中心的计算资源进行开发或应用时，可以将数据通过互联网上传到数据中心，在数据中心中进行模型训练或预测，这种计算和服务方式就被称为云计算。

而边缘计算则更靠近数据源一侧，主要完成数据采集、数据分析、智能应用三个核心任务。例如，拥有运动检测功能的智能手表，智能手表实时采集佩戴者的数据，并在智能手表内部进行计算和分析，得到运动检测的结果，并提出相应的运动指导建议。相比于云计算，边缘计算的方式能产生更快的服务响应。

云计算和边缘计算的关系与章鱼的活动原理相似。章鱼是无脊椎动物中智商最高的一种动物，章鱼拥有大量的神经元，用于感知和处理信息，其中，60%的神经元分布在其8条腕足上，仅有40%分布在其头部。边缘计算同样是“一个大脑＋多个小脑”的计算结构，其中，大脑是指云计算中心，小脑是指靠近数据源的边缘计算中心，如图1-1所示。

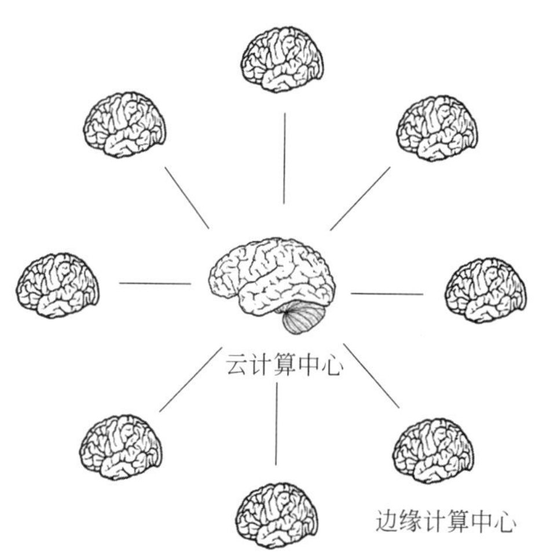

图1-1 云计算和边缘计算的关系示意图

人工智能边缘设备和云计算数据中心一样,已经部署好了数据处理和人工智能模型等服务,支持用户使用,其主要区别在于人工智能应用服务能力上。云计算数据中心通常由众多大型人工智能服务器组成,是一个庞大的数据计算分析处理中心,部署着大量可应用于不同场景的人工智能模型,能够同时响应海量的用户访问请求,但同时也有着系统复杂、造价成本高、运营维护困难等问题。而人工智能边缘设备则类似于一个小型的服务器,在数据源头附近直接采集并分析数据,并通过部署在其中的人工智能模型,针对具体领域具体任务提供快速、专项的人工智能应用服务,有效避免因为将大量数据上传到远端的云计算中心造成延时的情况。

随着社会数字化转型的加速发展,交通、制造、零售等行业中产生的数据量正在逐步增加,企业和用户对人工智能应用快速、准确服务的需求愈加明显,因此人工智能边缘设备的应用也愈加广泛。

1.2 人工智能边缘设备的特点

人工智能边缘设备集成了人工智能技术和边缘计算技术,与传统智能计算设备相比,具有实时性强、安全性高、数据流量低等特点。下面详细介绍人工智能边缘计算设备的特点。

1. 实时性强

通常在人工智能应用过程中,数据处理和模型应用部分的工作会在外部数据中心或云端进行。例如,API 的调用方式,就是向云端发出申请,调用云端现有的人工智能模型和服务。而人工智能边缘计算设备,能够将原有云计算中心的计算任务部分或全部迁移到网络边缘,在边缘设备中处理数据并进行模型应用,因此提高了数据传输性能,保证了处理的实时性。

2. 安全性高

稳定访问人工智能服务。通过云端调用人工智能模型的方法是一种集中访问的方法,容易因为云计算中心服务过载或服务器断电等问题导致无法使用。而人工智能边缘计算设备中,人工智能模型部署在设备本地,能够提供稳定、实时的人工智能计算服务。

有效保障数据安全。许多人工智能应用场景会涉及数据的隐私安全,如人脸识别、指纹识别等,这些场景下需要有效保障数据安全。与通过云端调用人工智能服务的方式不同,人工智能边缘计算设备不是将采集到的数据上传至云计算数据中心进行计算和分析,而是采集到数据后直接在设备本地上处理,这个过程中采集到的数据不会外发,使得人工智能边缘计算设备能够有效避免数据外泄带来的风险问题。

3. 数据流量低

人工智能边缘设备和云计算服务中心一样,已经部署好了数据处理和人工智能模型等服务,支持用户使用。收集的数据可以直接在本地进行计算分析,或者在本地设备上进行数据的预处理,不必把本地设备收集的所有数据上传至云计算数据中心,从而减少进入核心网的流量。

1.3　人工智能边缘设备应用

1.3.1　典型应用领域

相比于人工智能云计算数据中心，人工智能边缘设备更贴近数据源，能够更及时地采集、处理数据并执行相应反应，广泛应用于智能工业质检、智慧零售、智能机器人等领域。

1. 智能工业质检

以芯片工业制造为例，芯片对我国信息产业的发展至关重要，芯片质检是工业生产中非常重要的一环。然而传统质检方式中，大量依赖人工，由于工资低、工作枯燥等原因，芯片质检的岗位工作越来越难以吸引工人，且人工存在个体差异，不利于保证质量一致性。

人工智能边缘设备的应用能够有效解决以上行业实际问题。企业利用人工智能边缘设备进行本地数据采集、过滤、清洗等实时数据处理，并通过划痕检测、引脚缺失检测等人工智能模型，实现对芯片随机缺陷的识别和检测。目前，人工智能边缘设备在质检任务中已经得到了成熟应用。

2. 智慧零售

零售行业是典型的劳动密集型行业，在供应链、客服、营销、运营、销售等不同环节均需大量人力资源，但中国劳动力市场逐年紧缩，零售行业面临用工短缺问题。因此，零售企业需利用人工智能等新技术对计费、结算、营销等环节进行智能化改造，提升人员效率、节省人力成本。

以智慧零售结算台为例，人工智能边缘设备能够实时采集用户选购的商品信息，通过部署在设备中的人工智能模型实现零售商品的类别、价格等信息的识别，并最后通过人脸识别、指纹识别等方式进行用户身份核验与结算，流畅、高效、无感化地完成零售购物的过程。

3. 智能机器人

传统自动化机器人只能全部自动地按规定的要求和既定的程序进行生产，在这个过程中，岗位工人需要提前明确机器人运动控制方式和范围，如果自动化机器人工作运行的环境发生变化，如机器人工作范围区域内出现障碍物、工件的位置发生偏差等情况，传统自动化机器人无法自主根据生产环境的变化进行调整。

基于人工智能边缘设备搭建的智能机器人则不同。智能机器人部署着人工智能模型，因此具有实时的分析、判断和决策能力，能够根据机器人工作环境进行实时调整和变化。

1.3.2　典型应用设备

1. 人工智能边缘开发套件

人工智能边缘开发套件是一款集深度学习、计算机视觉和智能语音三大核心技术于一体的智能设备，支持目标识别、语音识别等人工智能模型的本地推理应用，兼容 PaddlePaddle、

TensorFlow 等深度学习框架。人工智能边缘开发套件实物如图 1-2 所示。

人工智能边缘开发套件支持教育边缘实训、行业应用、竞赛实操等场景的软硬件一体化人工智能应用开发,目前已成功应用于智慧零售、智能制造、智能机器人等领域,同时也是 2022 年全国大学生计算机设计大赛人工智能挑战赛"智慧零售"赛项指定竞赛设备。

2. 智慧工业操作台

智慧工业操作台是一款面向智慧工业场景的硬件平台,支持图像分类、目标检测、图像分割、机器控制等算法和硬件的开发和学习,能够还原智能工业场景下的芯片分类、芯片缺陷检测、芯片划痕检测等工作任务,是 2022 年中国大学生软件杯高职组"智能工业——基于百度飞桨 EasyDL 平台的芯片质量检测"赛项的指定竞赛硬件。智慧工业操作台实物如图 1-3 所示。

图 1-2 人工智能边缘开发套件实物图

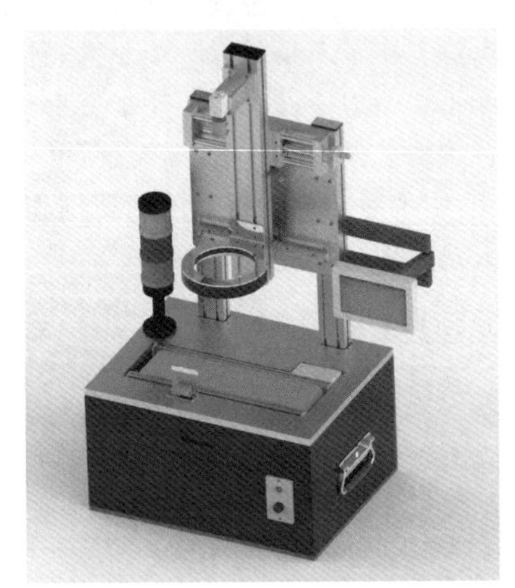

图 1-3 智慧工业操作台实物图

3. 智慧零售操作台

智慧零售操作台是一款面向智慧零售场景的硬件平台,由工业摄像机、工业光源、工业传送带、智能控制单元、高清显示屏等模块组成,能够还原智慧零售环境下的商品识别、人脸识别等工作任务,是 2022 年广东省大学生计算机设计大赛人工智能挑战赛"智慧零售"赛项(专科组)指定竞赛硬件。

智慧零售操作台集成 Python、机器学习、深度学习系统等运行环境,兼容 PaddlePaddle、TensorFlow、PyTorch 等人工智能深度学习框架,支持人工智能平台应用、智能数据采集与处理、计算机视觉等人工智能专业知识的学习和应用。智慧零售操作台实物如图 1-4 所示。

4. 智能机器人

智能机器人是一款面向教育边缘实训、行业应用、竞赛实操的软硬件一体化机器人开发平台。通用机器人开发平台预装 Ubuntu 操作系统与 ROS Melodic 机器人操作系统,搭载 Astra Pro 深度摄像头,可以实现激光雷达建图与导航、视觉建图与导航、多点巡航、激光雷达跟随、深度视觉跟随等通用机器人功能开发。同时支持快速部署人机对话、物体识别、手势识别等各种人工智能应用,是2022年广东省大学生计算机设计大赛人工智能挑战赛“商用服务机器人”赛项(专科组)指定竞赛硬件。智能机器人实物如图1-5所示。

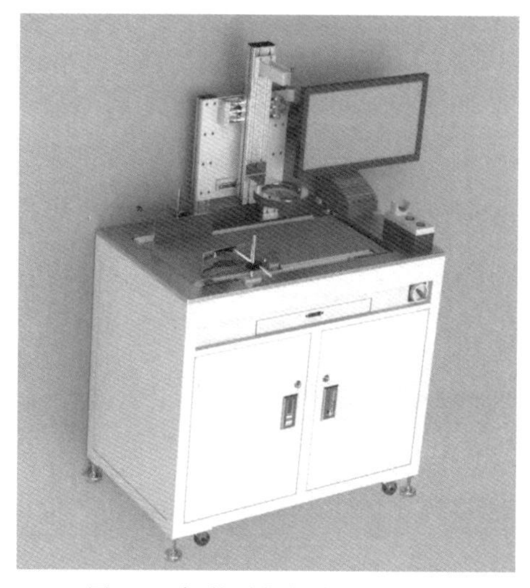

图1-4 智慧零售操作台实物图

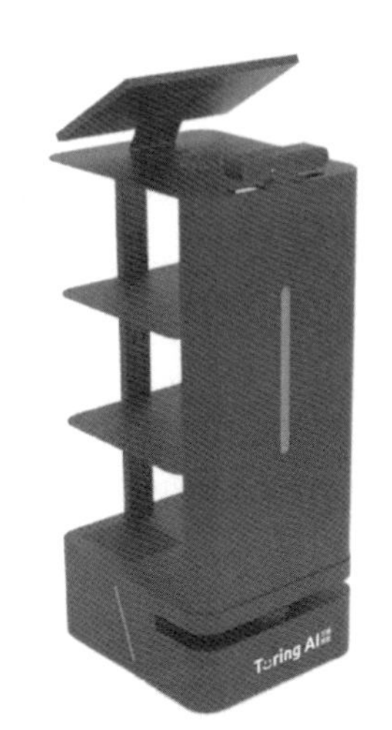

图1-5 智能机器人实物图

1.4 人工智能边缘设备的挑战与发展

目前人工智能边缘设备还处于壮大发展的阶段,需突破多项挑战,并与物联网产业的规模化发展相伴而行。

1.4.1 挑战

人工智能边缘设备正逐渐从单一的智能化阶段走向协同计算阶段,计算模式的更新迭代一方面可以推动相关技术的发展和进步,另一方面,多方协同的计算模式必然会带来很多的挑战与矛盾。根据人工智能边缘设备的三个特点,可以总结出边缘智能发展的两个主要矛盾。

1. 精确性与实时性之间的矛盾

人工智能边缘设备中数据分析和结果预测的时延主要为计算时延,计算时延取决于设备的计算能力和人工智能模型的规模。由于深度学习的发展,当前的智能模型多采用深度神经网络算法,大规模的神经网络模型使计算结果准确率提升的同时,也提高了模型的计算时间。如何在保证计算结果精确度的情况下,满足计算实时性的需求,是人工智能边缘设备研究中的重要挑战。

2. 服务质量与隐私保护之间的矛盾

在用户数据安全方面,由于人工智能边缘设备靠近数据源,因此使用人工智能边缘设备来存储数据可以在一定程度上避免数据泄露,达到用户隐私保护的目的。但是人工智能算法作为以数据为驱动的算法,往往需要海量的数据作为支撑才能实现。不充分或不完整的数据将使得人工智能算法无法进行完善的模型训练,导致模型准确率较低,从而最终影响服务质量。因此,人工智能边缘设备如何在不影响服务质量的情况下,保护数据隐私安全,是需要研究和探讨的问题。

1.4.2 发展

随着人工智能技术和边缘计算技术的不断发展,人工智能边缘设备将朝着以下几个方向继续发展。

1. 从专用智能向通用智能发展

专用智能具有领域局限性。通用人工智能减少了对特定领域知识的依赖性、提高处理任务的普适性。如何在边缘设备中实现从专用人工智能向通用人工智能的跨越式发展,既是下一代人工智能发展的必然趋势,也是研究与应用领域的重大挑战。

2. 程序开发简化

复杂多变的边缘设备市场无时无刻不在诞生大量动态需求。面对碎片化的需求市场,人工智能边缘设备需要具备低门槛甚至零门槛的开发特点,通过借助流程性模块、功能插件和人工智能功能套件等模块集合,使得人工智能应用开发主导权从专业开发者转移到更多业务人员的手中,让代码开发回归辅助角色,人的应用需求重获主导地位,从而高效响应企业碎片化、动态化的人工智能应用需求。

3. 与5G、大数据等新兴技术协同发展

人工智能边缘设备将与5G、大数据等新兴技术协同发展,打造更为快速且安全的智能设备。以5G技术为例,虽然5G网络具有高带宽、大容量、低时延等优势,但该技术极大地增加了数据处理的规模,必须提供一种兼具高效性和可靠性的新型计算设备。多接入的边缘计算被视为一种向5G过渡的关键技术和架构性概念,能够充分发挥5G的各种优势,以实现系统性能、成本、用户体验等多个方面的提升。

【案例实现】 人工智能边缘设备开发环境配置

基于模块描述与知识准备的内容,基本了解了远程连接的原理,接下来便可以对人工智能边缘设备进行使用,实现对边缘设备的本地控制、网络配置及远程连接。

本次案例的实训思路如下。

(1) 本地控制人工智能边缘设备。通过连接电源启动设备,连接显示器查看是否正常开机并进入边缘设备的桌面。

(2) 人工智能边缘设备网络配置。在边缘设备中进行网络配置,获取相关IP地址用于远程连接。

(3) 远程连接人工智能边缘设备。根据获取到的IP地址,使用远程连接软件连接人工

智能边缘设备并进入桌面。

任务1：本地控制人工智能边缘设备

人工智能边缘设备本身就是一台小型的操作计算机，提供5V供电后，可以为人工智能边缘设备连接显示器与鼠标键盘进行本地控制。

（1）供电要求：使用电源线连接电源接口，供电要求为5V1A稳定电源，可以通过移动电源供电或电源适配器供电。

（2）显示器连接方式：使用HDMI线连接人工智能边缘设备的HDMI接口与显示器。

（3）鼠标键盘连接方式：通过USB或者蓝牙连接鼠标键盘。连接之后可在显示器上看到如图1-6所示画面。

图1-6　人工智能边缘设备操作界面

任务2：人工智能边缘设备网络配置

人工智能边缘设备中预置了许多人工智能能力，为保证功能的稳定运行，同时为了实现远程控制，需要保证人工智能边缘设备与执行远程控制的计算机处于同一网络下，因此远程控制之前也需要让人工智能边缘设备连接上Wi-Fi。

但由于设备本身自带热点，因此需先将自带的热点断开，在上方状态栏单击Wi-Fi图标，在下拉框中找到Disconnect选项并单击，断开当前热点，如图1-7所示。

断开自带热点后，继续单击Wi-Fi图标，选择想要连接的Wi-Fi名称，接着在弹出的对话框中输入密码并单击Connect按钮即可连接，如图1-8所示。

输入Wi-Fi相应的密码之后，人工智能边缘设备网络配置就完成了。配置好网络环境后，相当于人工智能边缘设备在局域网中是可以被搜索的。打开人工智能边缘设备终端，输入“ifconfig”命令并按Enter键执行命令，查看设备IP地址，如图1-9所示。

“ifconfig”命令被用于配置和显示Linux内核中网络接口的网络参数。如图1-10所示，输出的信息中含有“wlan0”一栏，即在局域网中的配置信息，其中，inet一行指在局域网中的

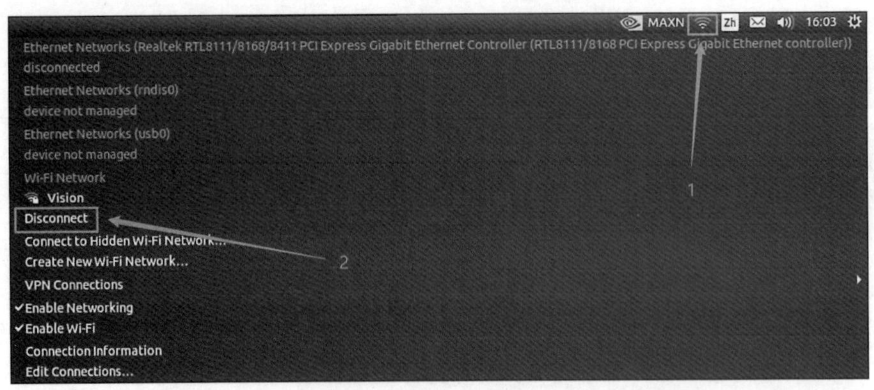

图 1-7 断开当前热点

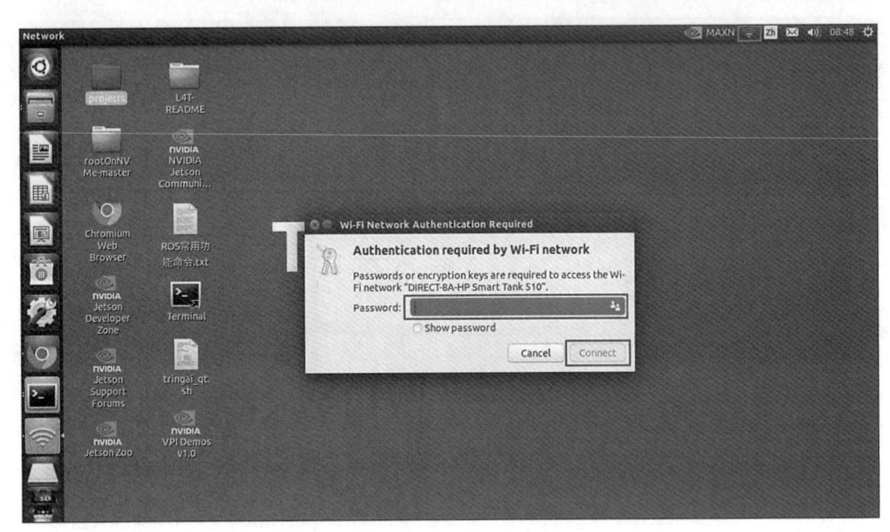

图 1-8 连接 Wi-Fi

图 1-9 输入“ifconfig”命令

IP 地址。就像人的身份证号码一样，检索身份证号码就可以找到这个人，而检索目标的 IP 地址，就可以在局域网中快速、准确地识别出目标设备。

```
wlan0: flags=4163<UP,BROADCAST,RUNNING,MULTICAST>  mtu 1500
       inet 192.168.12.67  netmask 255.255.254.0  broadcast 192.168.13.255
       inet6 fe80::32bc:91e7:bb63:1e29  prefixlen 64  scopeid 0x20<link>
       ether 10:63:4b:09:ef:56  txqueuelen 1000  (Ethernet)
       RX packets 19902  bytes 6545049 (6.5 MB)
       RX errors 0  dropped 1  overruns 0  frame 0
       TX packets 32459  bytes 15403580 (15.4 MB)
       TX errors 0  dropped 0 overruns 0  carrier 0  collisions 0
```

图 1-10 查看设备网络参数

由于 IP 地址是在设备接入无线局域网络时，由路由器进行分发给接入无线局域网的设备，因此存在多台设备接入、登出无线局域网时，IP 地址可能会发生改变，这种会发生变动的 IP 也被称为动态 IP。与之相对地，不会发生变动，在无线局域网中与设备唯一绑定的 IP 被称为静态 IP。动态 IP 向所有设备开放 IP 地址资源，提高 IP 地址使用的灵活性，而静态 IP 能通过地址远程访问对应的计算机，便于开发和管理。可以通过以下方式设置静态 IP。

首先在终端中输入“sudo vi /etc/default/networking”命令并按 Enter 键执行，如图 1-11 所示。若需输入 sudo 密码，默认为“tringai”，输入后按 Enter 键即可。该命令含义为使用管理员权限编辑/etc/default 目录下的 networking 文件。

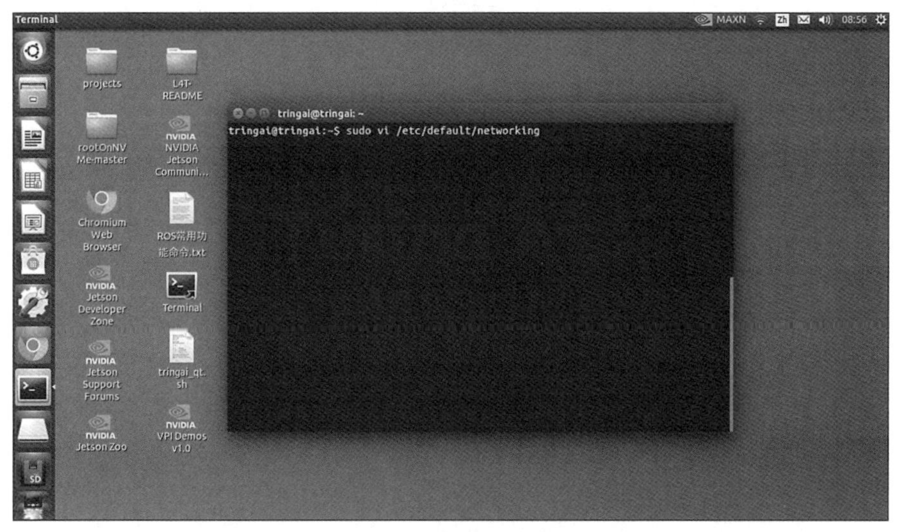

图 1-11 设置管理员权限

执行命令后，可以看到如图 1-12 所示界面，已经打开该文件，且该文件中含有多项内容。此时文件为只读状态，不可编辑。

如图 1-13 所示，输入字符“i”，终端界面左下角显示“INSERT”，则文件为可编辑状态。

如图 1-14 所示，使用键盘方向键移动光标，删除“CONFIGURE_INTERFACES”前的“#”号，并将其值修改为“no”，其意义为在接入无线局域网时，不再获取路由器分发的 IP 地址等配置信息。

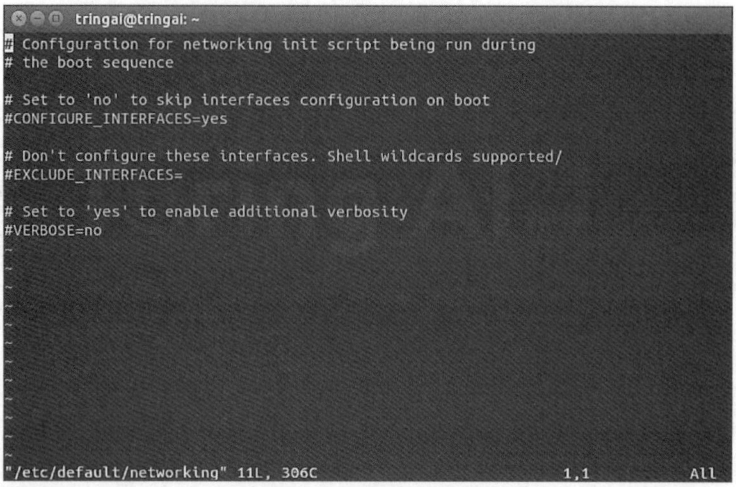

```
tringai@tringai: ~
# Configuration for networking init script being run during
# the boot sequence

# Set to 'no' to skip interfaces configuration on boot
#CONFIGURE_INTERFACES=yes

# Don't configure these interfaces. Shell wildcards supported/
#EXCLUDE_INTERFACES=

# Set to 'yes' to enable additional verbosity
#VERBOSE=no
"/etc/default/networking" 11L, 306C                    1,1          All
```

图 1-12　networking 文件内容

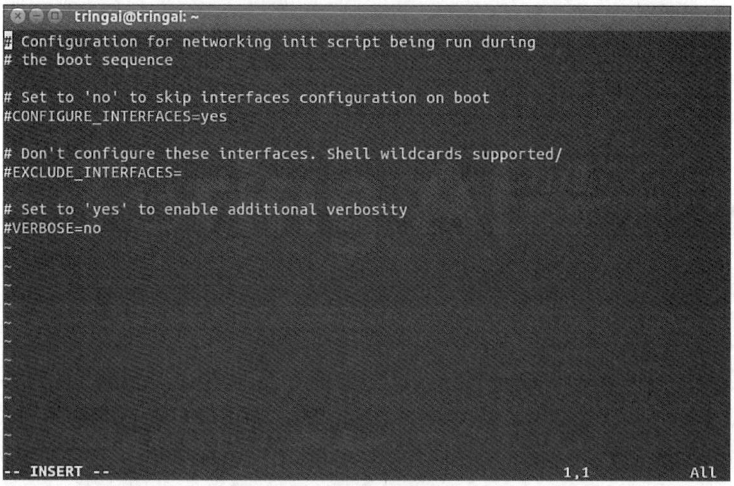

```
tringai@tringai: ~
# Configuration for networking init script being run during
# the boot sequence

# Set to 'no' to skip interfaces configuration on boot
#CONFIGURE_INTERFACES=yes

# Don't configure these interfaces. Shell wildcards supported/
#EXCLUDE_INTERFACES=

# Set to 'yes' to enable additional verbosity
#VERBOSE=no
-- INSERT --                                           1,1          All
```

图 1-13　设置可编辑状态

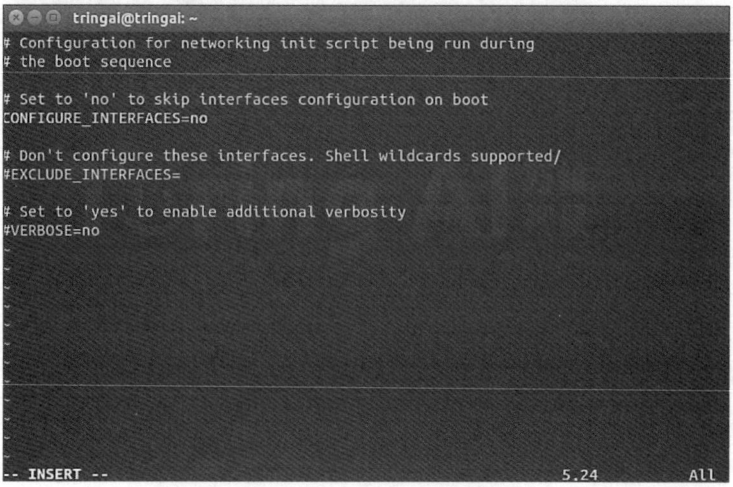

```
tringai@tringai: ~
# Configuration for networking init script being run during
# the boot sequence

# Set to 'no' to skip interfaces configuration on boot
CONFIGURE_INTERFACES=no

# Don't configure these interfaces. Shell wildcards supported/
#EXCLUDE_INTERFACES=

# Set to 'yes' to enable additional verbosity
#VERBOSE=no
-- INSERT --                                           5,24         All
```

图 1-14　取消默认分发配置信息

配置 networking 文件信息后，按 Esc 键，退出编辑模式。输入“:wq”命令并按 Enter 键，保存 networking 文件信息并退出，如图 1-15 所示。

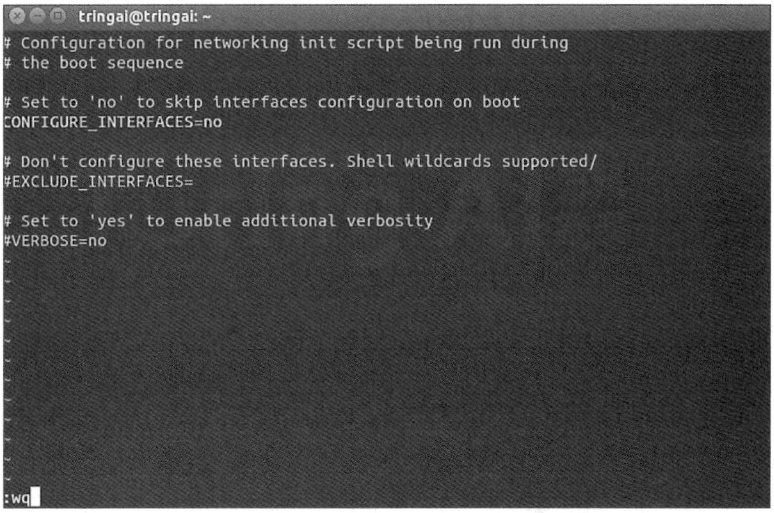

tringai@tringai: ~
# Configuration for networking init script being run during
# the boot sequence
# Set to 'no' to skip interfaces configuration on boot
CONFIGURE_INTERFACES=no
# Don't configure these interfaces. Shell wildcards supported/
#EXCLUDE_INTERFACES=
Set to 'yes' to enable additional verbosity
#VERBOSE=no
:wq

图 1-15　保存 networking 文件信息并退出

接着在终端中输入命令“sudo vi /etc/network/interfaces”并按 Enter 键执行命令，使用管理员权限编辑/etc/network 目录下的 interfaces 文件。输入字符“i”，终端界面左下角显示“INSERT”，如图 1-16 所示，则文件为可编辑状态，同时插入以下命令，设置人工智能边缘设备的静态 IP。

```
auto wlan0
iface wlan inet static
  address 192.168.12.67
  netmask 255.255.254.0
  gate 192.168.13.255
```

tringai@tringai: ~
Include files from /etc/network/interfaces.d:
.source-directory /etc/network/interfaces.d
auto wlan0
iface wlan inet static
address 192.168.12.67
netmask 255.255.254.0
gate 192.168.13.255
-- INSERT --
9,24
Bot

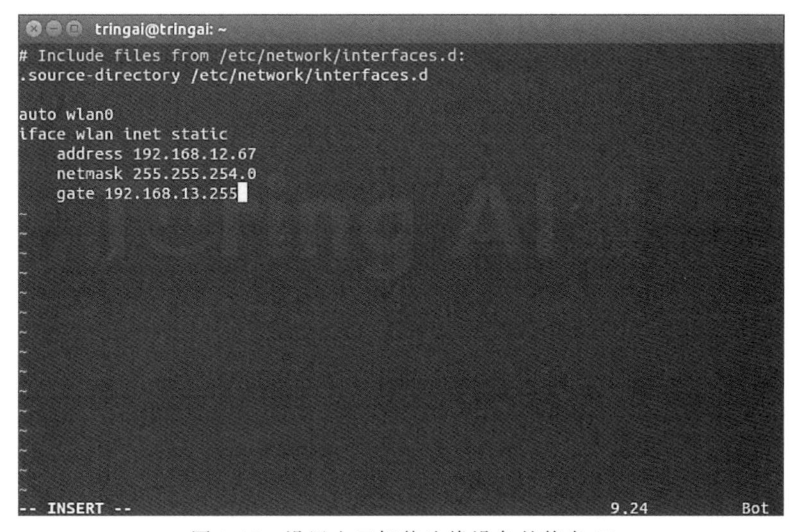

图 1-16　设置人工智能边缘设备的静态 IP

配置 interfaces 文件信息后,按 Esc 键,退出编辑模式。输入“:wq”命令并按 Enter 键,保存 interfaces 文件信息并退出,如图 1-17 所示。

```
tringai@tringai: ~
# Include files from /etc/network/interfaces.d:
.source-directory /etc/network/interfaces.d

auto wlan0
iface wlan inet static
    address 192.168.12.67
    netmask 255.255.254.0
    gate 192.168.13.255
~
:wq
```

图 1-17 保存 interfaces 文件信息并退出

在命令行终端中输入指令“sudo reboot”后,将设备重启。重启设备后,在命令行终端中输入“ifconfig”命令并按 Enter 键执行命令,重新查看设备 IP 地址。如 IP 地址为设置的静态 IP 地址,则设置成功,如图 1-18 所示。

```
wlan0: flags=4163<UP,BROADCAST,RUNNING,MULTICAST>  mtu 1500
        inet 192.168.12.67  netmask 255.255.254.0  broadcast 192.168.13.255
        inet6 fe80::52bc:91e7:bb63:1e29  prefixlen 64  scopeid 0x20<link>
        ether 10:63:4b:09:ef:56  txqueuelen 1000  (Ethernet)
        RX packets 62314  bytes 9122878 (9.1 MB)
        RX errors 0  dropped 3  overruns 0  frame 0
        TX packets 85445  bytes 19377835 (19.3 MB)
        TX errors 0  dropped 0 overruns 0  carrier 0  collisions 0
```

图 1-18 查看设备 IP 地址

至此,已完成设置人工智能边缘设备的静态 IP 地址。

任务 3:远程连接人工智能边缘设备

本地控制人工智能边缘设备,需要同时配备显示器、键盘、鼠标等开发外设,开发灵活性受限。如果拥有一套可以接入无线局域网的 PC,则可以使用 PC 自带的显示器和键盘,通过远程控制人工智能边缘设备的方式进行开发,提高开发灵活性。为此,可以使用人工智能交互式在线教学及管理平台进行设备远程连接与开发操作。

首先搜索万维视景官网,单击“产品中心”→“人工智能交互式在线学习及教学管理系统”,单击“立即体验”按钮,如图 1-19 所示。

进入平台登录页面后,输入账号和密码。若是第一次使用,则需先注册账号,如图 1-20 所示。

登录平台后,在“我的课程”里找到“智能终端应用开发”课程,单击进入,找到对应的课程任务,单击“开始学习”按钮,如图 1-21 所示。

图 1-19　单击“立即体验”按钮

图 1-20　注册账号

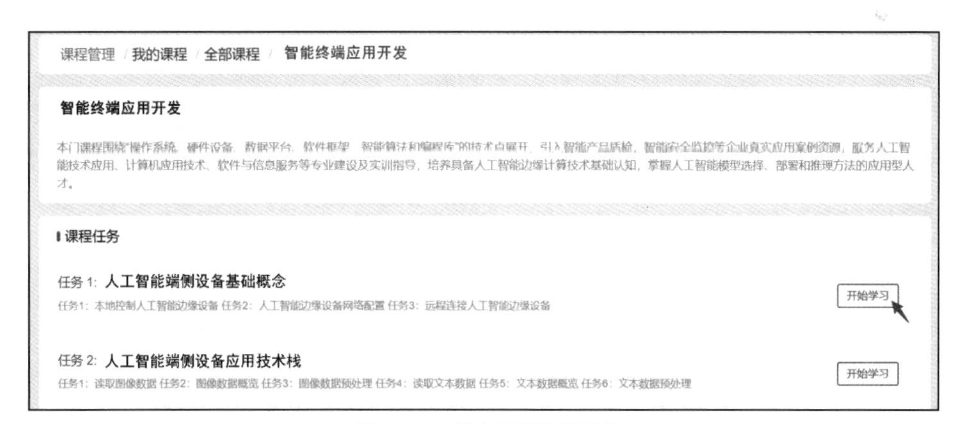

图 1-21　单击“开始学习”

接着单击“开始实验”按钮，进入控制台界面，如图 1-22 所示。

图 1-22　单击“开始实验”

进入控制台后,选择"人工智能边缘设备远程桌面"服务,单击"启动"按钮,进行远程连接,如图1-23所示。

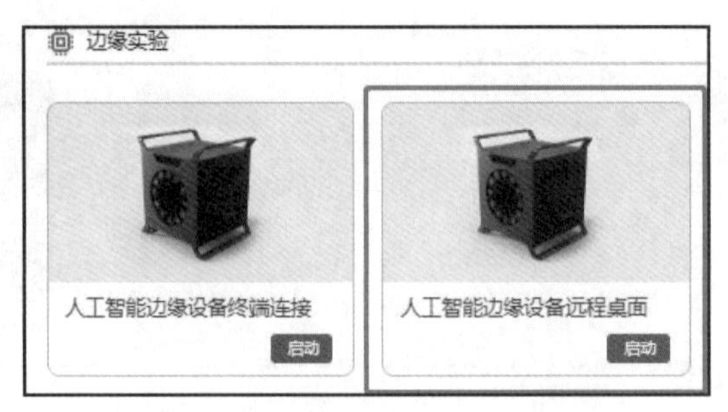

图1-23 人工智能边缘设备远程桌面

在访问地址中,输入设备的IP地址,其中,":8001"为默认的端口地址,无须修改,如图1-24所示。

图1-24 输入设备的IP地址

填写正确的IP地址后,将出现如图1-25所示界面。单击"连接"按钮进入远程连接服务,如出现密码登录,输入默认密码"123456",即可远程连接登录人工智能边缘设备。

图1-25 单击"连接"按钮

登录之后，可以看到如图 1-26 所示操作桌面。接下来的学习中，可以通过接入显示器的方式，或通过远程控制的方式进行开发。

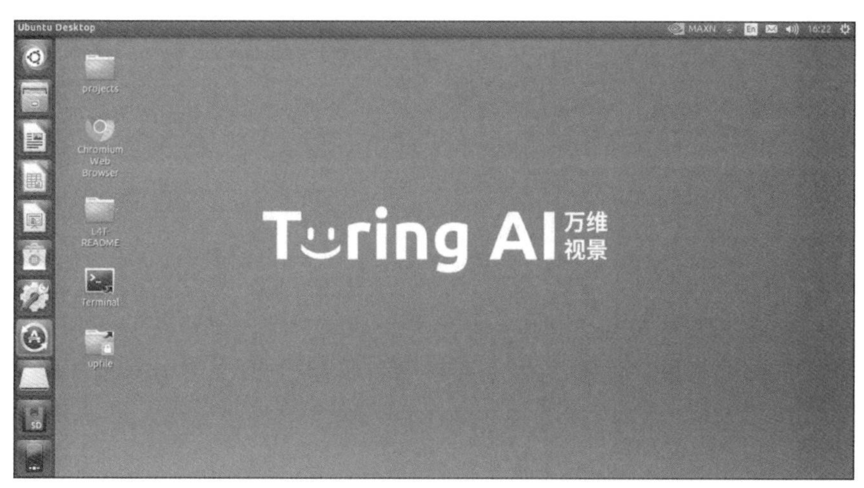

图 1-26　人工智能边缘设备操作界面

【模块小结】

在本模块的学习中，了解了人工智能边缘设备是一种结合了人工智能技术和边缘计算技术的智能设备，其具备实时、安全等特点，使得它常用于智能制造、智慧交通等场景，是一种正在迅速发展的新兴设备。最后通过体验人工智能边缘设备的使用方法，对人工智能边缘设备的概念有了更为深入的了解，为接下来基于人工智能边缘设备的理论和实战学习打下基础。

【知识拓展】　人工智能边缘设备助力数字经济发展

数字经济是以数据为关键生产要素、以现代信息网络为重要载体、以数字技术应用为主要特征的经济形态，是人工智能产业向效率化、工业化发展的重要推动力。

数字经济的高速发展为人工智能边缘设备的发展创造了良好的经济与技术环境，同时，人工智能边缘设备作为关键性的新型信息基础设施设备，也被视为拉动我国数字经济发展的新动能。随着新基础设施计划的实施、消费互联网的升级以及产业互联网的快速发展，人工智能边缘设备成为数字经济时代的核心生产力和产业底层支撑设备，是激活数字经济相关产业由数字化向智能化升级的核心。

2021 年 12 月，国务院印发《“十四五”数字经济发展规划》，明确指出加强面向特定场景的边缘计算能力，强化算力统筹和智能调度，打造智能算力、通用算法和开发平台一体化的新型智能基础设施，面向政务服务、智慧城市、智能制造、自动驾驶、语言智能等重点新兴领域，提供体系化的人工智能服务。

【课后实训】

(1) 以下哪项不属于人工智能边缘设备的特点?(　　)【单选题】

A. 实时性强

B. 安全性高

C. 数据流量低

D. 由众多人工智能服务器组成

(2) 以下哪项属于人工智能边缘设备的发展趋势?(　　)【多选题】

A. 向通用智能方向发展

B. 程序开发简化

C. 与5G、大数据等新兴技术协同发展

D. 同时响应海量的用户访问请求

(3) 以下哪项属于人工智能边缘设备发展过程中面临的挑战?(　　)【多选题】

A. 精确性与实时性之间的矛盾

B. 服务质量与隐私保护之间的矛盾性

C. 同一时间段内服务数量与网络带宽的矛盾

D. 服务质量与实时性之间的矛盾

人工智能边缘设备应用技术栈

在模块1中介绍了什么是人工智能边缘设备，本模块将围绕人工智能边缘设备技术栈，学习人工智能边缘设备的使用方法。所谓技术栈，就是实现某种目的或功能前需要掌握的一系列技能组合的统称，或指掌握这些技术以及配合使用的经验。

【模块描述】

在本模块中，将分别介绍人工智能边缘设备技术栈中的边缘数据处理平台、操作系统、硬件设备、计算框架、智能算法和智能编程库6大技术内容，最后在人工智能边缘计算平台中完成数据处理相关任务，掌握在人工智能边缘数据处理平台中，数据清洗处理的具体方法。

【学习目标】

知识目标	能力目标	素质目标
(1) 了解人工智能边缘设备技术栈的数据处理平台、操作系统、硬件设备、计算框架、智能算法和智能编程库6大技术内容。 (2) 熟悉常见的人工智能边缘数据处理平台。	(1) 能够介绍和阐述人工智能边缘设备技术栈的6大技术内容。 (2) 能够使用数据处理平台完成数据清洗等数据处理任务。	从《"十四五"大数据产业发展规划》中，了解数据处理平台的发展趋势，提升对于数据处理平台应用技术的学习信心，激发学习使命感。

【课程思政】

介绍我国在人工智能领域取得的成就和优势，例如，我国在人工智能研究中的重要贡献、国内人工智能企业的创新和发展等，以激发学生的民族自豪感和自信心；介绍与人工智能相关的法律法规，例如，《中华人民共和国数据安全法》《中华人民共和国知识产权法》等，引导学生遵守法律法规，增强法律意识；强调人工智能技术的社会责任，例如，在医疗、教育、交通等领域的应用中如何提高效率、改善民生，同时引导学生思考人工智能技术对社会的影响和挑战。

【知识框架】

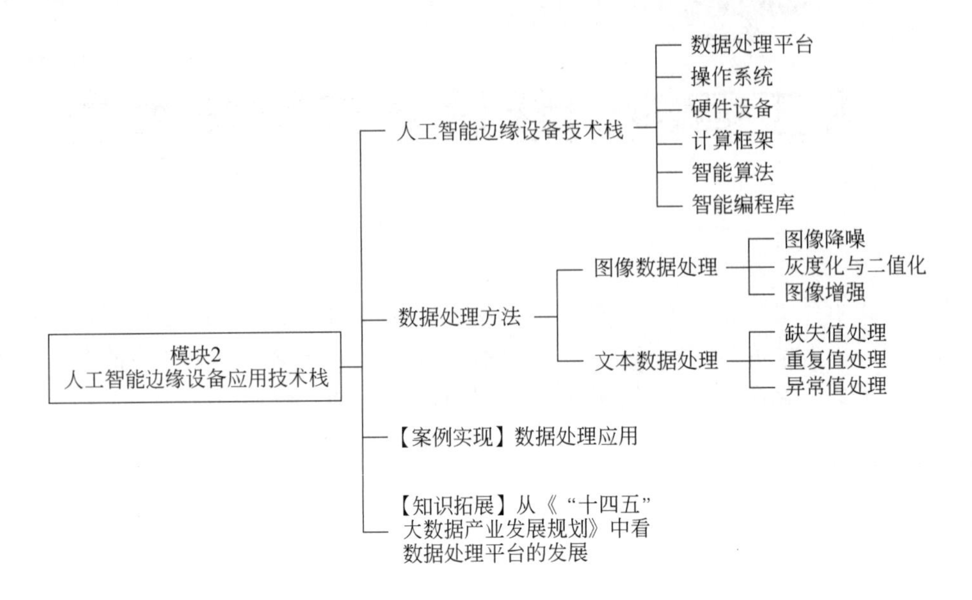

【知识准备】

2.1 人工智能边缘设备技术栈

技术栈是实现某种目的或功能前需要掌握的一系列技能组合的统称,而人工智能边缘设备技术栈主要包括数据处理平台、操作系统、硬件设备、计算框架、智能算法和智能编程库6大板块的内容。

2.1.1 数据处理平台

在实际生产应用环境中,人工智能边缘设备接收到的数据是动态实时变化的,会随着业务的变化而变化,且通常由于生产环境的复杂、多变等情况,导致数据中可能存在关键信息缺失、数据噪声等数据质量问题,因此设备需要通过数据平台对数据进行加载和分析。

数据处理平台,就是一种能够对数据进行检索、处理和维护等操作的软件平台。数据处理平台通常是一个分布式系统,即把一个需要巨大计算能力才能解决的问题分成许多小的问题,然后把这些小问题分配给多个计算核心进行处理,最后把这些计算结果综合起来得到最终的结果。如图2-1所示为数据处理平台基本功能的结构图。

2.1.2 操作系统

操作系统是一种针对系统快捷操作的软件,能够有效分配和管理软硬件资源,向用户提供方便地使用硬件的服务,使整个计算机系统能高效运行。例如,常见的边缘计算设备的操作系统就有Linux、VxWorks、ROS、RT-thread等,各个操作系统都有各自的优点,其中最

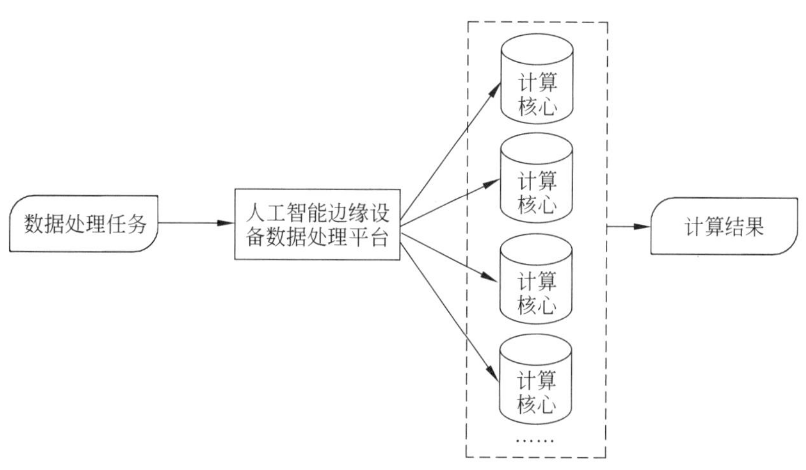

图 2-1 数据处理平台基本功能的结构图

广泛使用的就是 Linux 操作系统。

在模块 1 中已经了解到，相对于大型数据处理中心，人工智能边缘设备的算力有限。为了在边缘运行人工智能相关工作任务，操作系统需要做专门定制化设计以满足轻量级需求。边缘计算操作系统向下需要管理异构的计算资源。所谓异构计算，主要是指使用不同类型指令集和体系架构的计算单元组成系统的计算方式。操作系统需要处理大量的异构数据以及多种应用负载，并负责将复杂的计算任务在边缘计算设备上部署、调度及迁移，从而保证计算任务的可靠性以及资源的最大化利用。

与传统的物联网设备上的实时操作系统相比，边缘计算设备的操作系统更强调数据处理、人工智能计算任务和计算资源管理效率。

2.1.3 硬件设备

硬件设备是指构成边缘设备的所有物质元器件、线路和部件。人工智能边缘设备可以通过非智能化的传感器硬件设备，实时收集外部环境数据。例如，使用摄像头采集图像数据，使用麦克风采集音频数据。采集到数据后再在设备内部进行数据处理和分析。

相比于操作系统等软件系统，硬件设备通常较难改动，边缘设备的性能通常会受到硬件水平的制约，一般而言很难扩展。不过近年来，随着科技的发展，硬件设备也是呈现百花齐放的状态，各种新型设备争相登场。例如，模块 1 中提到的典型应用设备；又如，英伟达的 Jetson 系列、阿里云的 LE-V-B010、百度与英伟达合作推出的 EasyDL-JetsonTX2 软硬一体开发套件等，都是人工智能边缘设备领域的具体硬件产物。

2.1.4 计算框架

在人工智能边缘设备技术栈中，计算框架是一种可复用软件。计算框架提供了可复用的软件体系结构，以及若干可复用的构件或模块，同时提供了一系列扩展点，可由开发者扩展和定制以产生具体的系统，是开发者的工具。

人工智能边缘计算框架分为两类，一类可以执行模型的训练和推理预测任务，如

PaddlePaddle、TensorFlow、Caffe 和 PyTorch 等;另一类仅执行推理预测任务,这一类的框架能够通过获取已经训练好的模型,进行预测优化,如 Paddle Lite、TensorFlow Lite、OpenVINO、CoreML 和 TensorRT 等。人工智能边缘设备中常用的计算框架如图 2-2 所示。

图 2-2 人工智能边缘设备中常用的计算框架

2.1.5 智能算法

智能算法是一种对特定问题求解步骤的描述,它是指令的有限序列,其中每一条指令表示一个或多个操作,可简单理解为解题操作。

面向人工智能边缘设备的深度学习算法需要考虑到计算资源的受限性,因此相关研究工作主要从减少算法所需的计算量出发。面向边缘计算设备的人工智能算法主要分为两类,一类是边缘智能算法,即针对计算能力有限的边缘计算设备,结合具体的应用场景进行算法设计,如图像分类算法、目标检测算法、图像分割算法等,都是经典的算法;另一类是深度模型压缩算法,目的是将在云端表现良好的模型进行压缩,使该模型能够在边缘端运行,其中,使用迁移学习算法进行深度模型压缩是一种常用方法。智能算法流程如图 2-3 所示。

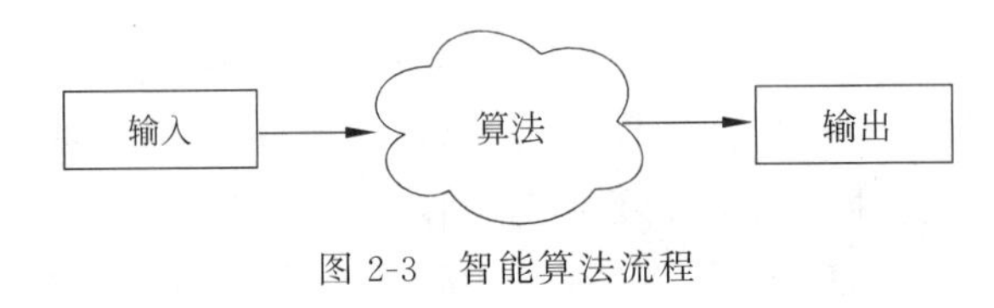

图 2-3 智能算法流程

2.1.6 智能编程库

人工智能编程库是一种集合了人工智能模型和函数的代码编程库。

人工智能编程库是开发时使用的主流软件系统,其向上提供编程接口方便使用者进行开发,向下调用深度学习加速库,兼容多种硬件产品。智能编程库包括函数库和模型库两种,函数库是一种为科学与工程计算而形成的各类数值计算相关的程序库,用于计算;模型库是各种人工智能模型的集合,用来存储人工智能模型的代码,是决策支持系统的核心部分。两个模块相辅相成,缺一不可。随着近几年人工智能编程库的发展,越来越多的企业和模型库提供越来越创新,且越来越高效的模型,方便开发者更好地将人工智能应用到所需领域。例如在前几年,调用编程库提供的函数库和模型库还需要有一定的人工智能编程基础,而近几年编程库提供越来越多简单易行的函数库和模型库，甚至可以实现“几行代码运行人工智能程序”。可见，人工智能编程库越来越高效。人工智能编程库流程如图 2-4 所示。

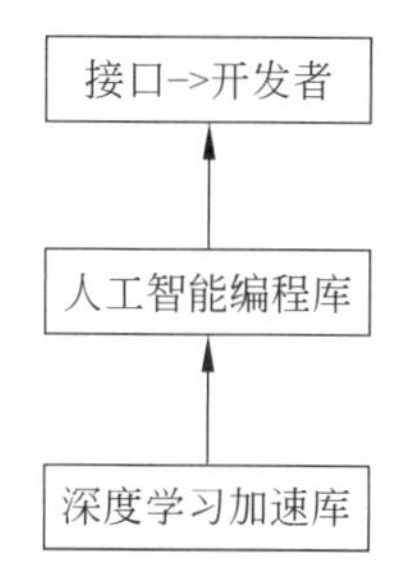

图 2-4 人工智能编程库流程

2.2 数据处理方法

人工智能数据处理平台提供了数据处理程序运行的环境，保证数据处理相关程序的正常运行。在实际生产应用环节中，需要根据人工智能设备所处实际环境进行数据处理相关的程序编写和应用开发。下面分别介绍图像数据处理和文本数据处理的常用方法。

2.2.1 图像数据处理

当人工智能边缘设备结合计算机视觉技术进行应用时，所采集到的数据通常为图像数据。图像数据处理是信号处理在图像领域上的一个应用。目前大多数的图像均是以数字形式存储，因而图像处理很多情况下指数字图像处理。

一般来讲，会通过数据处理平台对图像进行以下三个方向的处理。

(1) 提高图像的视感质量，如进行图像的亮度、彩色变换，增强、抑制某些成分，对图像进行几何变换等，以改善图像的质量。

(2) 提取图像中所包含的某些特征或特殊信息，这些被提取的特征或信息往往为人工智能边缘设备中的智能模型分析图像提供便利。提取特征或信息的过程是模式识别或计算机视觉的预处理。提取的特征可以包括很多方面，如图像的频域特征、灰度或颜色特征、边界特征、区域特征、纹理特征、形状特征、拓扑特征和关系结构等。

(3) 图像数据的变换、编码和压缩，以便于图像的存储和传输。

下面分别介绍三个数据处理方向中的常用方法。

1. 图像降噪

摄像头中的感光元件都存在热稳定性的问题，就是成像的质量和温度有关，如果相机的温度升高，噪声信号过强，会在画面上不应该有的地方形成杂色的斑点，这些点就是图像噪声。图像噪声是干扰图像质量的重要原因。

图像噪声的多少会因传感器构造以及处理器的差异而不同，各个品牌各种型号的摄像头对图像噪声的控制能力也不尽相同。但图像噪声问题是现在所有摄像头都没能完全克服的问题。

减少图像噪声的过程被称为图像降噪，有时候也称为图像去噪。为了抑制图像噪声，改善图像质量,便于人工智能模型基于图像数据进行分析和预测,必须对图像进行图像降噪处理。下面介绍一种图像降噪的常用方法,即中值滤波法。

中值滤波是一种基于排序统计理论的可有效抑制噪声的非线性平滑滤波。其滤波原理是:首先确定一个以某个像素为中心点的邻域,一般为方形邻域,然后将邻域中各像素的灰度值进行排序,取中间值作为中心像素灰度的新值,这里的邻域通常被称为窗口;当窗口在图像中上下左右进行移动后,利用中值滤波算法可以很好地对图像进行平滑处理。中值滤波的输出像素是由邻域图像的中间值决定的,因而中值滤波对极限像素值(与周围像素灰度值差别较大的像素)远不如平均值那么敏感,从而可以消除孤立的噪声点,可以使图像产生较少的模糊,如图 2-5 所示。

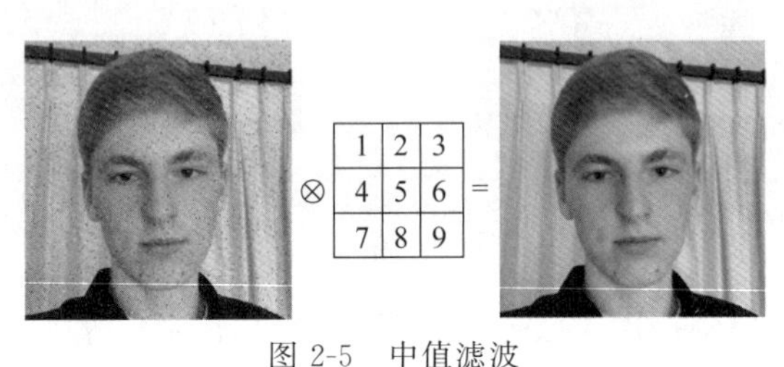

图 2-5 中值滤波

2. 灰度化与二值化

1) 彩色图像

在图像处理中,用 RGB 三个分量,如图 2-6 所示,即红、绿、蓝三原色来表示真彩色。R 分量、G 分量、B 分量的取值范围均为 0～255。例如,计算机屏幕上的一个红色的像素点的三个分量的值分别为 255,0,0。

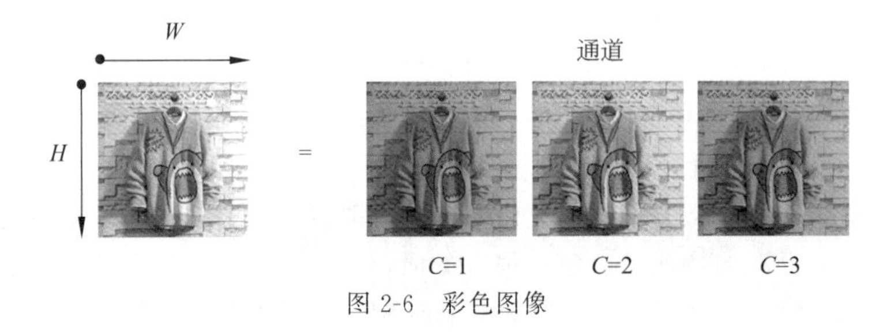

图 2-6 彩色图像

像素点是最小的图像单元,一张图片由大量的像素点构成。

假如一张图片的尺寸是 800×800 的,即宽度是 800px,高度是 800px,也就是说,这张图片是由一个 800×800 的像素点矩阵构成的。这张图片共有 800×800 即 640 000 个像素点。因为一个像素点的颜色是由 RGB 三个值来表现的,所以一个像素点矩阵对应三个颜色向量矩阵,分别是 $\boldsymbol{R}$ 矩阵、$\boldsymbol{G}$ 矩阵、$\boldsymbol{B}$ 矩阵。例如,每个矩阵的第一行第一列的值分别为 $R=240,G=223,B=204$,所以这个像素点的颜色就是(240,223,204)。

2) 图像灰度化

在理解了一张图片是由一个像素点矩阵构成的之后,可以知道,对图像的处理就是对这个像素点矩阵的操作,想要改变某个像素点的颜色,只要在这个像素点矩阵中找到这个像素点的位置,如第 x 行第 y 列。所以这个像素点在这个像素点矩阵中的位置就可以表示成 (x,y)。因为一个像素点的颜色由红、绿、蓝三个颜色变量表示,所以通过给这三个变量赋值,来改变这个像素点的颜色,如改成红色(255,0,0),可以表示为 $(x,y)(R=255,G=0,B=0)$。

那么什么是图像的灰度化呢?其实很简单,就是让像素点矩阵中的每个像素点都满足下面的关系:红色变量的值、绿色变量的值和蓝色变量的值,这三个值相等,即“$R=G=B$”,其中,“=”的意思不是程序语言中的赋值,是数学中的相等,此时的这个值叫作灰度值,如图 2-7 所示。

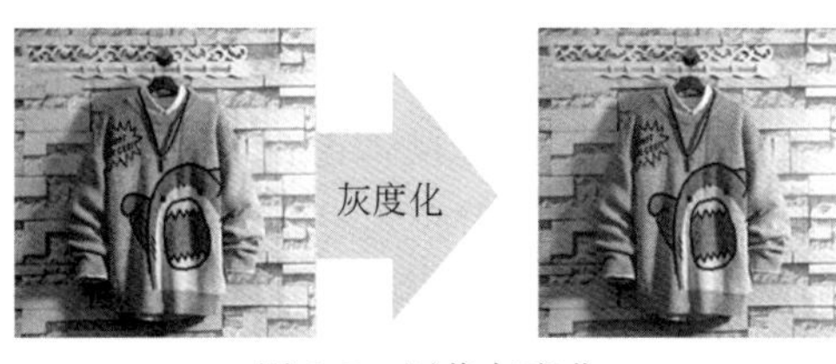

图 2-7　图像灰度化

3)图像二值化

什么叫图像的二值化?二值化就是让图像的像素点矩阵中的每个像素点的灰度值为 0(黑色)或者 255(白色),也就是让整个图像呈现只有黑和白的效果。在灰度化的图像中灰度值的范围为 0～255,在二值化后的图像中的灰度值范围是 0 或者 255。

那么一个像素点在灰度化之后的灰度值怎么转换为 0 或者 255 呢?例如,灰度值为 100,那么在二值化后到底是 0 还是 255?这就涉及取一个阈值的问题。

常用的二值化方法:阈值法(小于阈值的为 0,大于阈值的为 255)和平均值法(求所有像素的平均值,让每个像素点与平均值比较,小于平均值的为 0,大于平均值的为 255),如图 2-8 所示。

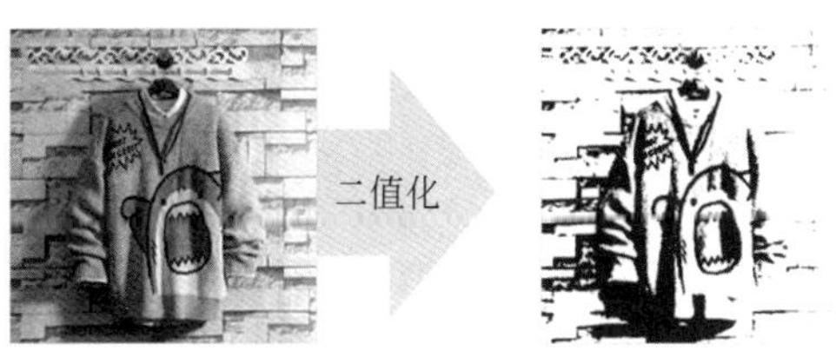

图 2-8　图像二值化

3. 图像增强

图像增强指的是改善图像的质量和视觉效果,或突出感兴趣的部分,以便于人或机器分析、理解图像内容。增强往往考虑图像的某方面效果,而不追求其退化的原因。增强图像中的有用信息,其目的是要改善图像的视觉效果,针对给定图像的应用场合,有目的地强调图像的整体或局部特性,将原来不清晰的图像变得清晰或强调某些感兴趣的特征,如图 2-9 所示。扩大图像中不同物体特征之间的差别,抑制不感兴趣的特征,使之改善图像质量,丰富信息量,加强图像判读和识别效果,满足某些特殊分析的需要。

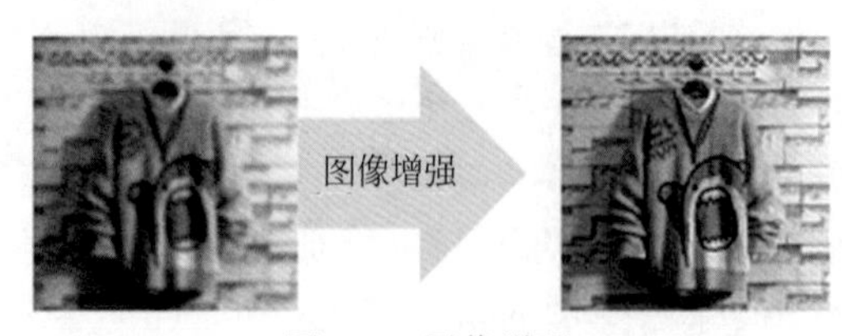

图 2-9 图像增强

2.2.2 文本数据处理

当人工智能边缘设备结合自然语言处理技术进行应用时,所采集到的数据通常为文本数据。文本数据在真实采集过程当中不可避免地存在许多缺失值、异常值等。同时,相比于图像数据而言,文本数据的数据类型会更加复杂。因此在清洗的过程中也需要注意流程的规整,才能保证清洗后的数据质量。

1. 缺失值处理

缺失值一般用 NaN(Not a Number,非数)表示。接下来通过简单的例子进行学习。

```
import pandas as pd
import numpy as np

df =pd.DataFrame({'学号':[1,2,2,3,4],
                  '姓名':['小明','小红','小红','小王','小赵'],
                  '成绩':[90.0,80.0,80.0,np.nan,60.0]})
#查看数据
df
```

运行结果如表 2-1 所示。

表 2-1 DataFrame 对象数据

序　号	学　号	姓　名	成　绩
0	1	小明	90.0
1	2	小红	80.0
2	2	小红	80.0
3	3	小王	NaN
4	4	小赵	60.0

首先需要使用 isnull()函数来判断数据中是否存在缺失值,若存在缺失值则显示为 True,否则显示为 False。

```
df.isnull()
```

运行结果如表 2-2 所示。

表 2-2 查看是否存在缺失值

序　号	学　号	姓　名	成　绩
0	False	False	False
1	False	False	False
2	False	False	False
3	False	False	True
4	False	False	False

在筛选出缺失值以后，对于不同的应用场景需结合相应的业务规则进行填补或去除。一般来说，不同的缺失程度有不同的处理方法。当缺失值较小时，可以直接采用 dropna()函数对缺失值进行删除处理。

```
df.dropna()
```

运行结果如表 2-3 所示。

表 2-3 删除缺失值后的数据

序　号	学　号	姓　名	成　绩
0	1	小明	90.0
1	2	小红	80.0
2	2	小红	80.0
4	4	小赵	60.0

或者使用 fillna()函数对应填补 mean()均值或 median()中位数。

```
df['成绩'].fillna(df['成绩'].mean())
```

输出结果如下。

```
0 90.0
1 80.0
2 80.0
3 77.5
4 60.0
Name: 成绩, dtype: float64
```

在 fillna()函数中加入参数 inplace = True，即可对原始对象进行修改。

```
df['成绩'].fillna(df['成绩'].mean(),inplace =True)
df
```

运行结果如表 2-4 所示。

表 2-4　使用均值填补后的数据

序　　号	学　　号	姓　　名	成　　绩
0	1	小明	90.0
1	2	小红	80.0
2	2	小红	80.0
3	3	小王	77.5
4	4	小赵	60.0

当缺失值较多时,需要使用 isnull()函数产生变量缺失值的指示变量,即 0 与 1,使用 apply()函数将其替换成 int 类型。每个缺失变量生成一个指示哑变量参与后续建模。

```
df['成绩'].isnull().apply(int)
```

输出结果如下。

```
0 0
1 0
2 0
3 1
4 0
Name: 成绩, dtype: int64
```

2. 重复值处理

对于重复值,直接删除数据是最主要的处理方法。使用 duplicated()函数查找重复值。

```
df[df.duplicated()]
```

运行结果如表 2-5 所示。

表 2-5　查找得到的重复数据

序　　号	学　　号	姓　　名	成　　绩
2	2	小红	80.0

在查找出重复值之后,可使用 drop_duplicates()函数删除重复值。

```
df.drop_duplicates()
```

运行结果如表 2-6 所示。

表 2-6　删除重复值后的数据

序　　号	学　　号	姓　　名	成　　绩
0	1	小明	90.0

续表

序　　号	学　　号	姓　　名	成　　绩
1	2	小红	80.0
3	3	小王	77.5
4	4	小赵	60.0

3. 异常值处理

异常值又称为离群点，是指在数据集中表现出不合理的特性，远离绝大多数样本点的特殊群体的数据点。如果不对这些异常的数据点进行处理，在特定的建模场景下就会导致结果出错。常用的检测方法是箱线图。箱线图示例如图 2-10 所示。

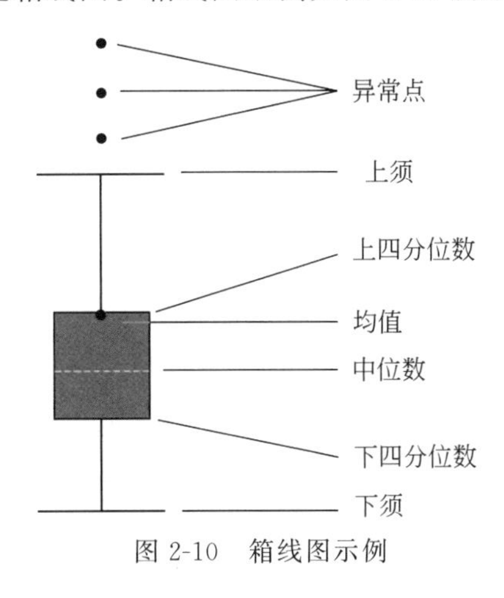

图 2-10　箱线图示例

对箱线图中数据对应名称进行说明，如表 2-7 所示。

表 2-7　箱线图中名称及说明

名　　称	说　　明
下四分位数	25%分位点所对应的值($Q1$)
中位数	50%分位点所对应的值($Q2$)
上四分位数	75%分位点所对应的值($Q3$)
上须	$Q3+1.5(Q3-Q1)$
下须	$Q1-1.5(Q3-Q1)$

变量的数据值大于箱线图上须或者小于箱线图的下须，就可以认为这样的数据点为异常值点。

【案例实现】　数据处理应用

实操讲解

基于模块描述与知识准备的内容，基本了解人工智能边缘设备的技术栈和数据处理方法。接下来将介绍一个案例,帮助读者更好地了解其中的一个部分——边缘智能数据处理平台的应用。本次项目实训将读取鼠标和笔记本数据,批量处理数据大小和格式,数据处理完成后将数据进行压缩和解压缩。

本次案例实训的思路如下。

(1) 读取图像数据。图像处理的第一步。

(2) 图像数据概览。学会利用代码读取图像信息。

(3) 图像数据预处理。综合应用,学会清洗数据。

任务1:读取图像数据

接通边缘设备电源,通过本地连接或者远程连接的方式进入边缘设备的桌面,在边缘设备的桌面中单击右键,选择 Open Terminal 选项打开终端命令行,如图 2-11 所示。

图 2-11 打开终端命令行

在终端命令行中输入以下命令,切换到本次案例对应的文件夹。

```
cd Desktop/projects/char2/
```

切换到本次案例文件夹后,接着输入以下命令新建 Python 文件用于代码编写。

```
gedit img_show.py
```

输入以上命令后,接下来即可在弹出的文本编辑器中进行代码编写,如图 2-12 所示。

读取图像数据是进行图像处理的第一步,也是最基本和关键性的一步,下面将进行详细介绍。

(1) 在读取图像数据前需要先导入实验所需库,这里使用了 cv2 进行图像数据预处理和 Matplotlib 库进行数据可视化。cv2 是 OpenCV(Open Source Computer Vision

图 2-12 弹出的文本编辑器

Library)官方的一个扩展库,里面含有各种有用的函数以及进程。Matplotlib 是一款用于数据可视化的库,由多种可视化的类构成。matplotlib.pyplot 是绘制各类可视化图形的命令子库,通常别名为 plt。代码如下。

```
#导入实验所需库
import cv2  #OpenCV,经典的图像处理库
from matplotlib import pyplot as plt  #导入 Matplotlib 库
```

(2) 导入实验所需库后需要定义必要函数,这里定义了彩色图片显示函数,其中,plt.imshow()负责对图像进行处理,plt.show()负责显示图片。彩色图片显示可以利用 OpenCV 中的 cv2.split()和 cv2.merge()两个函数来拆分通道和合并通道,作用是将图像通道转为能够正常显示的 RGB 格式,此处需要注意拆分通道的顺序是 BGR,合并通道的顺序是 RGB。

```
#定义必要函数
#plt 显示彩色图片
def plt_show(img):
    b,g,r =cv2.split(img)   #b,g,r 分别为图像的三通道,即蓝绿红,该函数将三通道分开
    img =cv2.merge([r, g, b])   #将图像通道按红绿蓝顺序合并
    plt.imshow(img)
    plt.show()
```

(3) 接着使用 OpenCV 读取一张数据集图片并利用上述定义好的彩色图片显示函数,即可实现读取图片数据进行显示。

```
#读取待检测图片
origin_image =cv2.imread('./data/1.png')
#展示图像
plt_show(origin_image)
```

上述代码在终端设备弹出的文本编辑框中输入完成后,按 Ctrl+S 组合键或单击 Save 按钮保存编辑完成的 Python 代码文件,接着单击关闭界面的按钮即可完成对 Python 文件的修改,如图 2-13 所示。

接着在打开的终端中输入以下命令,运行编写完成的 img_show.py 代码文件,即可在弹出的窗口中查看效果,如图 2-14 所示。

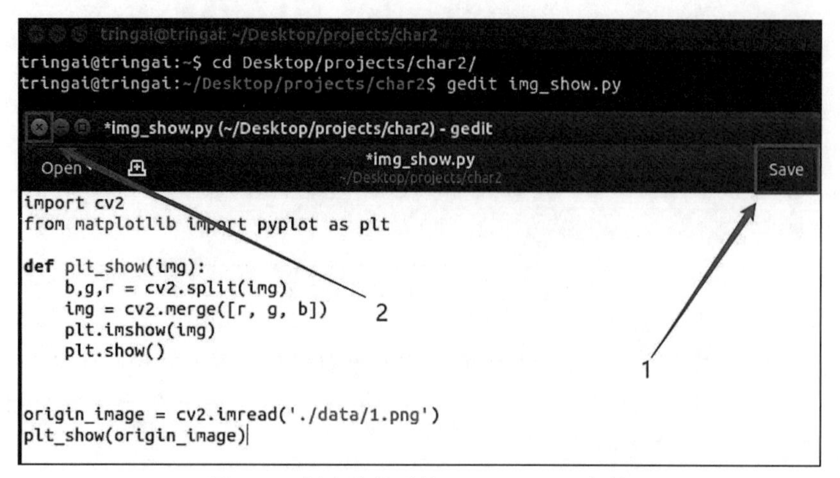

图 2-13　保存编辑后的 img_show.py 文件

```
python3 img_show.py
```

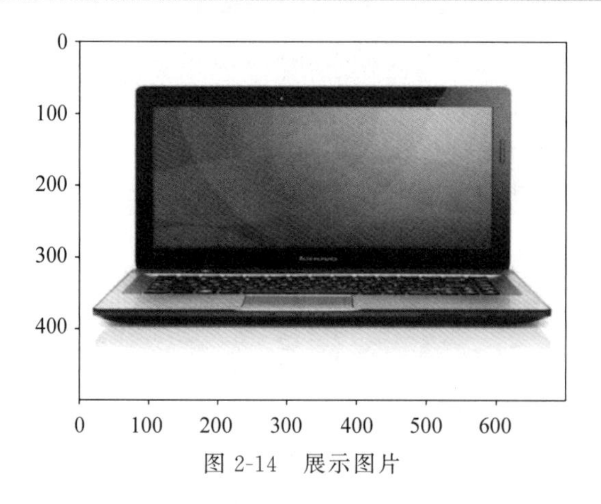

图 2-14　展示图片

任务 2：图像数据概览

学会读取图片后，学会查询相关图像数据也是一项基本功。

(1) PIL(Python Imaging Library)是 Python 平台一个功能强大而且简单易用的图像处理库，提供了很多图像编辑函数，如表 2-8 所示。其中，PIL.Image.open()函数可以打开并标识给定的图像文件。

```
PIL.Image.open(ImgPath, mode='r')
```

表 2-8　PIL.Image.open()函数参数

参　数	必　选	类　型	说　　明
ImgPath	是	string	文件名，pathlib.Path 对象或文件对象
mode	否	string	如果给定，则此参数必须为 r

接着继续在打开的终端中输入以下命令，新建一个名为 img_status.py 的 Python 代码文件用于查看图像数据的概览。

```
gedit img_status.py
```

运行上述命令后即可打开一个文本编辑器进行代码编写，以下代码均在文本编辑器中编写。

此处使用 PIL 中的 Image 对图片进行读取，读取一张图片后输出相关的信息，主要包括图片的宽和高，代码如下。

```
from PIL import Image        #导入相关库
img =Image.open('./data/1.png ',mode='r')        #读取图片
print('width:%d,height:%d'%(img.size[0],img.size[1]))        #打印出相关信息
```

上述代码在终端设备弹出的文本编辑框中输入完成后，按 Ctrl+S 组合键或单击 Save 按钮保存编辑完成的 Python 代码文件，接着单击关闭界面的按钮即可完成对 Python 文件的修改，如图 2-15 所示。

tringai@tringai: ~/Desktop/projects/char2
tringai@tringai:~/Desktop/projects/char2$ gedit img_status.py
*img_status.py (~/Desktop/projects/char2) - gedit
Open
*img_status.py
~/Desktop/projects/char2
Save
from PIL import Image
img = Image.open('./data/1.png', mode='r')
print('width: %d, height: %d'%(img.size[0],img.size[1]))

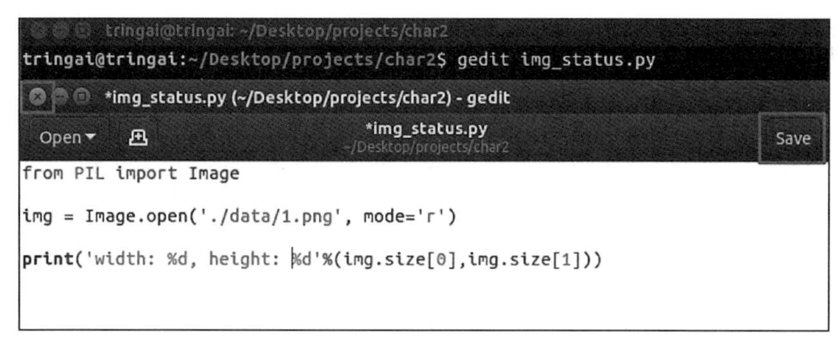

图 2-15 保存编辑后的 img_status.py 文件

(2) 代码编写完成后，接下来在终端命令行中输入以下命令。运行 img_status.py 代码文件，查看数据图片的相关信息。

```
python3 img_status.py
```

在终端中输入上述命令后，即可在终端命令行中查看输出的图像宽和高的信息，如图 2-16 所示。

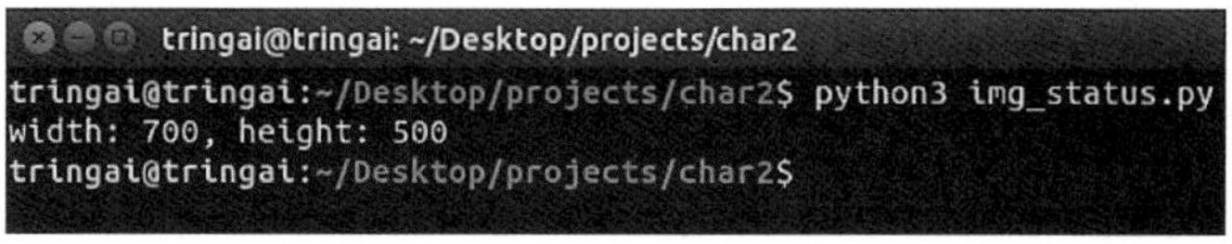

tringai@tringai: ~/Desktop/projects/char2
tringai@tringai:~/Desktop/projects/char2$ python3 img_status.py
width: 700, height: 500
tringai@tringai:~/Desktop/projects/char2$

图 2-16 查看图像的宽和高

根据输出结果可以看到，图像的宽为 700，高为 500。

任务 3：图像数据预处理

在进行人工智能训练中，需要提供一定量的数据集给网络训练，所以数据集的好坏在一定程度上也决定了最终模型的质量。在平日的训练中，数据集的质量参差不齐，如何正确地分类、处理数据集，是每个 AI 人必须学习的基本功。现有一组经过数据采集得到的电子产品分类数据集存放在 data 文件夹下，主要包含计算机以及鼠标两类物品。为了使用这组数据输入模型进行训练，得到一个能够自动分类电子产品的模型，首先需对采集到的数据进行处理。已知电子产品分类模型对数据的要求为宽 700 像素×高 500 像素的 PNG 格式彩色图像，结合模型所需数据格式，对数据集进行预处理。

在终端命令行中输入以下命令，新建一个名为 img_process.py 的代码文件用于编写数据预处理代码。

```
gedit img_process.py
```

输入上述命令后，接下来即可在弹出的文本编辑器中编写代码进行数据预处理，如图 2-17 所示。

图 2-17 新建数据预处理代码文件

(1) 首先定义数据集存放的路径，并遍历该路径下的数据集图片，代码如下。

```
#引入所需库
import os              #文件处理
import cv2             #图片处理
import shutil          #文件移动

#加载数据集
data ='./data/'
imgs =os.listdir(data)
```

(2) 定义并创建用于存放格式不符图像数据的文件夹，代码如下。

```
#创建文件夹
formats ='./formats/'
if not os.path.exists(formats):
    os.makedirs(formats)
```

(3) 遍历数据集存放路径下的文件,输出查看文件情况,用于与处理后的文件进行对比观察,代码如下。

```
for root,dirs,files in os.walk(data):
    print(files)
```

此处输出结果应有 40 个文件,其中含有 PNG、GIF 两种格式的文件。

(4) 接下来处理通道数不符合的图像。无论是读入还是读出图像时,都要对图像的类型、通道数等参数进行相关的设置。而一般而言,图像的通道数可以是 1、2、3 和 4。

例如,常见的灰度图通道数就是 1,而彩色图通道数就是 3。通道 2 和通道 4 的图像相对少见,一般都有特殊的用途,例如,RGB555 和 RGB565 就是通道数为 2 的图像,其中一个通道为实数,另一个通道为虚数。由于将图像设置为 2 通道后会对原图像进行压缩,常用于人工智能数据处理,一个通道为实数,另一个通道为虚数,主要是编程方便。而在 RGB 图像的基础上再增加一个 A 通道,表示图像的透明度,即可以形成 4 通道图像 RGBA。

首先依次遍历数据集图片,接着通过 OpenCV 读取图片数据,并通过 ndim 方法获取图片的维度(即通道),对同维度数量进行判断,当维度不为 3 时,则使用 Shutil 中的 move()方法将图片数据移动到创建好的存放不符格式图像数据的文件夹中,代码如下。

```
#遍历数据
for i in imgs:
    #读取一张图片
    img =cv2.imread(data+i, -1)
    #获取图像维度
    dim =img.ndim
    #筛选通道不符数据
    if dim !=3:
        #移动文件
        shutil.move(data+i, formats+i)
```

(5) 接着使用相似的步骤,重新获取数据集图像,并依次遍历数据图像,通过 os.path.splitext()方法获取图像的后缀名,将图像格式不为 PNG 的图像移动至指定的文件夹中,代码如下。

```
#遍历数据
imgs =os.listdir(data)
#处理格式不符数据
for i in imgs:
    #获取图像名称及后缀
    name, fmt =os.path.splitext(i)
    #筛选格式不符数据
    if fmt !='.png':
        #移动文件
        shutil.move(data+i, formats+i)
```

（6）同理，重新遍历数据集图像，通过 shape 方法获取图像尺寸，将数据集图像中图像尺寸不满足 700×500 的图像移动至指定的文件夹中，代码如下。

```
#遍历数据
imgs =os.listdir(data)
#处理大小不符数据
for i in imgs:
    #读取一张图片
    img =cv2.imread(data+i)
    #获取图像尺寸
    h, w, _ =img.shape
    #筛选大小不符数据
    if w !=700 and h !=500:
        #移动文件
        shutil.move(data+i, formats+i)
```

（7）最后重新遍历数据集文件存放路径，观察数据预处理后图像列表与原始数据的对比情况，代码如下。

```
#重新遍历数据集文件存放路径
for root,dirs,files in os.walk(data):
    print(files)
```

上述代码在终端设备弹出的文本编辑框中输入完成后，按 Ctrl+S 组合键或单击 Save 按钮保存编辑完成的 Python 代码文件，接着单击关闭界面的按钮即可完成对 Python 文件的修改，如图 2-18 所示。

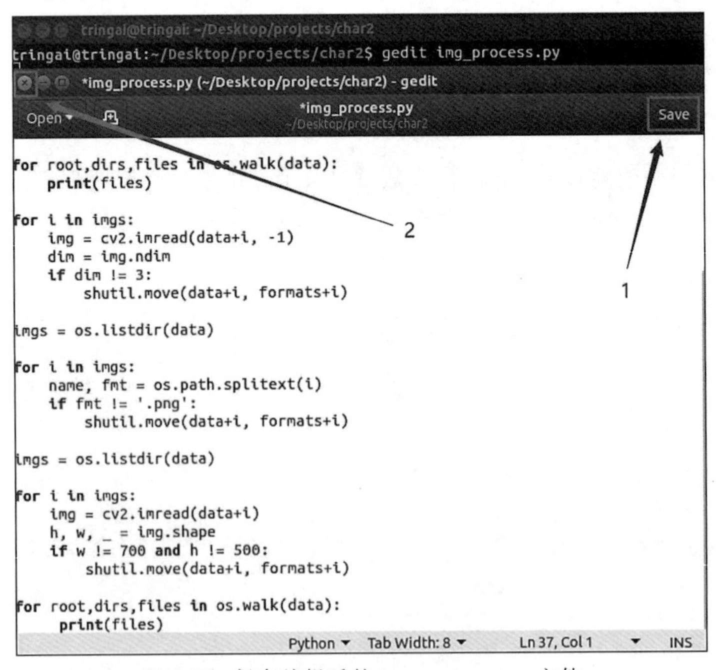

图 2-18　保存编辑后的 img_process.py 文件

(8) 代码编写完成后，接下来在终端命令行中输入以下命令。运行数据预处理 img_process.py 代码文件，对相关不符的数据进行处理。

```
python3 img_process.py
```

在终端中输入上述命令后，即可在终端命令行中查看数据预处理前后的图像数据列表，如图 2-19 所示。

```
tringai@tringai: ~/Desktop/projects/char2
tringai@tringai:~/Desktop/projects/char2$ python3 img_process.py
['20.png', '34.png', '38.png', '10.png', '25.png', '31.png', '15.png', '14.png',
 '28.png', '36.png', '9.png', '39.gif', '32.png', '23.png', '40.png', '24.png',
'2.png', '4.png', '5.png', '27.png', '19.png', '35.png', '3.gif', '22.gif', '18.
png', '37.png', '13.png', '26.png', '21.png', '6.png', '11.png', '30.png', '1.pn
g', '16.png', '8.png', '7.png', '12.png', '33.png', '17.png', '29.png']
['20.png', '34.png', '38.png', '10.png', '14.png', '28.png', '36.png', '9.png',
'32.png', '40.png', '24.png', '2.png', '4.png', '5.png', '27.png', '35.png', '18
.png', '37.png', '13.png', '26.png', '21.png', '11.png', '30.png', '1.png', '16.
png', '7.png', '12.png', '33.png', '17.png', '29.png']
tringai@tringai:~/Desktop/projects/char2$
```

图 2-19　查看数据预处理前后数据变化

根据观察结果可以发现，处理前后的数据列表发生了变化，且 formats 文件夹总存放着不符格式数据的图像。至此，本次图像数据处理完成。

【模块小结】

本章主要介绍了人工智能边缘设备技术栈，主要介绍了有关的数据处平台、操作系统、硬件设备、智能计算框架、智能算法、智能编程库。其中最重要的就是数据处理平台：当我们对一张图像进行推理或者对一堆样本进行训练时，就需要用到数据处理平台来对数据进行处理，例如，去除不符合规格的图片，对图片进行切割、翻转操作，对图片进行阈值处理等。让读者对人工智能边缘设备技术栈有充分的认识和了解，以便于后续课程的开展。

【知识拓展】　从《“十四五”大数据产业发展规划》中看数据处理平台的发展

当前，数据已成为重要的生产要素，大数据产业作为以数据生成、采集、存储、加工、分析、服务为主的战略性新兴产业，是激活数据要素潜能的关键支撑，是加快经济社会发展质量变革、效率变革、动力变革的重要引擎。面对世界百年未有之大变局和新一轮科技革命和产业变革深入发展的机遇期，世界各国纷纷出台大数据战略，开启大数据产业创新发展新赛道，聚力数据要素多重价值挖掘，抢占大数据产业发展制高点。

“十四五”时期是我国工业经济向数字经济迈进的关键期，对大数据产业发展提出了新的要求。《中华人民共和国国民经济和社会发展第十四个五年规划和 2035 年远景目标纲要》围绕“打造数字经济新优势”，做出了培育壮大大数据等新兴数字产业的明确部署。《“十四五”大数据产业发展规划》明确指出，要构建稳定高效产业链。在数据生成采集环节，着重提升产品的异构数据源兼容性、大规模数据集采集与加工效率。在数据存储加工环节，着重推动高性能存储系统和边缘计算系统研发,打造专用超融合硬件解决方案。在数据分析服务环节,着重推动多模数据管理、大数据分析与治理等系统的研发和应用。数据处理平台也需要在数据的生成采集、存储加工和分析服务等环节中同步提高服务质量和效率。

【课后实训】

(1) 人工智能边缘计算框架可分为几类?( )【单选题】

A.1

B. 3

C. 2

D. 无分类

(2) 以下哪一项不属于图像数据处理方法?( )【单选题】

A. 降噪

B. 灰度化

C. 二值化

D. 异常值处理

(3) 以下哪一项不属于文本数据处理方法?( )【单选题】

A. 缺失值处理

B. 二值化

C. 异常值处理

D. 重复值处理

(4) 以下哪个函数是用来判断缺失值的?( )【单选题】

A. isnull()

B. duplicated()

C. head()

D. drop()

模块3 人工智能边缘设备操作系统

人工智能边缘设备的操作系统将涉及硬件底层的控制等关键部分进行封装，为开发人员提供一个通用的、相对简单和能驱动各种硬件工作的软件接口，同时为普通用户提供了一个操作和使用边缘设备的方法。

【模块描述】

本模块首先简要介绍操作系统基础知识，包括操作系统的概念、基本结构、分类等，介绍常用的操作系统，引入 Linux 操作系统。其次介绍什么是 Linux 操作系统，Linux 操作系统的特点、历史和体系结构。最后，通过在人工智能边缘设备中使用 Linux 系统的命令指令，编写自动化脚本实现磁盘存储空间管理，从而进一步了解人工智能边缘设备操作系统的使用方法，为后面模块的学习准备打下基础。

【学习目标】

知识目标	能力目标	素质目标
(1) 了解设备操作系统的概念。 (2) 了解边缘设备操作系统的特点。 (3) 熟悉 Linux 系统中常用的操作指令。	(1) 能够阐述和介绍操作系统的概念。 (2) 能够使用 Linux 系统基础操作指令。 (3) 能熟练使用 Linux 系统的文件操作方法。	(1) 理解边缘设备操作系统的基本概念、原理和实现技术，建立初步的系统观。 (2) 从《“十四五”国家信息化规划》感受智能操作系统在国家战略中的地位和重要性，激发学习使命感。

【课程思政】

介绍国产操作系统的发展历程和优势，例如，自主创新的技术路线、安全可控的特性等，以增强学生的民族自信心和自豪感。强调国产操作系统在国家信息安全和国家战略中的重要性，引导学生关注国产操作系统的研发和应用，激发他们的爱国热情和自主创新精神。

【知识框架】

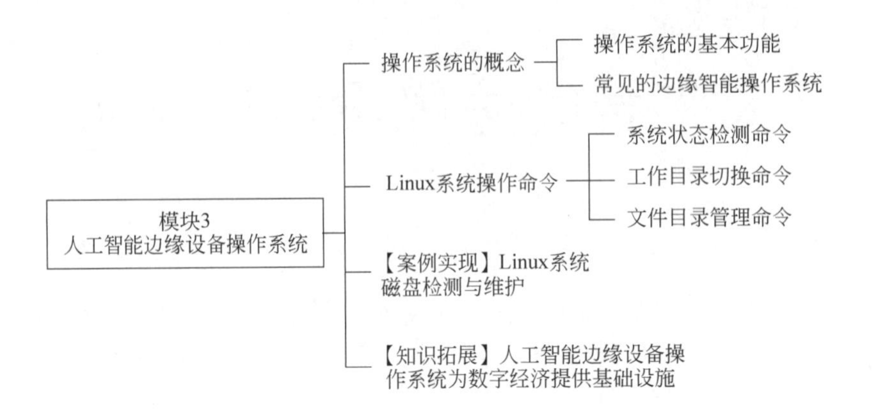

【知识准备】

3.1 操作系统的概念

由于硬件设备只能处理如“01110110”这样的二进制信息,如果要将控制硬件设备的指令命名为二进制指令,这样复杂、多变且相似的指令代码难以再被使用,因此人们在应用程序和硬件设备之间设计了一套软件系统,这套软件系统向下可以管理和控制硬件设备,向上可以体现为一个可视化的程序操作界面。这套软件系统也被称为操作系统。

人工智能边缘设备操作系统是在设备上加载的第一层次的软件,其他各种各样的人工智能应用程序都是在边缘设备操作系统的支撑下完成各种特定的功能,同时也是用户与设备底层原理的接口,能够有效管理和控制计算机系统的软硬件资源,为用户提供操作硬件设备的平台和方法,方便用户开发和使用人工智能应用程序。一个典型的人工智能边缘设备系统的体系架构如图 3-1 所示。

图 3-1 人工智能边缘设备系统的体系架构

形式上,操作系统为用户提供一个能够与人工智能边缘设备的系统交互的操作界面。本质上,操作系统通过处理如设备内存管理与配置、系统资源供需的优先次序、输入与输出设备控制、网络与文件系统修改调整等基本事务,实现设备的软硬件资源的管理和控制。

3.1.1 操作系统的基本功能

操作系统的类型非常多样,许多操作系统的开发者对它涵盖范畴的定义也不尽一致,例如,有些操作系统集成了图形用户界面,而有些仅使用命令行作为系统界面,将图形用户界面视为一种非必要的应用程序。

尽管操作系统的设计风格、用法不尽相同，但操作系统的主要功能都基本相似，包括进程管理、内存管理、文件系统、网络通信、安全机制、用户界面和驱动程序等。一个标准的人工智能边缘设备中的操作系统具备以下的功能。

1. 进程管理

进程管理指的是操作系统调整多个进程的功能。对于人工智能边缘设备操作系统而言，即使只拥有一个 CPU，也可以利用多进程功能同时执行多个进程。

2. 内存管理

操作系统的存储器管理为设备提供查找可用的记忆空间、配置与释放记忆空间以及交换存储器和低速存储设备数据等功能。这种管理方法同时又被称作虚拟内存管理。

3. 文件管理

通常指磁盘文件管理，可将资料以目录或文件的形式存储。每个文件系统都有自己的特殊格式与功能，例如，日志管理或磁盘重整。

4. 网络通信

现代的操作系统都具备操作主流网络通信协议 TCP/IP 的能力。也就是说，这样的操作系统可以进入网络世界，并且与其他系统分享诸如文件、打印机与扫描仪等资源。

5. 安全机制

大多数操作系统都含有某种程度的信息安全机制。信息安全机制主要基于两大理念：操作系统提供外界直接或间接访问数种资源的通道和方式；操作系统有能力认证资源访问的请求。

6. 用户界面

将图形用户界面与操作系统内核紧密结合，可以提供较快速的图像回应能力，但图形系统崩溃也将导致整个系统的崩溃。因此，现代操作系统会设法将图形接口的子系统与内核分离。

7. 驱动程序

驱动程序是指某类设计用来与硬件交互的计算机软件。通常是一个设计完善的设备交互接口，利用与此硬件连接的计算机汇排流或通信子系统，提供对此设备下命令与接收信息的功能。

3.1.2　常见的边缘智能操作系统

由于操作系统的应用场景、性能、特点各有不同，导致还没有一个明确的分类标准为操作系统清晰地分门别类。目前常见的分类方式有以下三种。

(1) 根据系统工作方式的区别,可以分为批处理操作系统、分时操作系统、实时操作系统、网络操作系统和分布式操作系统等。

(2) 根据系统架构的区别,可以分为单内核操作系统等;根据系统运行环境的区别,可以分为桌面操作系统、嵌入式操作系统等。

(3) 根据系统中使用的指令的长度,可以分为8位、16位、32位、64位的操作系统。

运行在人工智能边缘设备上的操作系统往往也有多种选择,典型的有以下一些操作系统。

1. Linux

Linux是一套基于GNU和GPL声明的免费开源和自由传播的类UNIX操作系统,是一个基于POSIX (Portable Operation System Interface of UNIX)和UNIX的多用户、多任务、支持多线程和多CPU的操作系统。它是一个真正的多用户、多任务操作系统,具有良好的兼容性、高度的稳定性和强大的可移植性,具有高效的开发环境和世界公认最好的语言编辑器。

Linux系统的特点可以概括成以下几点。

(1) 自由开放和免费性。

Linux是一种免费的、自由的操作系统软件,获得Linux操作系统非常方便,大部分可以免费从网络上下载。它是开放源代码的,爱好者可以根据自己的需要自由修改、复制和在Internet上发布程序源码,使用者不用担心不公开源码的系统预留"后门"。

(2) 可靠的系统安全性。

Linux采用了对读写进行权限控制、带保护的子系统、审计跟踪、核心授权等措施保证系统安全。Linux是基于开放标准与开放源代码的操作系统,提供了更多的错误发现和修正机制。开源操作系统可以让操作者知道问题在哪里,主动去修补漏洞,而不是被动等待软件厂商的公告。

(3) 极好的多平台性。

虽然Linux主要在x86平台上运行,但Linux也能在其他主流体系结构平台上运行,Linux是目前支持最多硬件平台的操作系统。

(4) 极高的系统稳定性。

UNIX操作系统的稳定性是众所周知的,Linux是基于UNIX规范而开发的类UNIX操作系统,完全符合POSIX标准,具有与UNIX相似的程序接口和操作方式,继承了UNIX稳定、高效、安全等特点。安装了Linux的主机的连续运行时间通常以年计算,系统连续运行很长的时间都不会死机,也不会出现Windows的蓝屏现象。目前世界上许多大型服务器都以Linux作为首选的操作系统。

(5) 真正的多用户多任务。

目前虽然许多操作系统支持多任务,但只有少数的操作系统能提供真正的多任务能力。Linux充分利用任务切换和管理机制,是真正意义上的多用户、多任务操作系统,允许多个用户同时执行不同的程序,且能给紧急的任务安排较高的优先级。

(6) 友好的用户界面。

Linux同时具有字符界面和图形界面。在字符界面,用户可以通过键盘输入相应的指令来高效地进行操作。同时,Linux 还提供了类似 Windows 图形界面的 X-window 系统,用户可以使用鼠标方便、直观、快捷地进行操作。Linux 图形界面技术已经十分成熟,其强大的功能和灵活的配置界面毫不逊色于 Windows。

(7) 强大的软件开发支持。

Linux 支持一系列的软件开发,它是一个完整的软件开发平台,支持几乎所有主流的程序设计语言。

2. DuerOS

DuerOS 是百度度秘事业部研发的对话式人工智能操作系统。作为一款开放式的操作系统,DuerOS 能够时时进行自动学习,让机器具备人类的语言能力。简单地说,目前的 DuerOS 是面向语音交互的 AI 系统。

DuerOS 的整体架构包括三层:中间层为核心层,即对话服务系统;最上层为应用层,即智能设备开放平台;最底层为能力层,即技能开放平台。

搭载 DuerOS 的设备可让用户以自然语言进行对话交互,实现影音娱乐、信息查询、生活服务、出行路况等多项功能的操作,同时支持第三方开发者的能力接入。DuerOS 整体技术架构如图 3-2 所示。

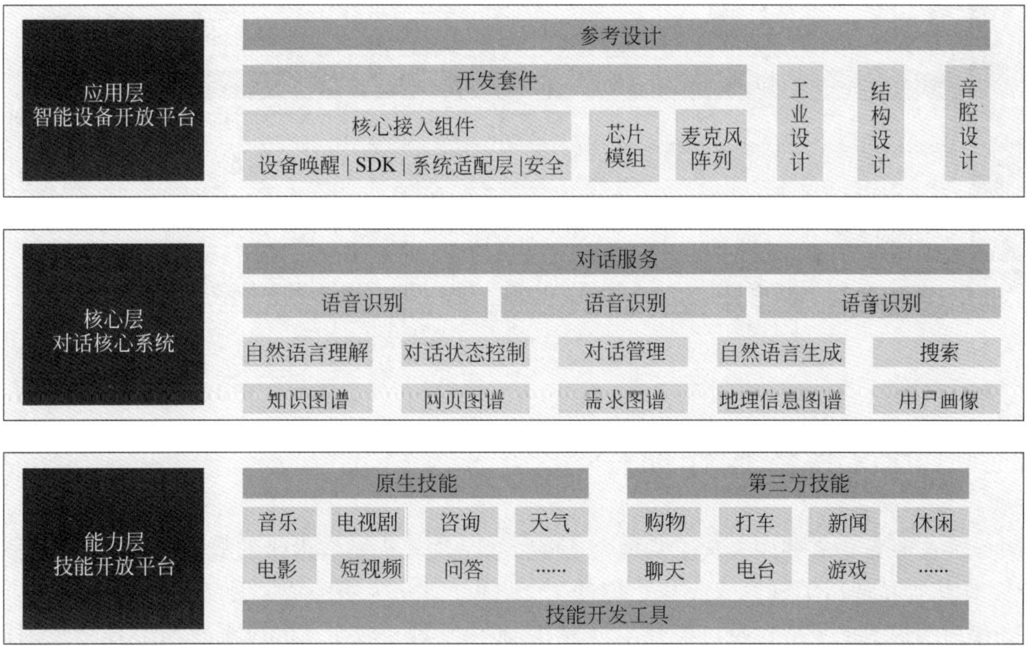

图 3-2　DuerOS 整体技术架构

3. AliOS-Things

AliOS-Things 是由阿里巴巴研发的一款轻量级嵌入式操作系统。AliOS-Things 适配性广,支持多种 CPU 架构,包括 ARM、C-Sky、MIPS、rl78、rx600、Xtensa 等。

AliOS-Things 支持接入多种物联网平台,包括阿里巴巴智能天猫精灵、亚马逊云、

Google Home 音箱控制等。同时,AliOS-Things 支持接入阿里巴巴的飞燕平台,具备设备开发调试、设备加密、云端开发、App 开发、运营管理、数据统计等功能,能够很好地覆盖从前期开发到后期运营的人工智能边缘设备应用开发全生命周期。AliOS-Things 主要具有如下特点。

(1) 支持多种语言开发,包括 C、JavaScript 等语言。

(2) 提供集成开发环境,支持代码编辑、编译、调试、内存泄漏检测等。

(3) 支持 App 独立升级。

(4) 支持组件式开发。

AliOS-Things 技术架构如图 3-3 所示。

图 3-3　AliOS-Things 技术架构

3.2 Linux 系统操作命令

Linux 系统中有些图形化工具极大地降低了运维人员操作出错的概率,但是,很多图形化工具其实是调用了脚本来完成相应的工作,往往只是为了完成某种工作而设计的,缺乏 Linux 命令原有的灵活性及可控性。再者,图形化工具相较于 Linux 命令行界面会更加消耗系统资源,因此有些经验丰富的边缘智能应用开发人员甚至都不会给 Linux 系统安装图形界面,仅在工作时直接通过命令行模式远程连接人工智能边缘设备进行开发和调试。

Shell 就是这样的一个命令行工具。Shell 也称为终端或壳,其充当的是用户与硬件设备之间翻译官的角色,用户把一些命令"告诉"操作系统,它就会调用相应的程序服务去完成某些工作。现在包括红帽系统在内的许多主流 Linux 系统默认使用的终端是 Bash (Bourne-Again SHell) 解释器。

3.2.1　系统状态检测命令

作为一名合格的人工智能边缘设备开发和运维人员，想要更快、更好地了解 Linux 服务器，必须具备快速查看 Linux 系统运行状态的能力，因此接下来会逐个讲解与网卡网络、系统内核、系统负载、内存使用情况、当前启用终端数量、历史登录记录、命令执行记录以及救援诊断等相关命令的使用方法。

1. ifconfig 命令

ifconfig 命令用于获取网卡配置与网络状态等信息，格式为“ifconfig [网络设备][参数]”。

使用 ifconfig 命令来查看本机当前的网卡配置与网络状态等信息时，其实主要查看的就是网卡名称、inet 参数后面的 IP 地址、ether 参数后面的网卡物理地址(又称为 MAC 地址)，以及 RX、TX 的接收数据包与发送数据包的个数及累计流量。

在 Shell 中输入命令“ifconfig”，输出如下。

```
[root@tringai ~]#ifconfig
eno16777728: flags=4163  mtu 1500
        inet 192.168.10.10  netmask 255.255.255.0  broadcast 192.168.10.255
        inet6 fe80::20c:29ff:fec4:a409  prefixlen 64  scopeid 0x20
        ether 00:0c:29:c4:a4:09  txqueuelen 1000  (Ethernet)
        RX packets 36  bytes 3176 (3.1 KiB)
        RX errors 0  dropped 0  overruns 0  frame 0
        TX packets 38  bytes 4757 (4.6 KiB)
        TX errors 0  dropped 0 overruns 0  carrier 0  collisions 0
lo: flags=73  mtu 65536
        inet 127.0.0.1  netmask 255.0.0.0
        inet6 ::1  prefixlen 128  scopeid 0x10
        loop  txqueuelen 0  (Local Loopback)
        RX packets 386  bytes 32780 (32.0 KiB)
        RX errors 0  dropped 0  overruns 0  frame 0
        TX packets 386  bytes 32780 (32.0 KiB)
        TX errors 0  dropped 0 overruns 0  carrier 0  collisions 0
```

2. uptime 命令

uptime 用于查看系统的负载信息，格式为 uptime。

uptime 命令可以显示当前系统时间、系统已运行时间、启用终端数量以及平均负载值等信息。平均负载值指的是系统在最近 1min、5min、15min 内的压力情况；负载值越低越好，尽量不要长期超过 1min，在生产环境中不要超过 5min。

在 Shell 中输入命令“uptime”，输出如下。

```
[root@tringai ~]#uptime
22:49:55 up 10 min, 2 users, load average: 0.01, 0.19, 0.18
```

上述输出信息中的"0.01""0.19""0.18"分别对应该系统在最近1min、5min、15min内的压力情况。

3. free 命令

free用于显示当前系统中内存的使用量信息,格式为"free [-h]"。

为了保证Linux系统不会因资源耗尽而突然宕机,运维人员需要时刻关注内存的使用量。在使用free命令时,可以结合使用-h参数以更人性化的方式输出当前内存的实时使用量信息。

在Shell中输入命令"free -h",输出如表3-1所示。

```
[root@tringai ~]#free -h
```

表3-1 "free -h"输出结果

字　段　名	内存总量	已用量	可用量	进程共享的内存量	磁盘缓存的内存量	缓存的内存量
total	used	free	shared	buffers	cached	—
Mem:	1.8GB	1.3GB	542MB	9.8MB	1.6MB	413MB
-/+ buffers/cache:	—	869MB	957MB	—	—	—
Swap:	2.0GB	0B	2.0GB	—	—	—

4. history

history命令用于显示历史执行过的命令,格式为"history [-c]"。

执行history命令能显示出当前用户在本地计算机中执行过的最近1000条命令记录。如果觉得1000条不够用,还可以自定义/etc/profile文件中的"HISTSIZE"变量值。在使用history命令时,如果使用-c参数则会清空所有的历史命令记录。还可以使用"! 编码数字"的方式来重复执行某一次的命令。

在Shell中输入命令"history",输出如下。

```
[root@tringai ~]#history
1 ipconfig
2 uptime
3 free
4.history
```

5. df 命令

df命令用于显示Linux系统中各文件系统的磁盘使用情况,包括文件系统所在磁盘分区的总容量、已使用的容量、剩余容量等。df命令主要读取的数据几乎都针对的是整个文件系统，其作用主要是从各文件系统的 Super block 中读取数据。

df 命令的基本格式为

```
[root@tringai ~]#df [选项] [目录或文件名]
```

df 命令常用的几个选项及其作用如表 3-2 所示。

表 3-2　df 命令常用的选项及其作用

选　项	作　用
-a	显示所有文件系统信息，包括系统特有的 /proc、/sysfs 等文件系统
-m	以 MB 为单位显示容量
-k	以 KB 为单位显示容量，默认以 KB 为单位
-h	使用人们习惯的 KB、MB 或 GB 等单位自行显示容量
-T	显示该分区的文件系统名称
-i	不用磁盘容量显示，而是以含有 inode 的数量来显示

3.2.2　工作目录切换命令

工作目录指的是用户当前在系统中所处的位置，常用的命令如下。

1. pwd 命令

pwd 命令用于显示用户当前所处的工作目录，格式为“pwd [选项]”。

在 Shell 中输入命令“pwd”，输出如下。

```
[root@tringai etc]#pwd
/etc
```

2. cd 命令

cd 命令用于切换工作路径，格式为“cd [目录名称]”。

这是一个较为常用的 Linux 命令。可以通过 cd 命令迅速、灵活地切换到不同的工作目录。除了常见的切换目录方式，还可以使用“cd -”命令返回到上一次所处的目录，使用“cd..”命令进入上级目录，以及使用“cd ～”命令切换到当前用户的主目录。例如，可以使用“cd 路径”的方式切换进/etc 目录中。

```
[root@tringai ~]#cd /etc
```

同样的道理，可使用下述命令切换到/bin 目录中。

```
[root@tringai etc]#cd /bin
```

此时，要返回到上一次的目录(即/etc 目录)，可执行如下命令。

```
[root@tringai bin]#cd -
/etc
[root@tringai etc]#
```

还可以通过下面的命令快速切换到用户的主目录。

```
[root@tringai etc]#cd ~
[root@tringai ~]#
```

3. ls 命令

ls 命令用于显示目录中的文件信息，格式为“ls [选项] [文件]”。

所处的工作目录不同，当前工作目录下的文件肯定也不同。使用 ls 命令的“-a”参数可以看到全部文件(包括隐藏文件)，使用“-l”参数可以查看文件的属性、大小等详细信息。将这两个参数整合之后，再执行 ls 命令即可查看当前目录中的所有文件并输出这些文件的属性信息。

```
[root@tringai ~]#ls -al
total 60
dr-xr-x---. 14 root root 4096 May  4 07:56 .
drwxr-xr-x. 17 root root 4096 May  4 15:55 ..
-rw-------.  1 root root 1213 May  4 15:44 anaconda-ks.cfg
-rw-------.  1 root root  957 May  4 07:54 .bash_history
```

3.2.3 文件目录管理命令

在 Linux 系统的日常运维工作中，还需要掌握对文件的创建、复制、更名与删除等文件目录管理操作。常用以下命令进行文件目录管理。

1. touch 命令

touch 命令用于创建空白文件或设置文件的时间，创建空白文件时，格式为“touch [选项] [文件]”。

在 Shell 中输入命令“touch”，输出如下。

```
[root@tringai ~]#touch file    #创建一个名为“file”的新的空白文件
```

对 touch 命令来讲，有难度的操作主要是体现在设置文件内容的修改时间(mtime)、文件权限或属性的更改时间(ctime)与文件的读取时间(atime)上面。touch 命令的参数及其作用如表 3-3 所示。

表 3-3 touch 命令参数介绍

参数	作用
-a	仅修改“读取时间”(atime)

续表

参　　数	作　　用
-m	仅修改“修改时间”(mtime)
-d	同时修改 atime 与 mtime

接下来，先使用 ls 命令查看一个文件的修改时间，然后修改这个文件，最后再通过 touch 命令把修改后的文件时间设置成修改之前的时间。

```
[root@tringai ~]#ls -l anaconda-ks.cfg
-rw-------. 1 root root 1213 May  4 15:44 anaconda-ks.cfg
[root@tringai ~]#echo "Visit the tringai.com to learn linux skills" >>anaconda
-ks.cfg
[root@tringai ~]#ls -l anaconda-ks.cfg
-rw-------. 1 root root 1260 Aug  2 01:26 anaconda-ks.cfg
[root@tringai ~]#touch -d "2017-05-04 15:44" anaconda-ks.cfg
[root@tringai ~]#ls -l anaconda-ks.cfg
-rw-------. 1 root root 1260 May  4 15:44 anaconda-ks.cfg
```

2. mkdir 命令

mkdir 命令用于创建空白的目录，格式为“mkdir [选项] 目录”。

在 Linux 系统中，文件夹是最常见的文件类型之一。除了能创建单个空白目录外，mkdir 命令还可以结合-p 参数来递归创建出具有嵌套叠层关系的文件目录。

```
[root@tringai ~]#mkdir tringai
[root@tringai ~]#cd tringai
[root@tringai tringai]#mkdir -p a/b/c/d/e
[root@tringai tringai]#cd a
[root@tringai a]#cd b
[root@tringai b]#
```

3. cp 命令

cp 命令用于复制文件或目录，格式为“cp [选项] 源文件 目标文件”。在 Linux 系统中，复制操作具体分为以下三种情况。

(1) 如果目标文件是目录，则会把源文件复制到该目录中。

(2) 如果目标文件也是普通文件，则会询问是否要覆盖它。

(3) 如果目标文件不存在，则执行正常的复制操作。

cp 命令的参数及其作用如表 3-4 所示。

接下来，使用 touch 命令创建一个名为 install.log 的普通空白文件，然后将其复制为一个名为 x.log 的备份文件，最后再使用 ls 命令查看目录中的文件。

表 3-4 cp 命令参数介绍

参 数	作 用
-p	保留原始文件的属性
-d	若对象为“链接文件”,则保留该“链接文件”的属性
-r	递归持续复制(用于目录)
-i	若目标文件存在则询问是否覆盖
-a	相当于-pdr(p、d、r 为上述参数)

```
[root@tringai ~]#touch install.log
[root@tringai ~]#cp install.log x.log
[root@tringai ~]#ls
install.log x.log
```

4. mv 命令

mv 命令用于剪切文件或将文件重命名,格式为“mv [选项] 源文件 [目标路径|目标文件名]”。

剪切操作不同于复制操作,因为它会默认把源文件删除掉,只保留剪切后的文件。如果在同一个目录中对一个文件进行剪切操作,其实也就是对其进行重命名。

```
[root@tringai ~]#mv x.log linux.log
[root@tringai ~]#ls
install.log linux.log
```

5. rm 命令

rm 命令用于删除文件或目录,格式为“rm [选项] 文件”。

在 Linux 系统中删除文件时,系统会默认向用户询问是否要执行删除操作,如果不想总是看到这种反复的确认信息,可在 rm 命令后加上-f 参数来强制删除。另外,如果想要删除一个目录,需要在 rm 命令后面加-r 参数才可以,否则无法删除。接下来尝试删除前面创建的 install.log 和 linux.log 文件。

```
[root@tringai ~]#rm install.log
rm: remove regular empty file 'install.log'? y
[root@tringai ~]#rm -f linux.log
[root@tringai ~]#ls
[root@tringai ~]#
```

实操讲解

【案例实现】 Linux 系统磁盘检测与维护

在计算机领域,日志文件(logfile)是一个记录了发生在运行中的操作系统或其他软件中的事件的文件，或者记录了在网络聊天软件的用户之间发送的消息。人工智能边缘设备在运行AI程序过程中会产生大量日志文件占用磁盘空间。但是磁盘空间有限，所以磁盘常常很快就处于用完状态，并由此产生一些问题，如AI应用运行过程中由于存储空间不足的问题导致终端挂掉，进而影响生产应用。

在本项目实训中，将首先了解如何使用常用的设备运维工具检查设备情况，接着了解如何手动查看磁盘存储空间情况，最后通过创建自动化脚本的方式自动删除系统日志。

本次案例实训的思路如下。

(1) 使用jtop工具查看设备情况。人工智能边缘设备作为新一代自主机器设计的嵌入式系统，是一个基于Jetson系列芯片搭建的人工智能硬件平台，具备CPU、GPU、PMIC、DRAM、闪存以及可扩展性。Jetson中提供了设备自动监控工具jtop。

(2) 手动查看具体磁盘存储空间。通过命令行的方式，分辨文件类型，查看文件存储情况。

(3) 自动删除磁盘存储日志文件。通过自动化脚本的方式，编写自动清理日志文件脚本，并定时执行。

任务1：使用jtop工具查看设备情况

首先双击桌面图标Terminal或按Ctrl+Alt+T组合键，打开Linux系统终端，如图3-4所示。

图3-4 打开Linux系统终端

通过以下命令安装jtop工具。

```
sudo -H pip install -U jetson-stats
```

1. 查看设备状态

安装完成后，通过以下命令使用jtop工具。

```
jtop
```

输出结果如图 3-5 所示。

```
jtop Nano - JC: Inactive - MAXN
jtop Nano - JC: Inactive - MAXN 80x24
NVIDIA Jetson Nano - Jetpack 4.5.1 [L4T 32.5.1]
CPU1 [|||       Schedutil - 12%] 1.2GHz
CPU2 [||        Schedutil - 10%] 1.2GHz
CPU3 [|||       Schedutil - 14%] 1.2GHz
CPU4 [||        Schedutil - 11%] 1.2GHz

Mem [||||||||||||||||||||        1.5G/4.1GB] (lfb 299x4MB)
Imm [                          0.0k/252.0kB] (lfb 252kB)
Swp [                          0.0GB/2.0GB] (cached 0MB)
EMC [|                                   2%] 1.6GHz

GPU [                                   0%] 76 MHz
Dsk [########################   37.4GB/116.9GB]
   [info]                    [Sensor]  [Temp]   [Power/mW]  [Cur]  [Avr]
UpT: 0 days 1:12:2           AO        53.00C   5V CPU      297    577
FAN [          0%] Ta=  0%   CPU       47.50C   5V GPU      42     69
Jetson Clocks: inactive      GPU       45.00C   ALL         2291   2589
NV Power[0]: MAXN            PLL       45.50C
   [HW engines]              thermal   46.00C
APE: 25MHz
NVENC: [OFF]  NVDEC: [OFF]
NVJPG: [OFF]
1ALL 2GPU 3CPU 4MEM 5CTRL 6INFO Quit                    Raffaello Bonghi
```

图 3-5 查看设备状态

可以看到，jtop 工具中主要包括 ALL、GPU、CPU、MEM、CTRL、INFO 这 6 个子页面。使用鼠标单击对应子页面或使用键盘输入子页面序号即可进行页面切换。

在 ALL 页面中，可以查看包含模块运行信息：CPU 使用情况、内存使用情况、GPU 使用情况、风扇状态等。同时可以看到设备的 Jetpack 版本号。Jetpack 是一个用于快速安装和搭建人工智能应用程序的工具包，可以帮助开发者快速搭建人工智能程序运行所需要的环境，版本的升级迭代会带来功能服务的差异。

2. 查看 GPU 状态

切换到"2GPU"页面中，可以实时查看 GPU 的使用状态，如图 3-6 所示。

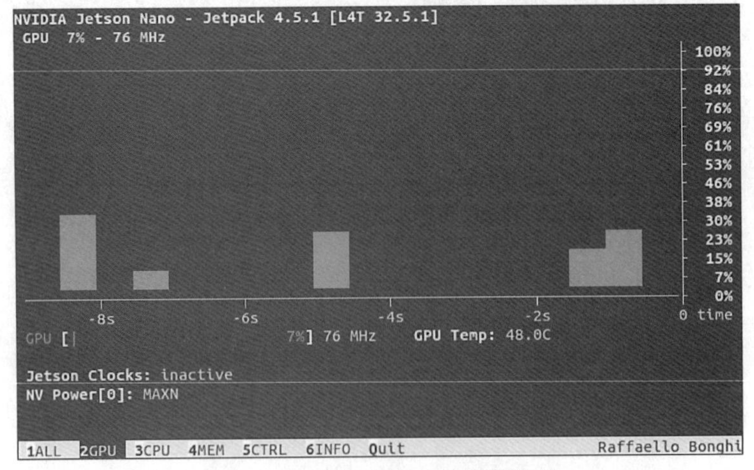

图 3-6 实时查看 GPU 的使用状态

其中,Jetson Clocks 是 Jetson 自带的工具,用于自动动态调整设备的 GPU 使用,使得处理器运行在最高性能。设备默认是不开启 Jetson Clocks 模式的,也就是一个平衡性能的状态,“Jetson Clocks:inactive”表示该动态调整已关闭,设备正处于平衡性能的状态。如需要使用最大 GPU 性能,可以通过以下命令进行开启。

```
sudo jetson_clocks
```

“NV Power[0]: MAXN”表示设备当前状态为不使用 GPU 的最大功率模式,为 10W。

3. 查看 CPU 状态

切换到“3CPU”页面中,可以实时查看 CPU 的使用状态,如图 3-7 所示。

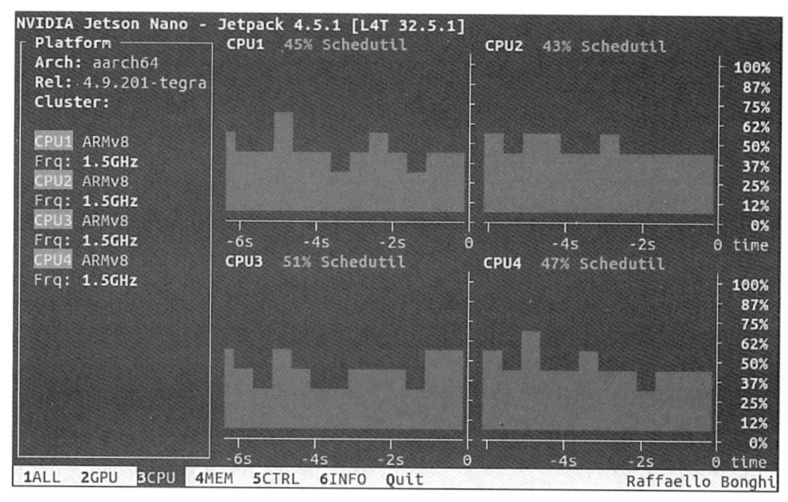

图 3-7 实时查看 CPU 的使用状态

在 CPU 页面右侧,可以看到 4 颗 CPU 的实时运行状态。在 CPU 页面左侧,有一列“Platform”,主要显示设备的架构以及 CPU 的运行情况。其中,“Arch: aarch64”表示设备为 ARMv8-A 架构中引入的 64 位状态。从图中可以看到,人工智能边缘设备中包含编号为 1～4 在内的共 4 颗 CPU,“Frq: 1.5GHz”表示当前 CPU 主频为 1.5GHz,即 CPU 内核工作的时钟频率,在一定程度上反映 CPU 速度的快慢。

4. 查看 MEM 页面

切换到“4MEM”页面中,可以查看设备磁盘空间的使用状态,如图 3-8 所示。

在该页面中有以下三个常用功能。

(1) 清除缓存。按 C 键可实现快速清除设备缓存。

(2) 启用或禁用额外交换。人工智能模型训练过程会涉及大量的数据,通常在使用过程中需要占用大量空间,当出现运行空间不足以支持人工智能程序运行时,可以通过将设备磁盘存储空间分配为程序运行空间的方式以保证程序运行。按 S 键可实现启用或禁用运行空间交换。

(3) 增加和减少交换大小。按“+”键可实现增加虚拟运行空间,按“-”键可实现减少

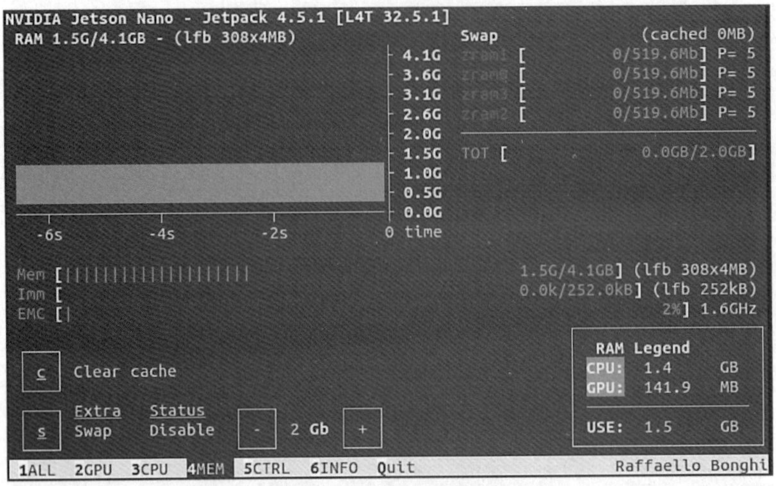

图 3-8 查看设备磁盘空间的使用状态

虚拟运行空间。

5. 查看 CTRL 页面

切换到“5CTRL”页面中，可以对设备的性能进行控制，如图 3-9 所示。

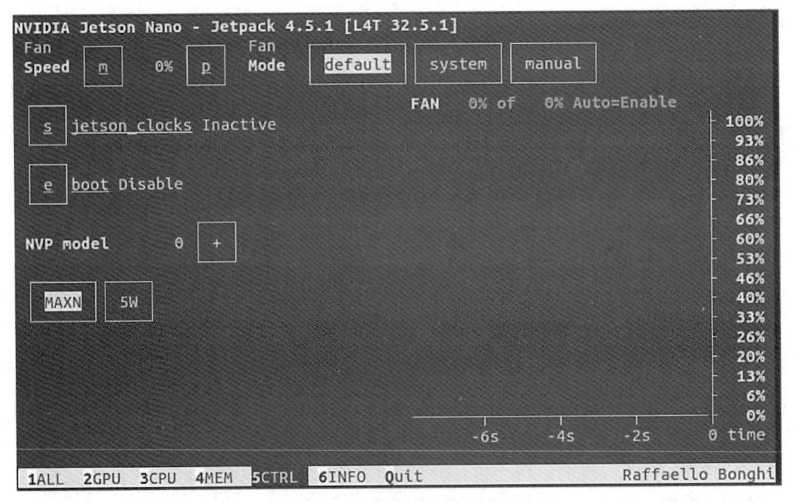

图 3-9 设备性能控制界面

在该页面中有如下常用功能。

(1) 控制风扇运行。按 P 键可实现提高设备风扇运行速度，加快散热，保证设备计算运行效率；按 M 键可实现降低设备风扇运行速度，降低能耗。

(2) 控制 GPU 的使用数量。按“+”键表示使用一颗 GPU，按“-”键表示不使用 GPU。另外，在使用一颗 GPU 的模式下，设备默认功率为 5W。

任务2：手动查看具体磁盘存储空间

jtop工具中为运维人员查看设备整体情况提供了便利，但无法查看具体某一任务下的执行情况。接下来以查看系统日志文件为例，学习如何查看磁盘具体路径下的文件存储情况，在终端中输入如下命令，查看设备当前存储空间情况。

```
df -h
```

如图3-10所示，输出结果中，第一列是文件系统，第二列是该文件系统所拥有的可支配空间，第三列是已用空间，第四列是可用空间，第五列是目前该文件系统的可支配空间的利用率，第六列是文件系统所处位置。

```
tringai@tringai:~$ df -h
Filesystem       Size  Used Avail Use% Mounted on
none             1.7G     0  1.7G   0% /dev
tmpfs            2.0G   88K  2.0G   1% /dev/shm
tmpfs            2.0G   30M  2.0G   2% /run
tmpfs            5.0M  4.0K  5.0M   1% /run/lock
tmpfs            2.0G     0  2.0G   0% /sys/fs/cgroup
/dev/nvme0n1p1   117G   38G   74G  34% /
tmpfs            396M  124K  396M   1% /run/user/1000
/dev/mmcblk0p1    14G   12G  1.3G  91% /media/tringai/325238d3-3fd0-45ab-a8d9-c43dad4c7dda1
/dev/sda1        115G   97G   18G  85% /media/tringai/82AAE4FAAAE4EB9B
```

图3-10　查看设备当前存储空间情况

本次项目将以清理系统日志文件为例，进行磁盘存储空间清理。在人工智能边缘设备中。系统日志文件默认存放在“var/log”文件夹中，通过以下命令进入“log”文件夹中。

```
cd /var/log
```

使用常用的“ls”命令，输出结果如图3-11所示。

```
tringai@tringai:~$ cd /var/log
tringai@tringai:/var/log$ ls
alternatives.log    auth.log.1       installer        syslog.4.gz
alternatives.log.1  auth.log.2.gz    kern.log         syslog.5.gz
apport.log          auth.log.3.gz    kern.log.1       syslog.6.gz
apport.log.1        auth.log.4.gz    kern.log.2.gz    syslog.7.gz
apport.log.2.gz     btmp             kern.log.3.gz    tallylog
apport.log.3.gz     btmp.1           kern.log.4.gz    wtmp
apport.log.4.gz     dpkg.log         lastlog          wtmp.1
apport.log.5.gz     dpkg.log.1       oem-config.log   x11vnc.log
apport.log.6.gz     dpkg.log.2.gz    syslog           Xorg.0.log
apport.log.7.gz     dpkg.log.3.gz    syslog.1         Xorg.0.log.old
apt                 fontconfig.log   syslog.2.gz      Xorg.1.log
auth.log            gdm3             syslog.3.gz      Xorg.1.log.old
```

图3-11　“var/log”文件夹内容

输出结果中只能看到文件名、文件类型。在进行磁盘管理时，显然应该关注的是文件的大小属性。可以通过以下命令查看当前目录下各文件所占空间大小。

```
du -sh
```

如图3-12所示，输出结果中表示log文件夹大小为86MB。

如果想知道其中每个文件的大小，可以通过以下命令实现，如图3-13所示。

```
tringai@tringai:/var/log$ du -sh
du: cannot read directory './gdm3': Permission denied
86M     .
```

图 3-12　查看当前目录下各文件所占空间大小

```
du -ah
```

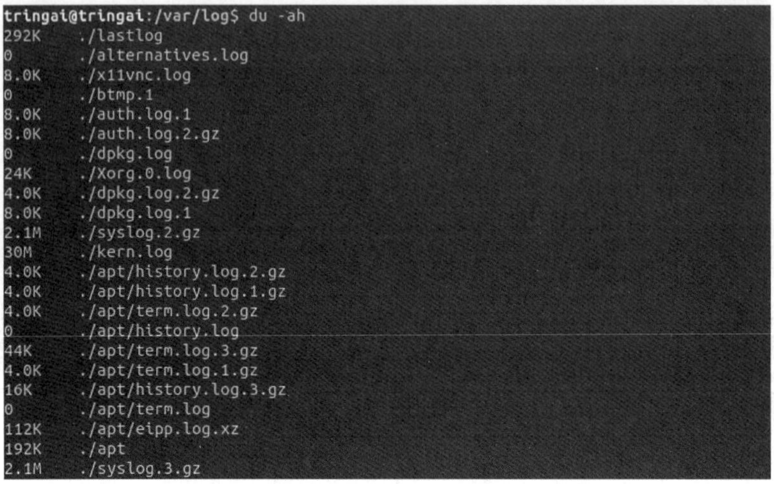

```
tringai@tringai:/var/log$ du -ah
292K    ./lastlog
0       ./alternatives.log
8.0K    ./x11vnc.log
0       ./btmp.1
8.0K    ./auth.log.1
8.0K    ./auth.log.2.gz
0       ./dpkg.log
24K     ./Xorg.0.log
4.0K    ./dpkg.log.2.gz
8.0K    ./dpkg.log.1
2.1M    ./syslog.2.gz
30M     ./kern.log
4.0K    ./apt/history.log.2.gz
4.0K    ./apt/history.log.1.gz
4.0K    ./apt/term.log.2.gz
0       ./apt/history.log
44K     ./apt/term.log.3.gz
4.0K    ./apt/term.log.1.gz
16K     ./apt/history.log.3.gz
0       ./apt/term.log
112K    ./apt/eipp.log.xz
192K    ./apt
2.1M    ./syslog.3.gz
```

图 3-13　当前目录下每个文件的大小

任务 3：自动删除磁盘存储日志文件

实际工作中，部署到设备的人工智能应用可能随时在往存储空间中写入日志，有些人工智能应用运行一次就会产生大量日志文件，在此情况下，运维人员需要每天按时去看一下磁盘情况吗？显然这会很麻烦，接下来编写 Linux 定时任务脚本，定时运行并自动删除冗余的系统日志文件。

1. 创建自动执行脚本

首先创建一个脚本文件，具体命令如下。

```
touch auto_sel_log.sh
ls
```

如图 3-14 所示，可以看到桌面目录下新增了一个名为 auto_sel_log.sh 的普通文件。

接着为该脚本文件赋予执行权限。具体命令如下。

```
chmod +x auto_sel_log.sh
ls
```

如图 3-15 所示，执行完后，可以看到 auto_sel_log.sh 文件名变色，表示此时文件变为可执行文件。若再使用 chmod -x 命令，则可以去除该文件的执行权限。

接着编辑刚创建的脚本文件，具体代码如下。

```
tringai@tringai:~$ touch auto_sel_log.sh
tringai@tringai:~$ ls
auto_sel_log.sh                          nvidia-vpi_demos-1.0.desktop
ch343ser_linux (CH9102的linux驱动)       nv_jetson_zoo.desktop
Desktop                                  Pictures
Documents                                Public
Downloads                                rootOnNVMe-master
examples.desktop                         ROS常用功能命令.txt
imu.sh                                   Templates
jetson-inference                         tringai_qt.sh
jetson-voice                             tringai_robot
Music                                    Videos
nv_devzone.desktop                       VisionWorks-SFM-0.90-Samples
nv_forums.desktop                        yolo在NX-jetpack4.5上安装
```

图 3-14　创建 auto_sel_log.sh 文件

```
tringai@tringai:~$ chmod +x auto_sel_log.sh
tringai@tringai:~$ ls
auto_sel_log.sh                          nvidia-vpi_demos-1.0.desktop
ch343ser_linux (CH9102的linux驱动)       nv_jetson_zoo.desktop
Desktop                                  Pictures
Documents                                Public
Downloads                                rootOnNVMe-master
examples.desktop                         ROS常用功能命令.txt
imu.sh                                   Templates
jetson-inference                         tringai_qt.sh
jetson-voice                             tringai_robot
Music                                    Videos
nv_devzone.desktop                       VisionWorks-SFM-0.90-Samples
nv_forums.desktop                        yolo在NX-jetpack4.5上安装
```

图 3-15　为脚本文件赋予执行权限

```
vi auto_sel_log.sh
```

输入 i,可以看到左下角为"--INSERT--",表示当前为编辑模式。在文件中输入以下代码,表示该脚本文件可执行查询磁盘存储空间功能。

```
find /var/log/ -mtime +2 -name "*.log" -exec rm -rf {} \;
```

该代码解析如表 3-5 所示。

表 3-5　代码解析

结构名称	解　释
find	查找命令,查找指定文件路径
/var/log/	需要定时清理的文件的目录位置
-mtime	标准语句写法
+2	数字指代天数,即删除 2 天以前的
-name "*.log"	目标文件类型
-exec	标准语句写法
rm -rf	强制删除包括目录在内的文件
{} \;	标准语句写法

2. 定时执行脚本任务

接下来安装自动化执行工具 Crontab 帮助我们更快地完成该任务。首先进入 root 权限安装该工具,密码为 tringai。

```
sudo su
```

接着安装 Crontab 工具。具体命令如下。

```
apt-get install cron
```

在终端中输入以下代码,配置自动运行脚本。

```
crontab -e
```

输入 i,可以看到左下角为"--INSERT--",表示当前为编辑模式。如果希望自动化周期性地执行编写好的程序,可以通过以下代码方式实现。

```
* * * * * 脚本文件
```

其中,前 5 个"*"分别表示分钟、小时、日期、月份和星期。具体数值要求如表 3-6 所示。

表 3-6 数值要求

字　段	说　明
分钟	取值为 0～59 的任意整数
小时	取值为 0～23 的任意整数
日期	取值为 1～31 的任意整数
月份	取值为 1～12 的任意整数
星期	取值为 0～7 的任意整数,0 或 7 代表星期日
命令	要执行的命令或程序脚本

在通常情况下,将设置每天或每周一次的频率进行清理。为方便看到脚本运行情况,在本项目案例中,设置每天间隔 1min 自动执行一次脚本程序。执行完 crontab -e 后进行如下配置,如图 3-16 所示。

```
1 * * * * /home/tringai/Desktop/auto_sel_log.sh
```

接着通过以下命令启动定时任务。

```
service cron start
```

由于该自动化脚本在运行过程中不会实时输出信息,如果需要查看脚本是否正常运行,可以通过以下命令查看脚本运行情况,如图 3-17 所示。

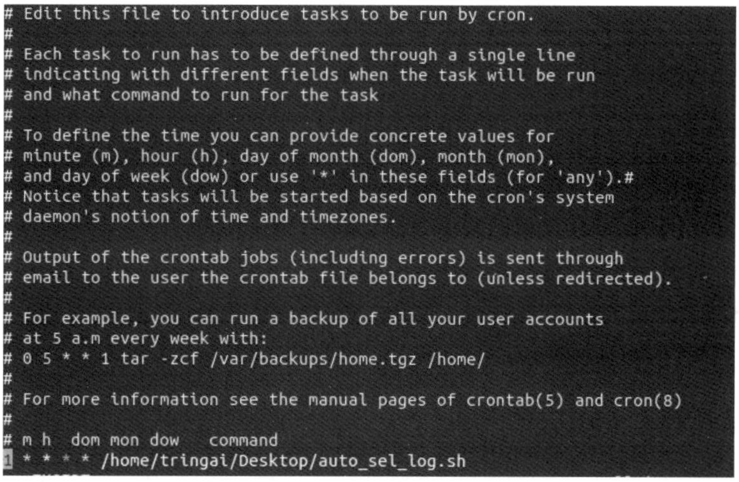

```
# Edit this file to introduce tasks to be run by cron.
#
# Each task to run has to be defined through a single line
# indicating with different fields when the task will be run
# and what command to run for the task
#
# To define the time you can provide concrete values for
# minute (m), hour (h), day of month (dom), month (mon),
# and day of week (dow) or use '*' in these fields (for 'any').#
# Notice that tasks will be started based on the cron's system
# daemon's notion of time and timezones.
#
# Output of the crontab jobs (including errors) is sent through
# email to the user the crontab file belongs to (unless redirected).
#
# For example, you can run a backup of all your user accounts
# at 5 a.m every week with:
# 0 5 * * 1 tar -zcf /var/backups/home.tgz /home/
#
# For more information see the manual pages of crontab(5) and cron(8)
#
# m h  dom mon dow   command
1 * * * * /home/tringai/Desktop/auto_sel_log.sh
```

图 3-16　设置自动执行脚本程序

```
service cron status
```

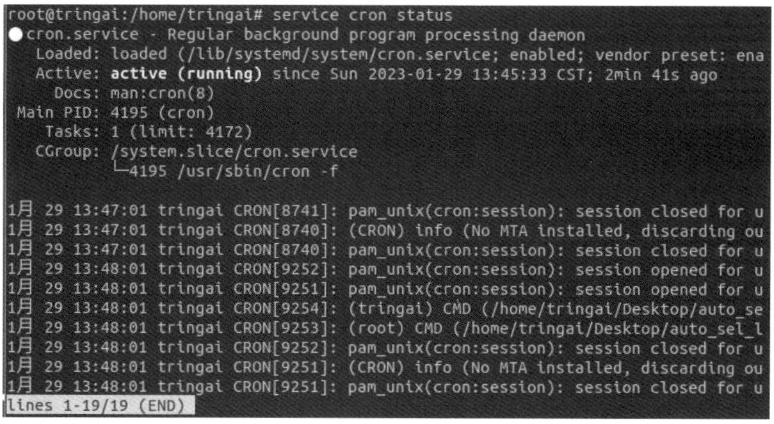

```
root@tringai:/home/tringai# service cron status
● cron.service - Regular background program processing daemon
   Loaded: loaded (/lib/systemd/system/cron.service; enabled; vendor preset: ena
   Active: active (running) since Sun 2023-01-29 13:45:33 CST; 2min 41s ago
     Docs: man:cron(8)
 Main PID: 4195 (cron)
    Tasks: 1 (limit: 4172)
   CGroup: /system.slice/cron.service
           └─4195 /usr/sbin/cron -f

1月 29 13:47:01 tringai CRON[8741]: pam_unix(cron:session): session closed for u
1月 29 13:47:01 tringai CRON[8740]: (CRON) info (No MTA installed, discarding ou
1月 29 13:47:01 tringai CRON[8740]: pam_unix(cron:session): session closed for u
1月 29 13:48:01 tringai CRON[9252]: pam_unix(cron:session): session opened for u
1月 29 13:48:01 tringai CRON[9251]: pam_unix(cron:session): session opened for u
1月 29 13:48:01 tringai CRON[9254]: (tringai) CMD (/home/tringai/Desktop/auto_se
1月 29 13:48:01 tringai CRON[9253]: (root) CMD (/home/tringai/Desktop/auto_sel_l
1月 29 13:48:01 tringai CRON[9252]: pam_unix(cron:session): session closed for u
1月 29 13:48:01 tringai CRON[9251]: (CRON) info (No MTA installed, discarding ou
1月 29 13:48:01 tringai CRON[9251]: pam_unix(cron:session): session closed for u
lines 1-19/19 (END)
```

图 3-17　查看脚本运行情况

当“Active”状态显示为“active(running)”时，表示该脚本正常运行。同样地，也可以参考任务 2 中的方法手动查看磁盘存储空间，检查脚本运行情况。

与人工智能模型训练的计算任务相比，定时执行脚本的任务占用的设备服务资源可谓是微乎其微，但大量的定时任务仍然可能会占用有限的设备服务资源导致无法运行人工智能程序。因此在运行人工智能应用程序的过程中，可以通过任务 1 中查看 GPU 和 CPU 工作情况的方法，判断是否需要释放服务资源。如需要，可以通过以下命令关闭定时任务。

```
service cron stop
```

【模块小结】

本模块首先介绍了人工智能边缘设备操作系统的概念，即管理计算机硬件资源，控制其他程序运行并为用户提供交互操作界面的系统软件的集合。同时也是计算机系统的关键组成部分,负责管理与配置内存、决定系统资源供需的优先次序、控制输入与输出设备、操作网络与管理文件系统等基本任务。然后基于这些基本概念,介绍了三种常见的边缘智能操作系统,包括 Linux、DuerOS 和 AliOS-Things。随后介绍了 Linux 操作系统的相关命令行操作和指令,包括系统状态检测、工作目录切换和文件目录管理三个方向的常用指令。最后在实操部分介绍了 jtop 工具的使用以及自动化磁盘管理脚本的使用。

【知识拓展】 人工智能边缘设备操作系统为数字经济提供基础设施

长期以来,我国信息科技产业“缺芯少魂”问题十分突出。其中,“芯”是指芯片,“魂”是指操作系统。2022 年 1 月,国务院印发《“十四五”数字经济发展规划》,明确了数字经济未来 5 年的发展方向。

《“十四五”数字经济发展规划》在“优化升级数字基础设施”这一首要任务上,针对人工智能边缘设备,提出“加强面向特定场景的边缘计算能力,强化算力统筹和智能调度。”

目前,边缘设备在产业数字化领域的重要价值已得到普遍认同,并且在智能网联汽车、智能家居等垂直领域正迎来新一轮发展机遇。围绕物联网、工业互联网等场景,建设边缘计算基础设施和灵活易用的人工智能边缘设备的操作系统,是当前人工智能和边缘计算发展的重要任务。

【课后实训】

(1) 以下哪项属于操作系统的基本功能?(　　)【多选题】

A. 进程管理

B. 内存管理

C. 网络通信

D. 机器人导航

(2) 以下哪项属于常用的边缘设备操作系统?(　　)【多选题】

A. Linux 系统

B. DuerOS 系统

C. AliOS-Things 系统

D. Windows 系统

(3) 以下哪一条命令可以用于显示用户当前所处的工作目录?(　　)【单选题】

A. pwd

B. cd

C. ls

D. touch

模块4 人工智能边缘设备硬件基础

理论讲解

硬件设备是指构成边缘设备的所有物质元器件、线路和部件。人工智能边缘设备可以通过非智能化的传感器硬件设备，实时收集外部环境数据，如使用摄像头采集图像数据，使用麦克风采集音频数据。采集到数据后再在设备内部进行数据处理和分析。

【模块描述】

本模块主要介绍人工智能边缘设备与传感器，并对其基本工作流程进行讲解，包括数据采集、传输和计算的方法。接着介绍人工智能边缘设备的硬件类型与常见的传感器。在实操部分，将学习如何分别获取摄像头、麦克风这两种设备的数据流并进行数据存储和调用，从而加深对不同传感器应用的理解。

【学习目标】

知识目标	能力目标	素质目标
(1) 了解人工智能边缘设备的类型以及智能边缘计算的工作流程。 (2) 了解不同传感器的类型和应用。 (3) 熟悉摄像头与麦克风的工作原理。	(1) 充分理解并掌握人工智能边缘设备中传感硬件类型及工作流程。 (2) 熟练掌握各种传感器的应用方法。 (3) 充分理解并掌握摄像头与麦克风的工作原理以及使用方法。	从人工智能边缘设备及各种传感器的使用入手，分析智能边缘硬件在智慧城市中的应用，理解边缘 AI 对智能化产品设备的意义。

【课程思政】

在课程讲授中强调在数据采集、传输和计算过程中要坚持实事求是，确保数据的真实性和准确性。引导学生树立追求真理、尊重科学的态度；在数据采集、传输和计算中的应用，例如，归纳与演绎、分析与综合等，帮助学生掌握科学思维方法，提高解决问题的能力；强调在数据采集、传输和计算过程中要保障信息安全，例如，保护个人隐私、防止数据泄露等，引导学生树立信息安全意识，遵守相关法律法规。

【知识框架】

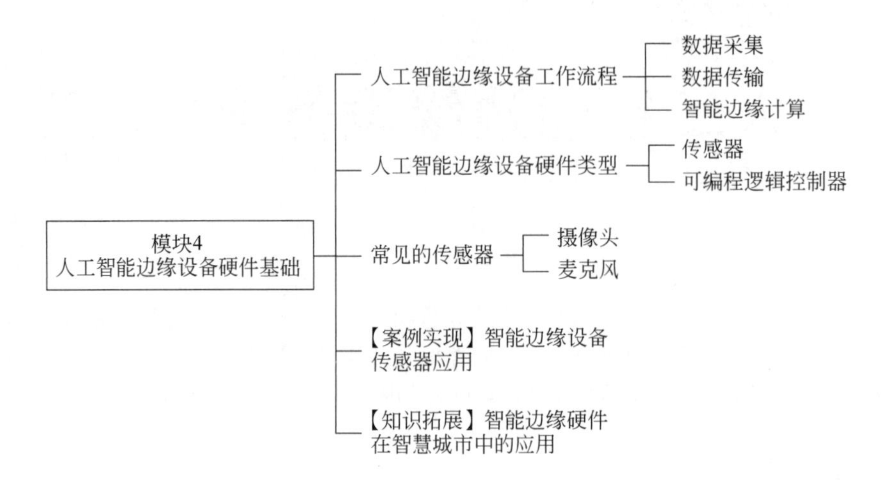

【知识准备】

4.1 人工智能边缘设备工作流程

随着网络技术的发展,越来越多的人工智能边缘设备进入人们的生活,人工智能边缘设备产生的数据信息以及设备之间的数据联动越来越多。与此同时,越来越多的企业正在将数据采集以及分析装置扩展到更靠近数据生成位置的地方,人工智能边缘设备就是在此基础上诞生的,其目的是能够尽可能地靠近数据来源的地方,从而更快发挥作用。因此不难看出,人工智能边缘设备的工作流程,主要包括数据采集、数据传输以及进行智能边缘计算,从而实现任务自动化,使生活和生产更加便利及高效。其过程如图 4-1 所示。

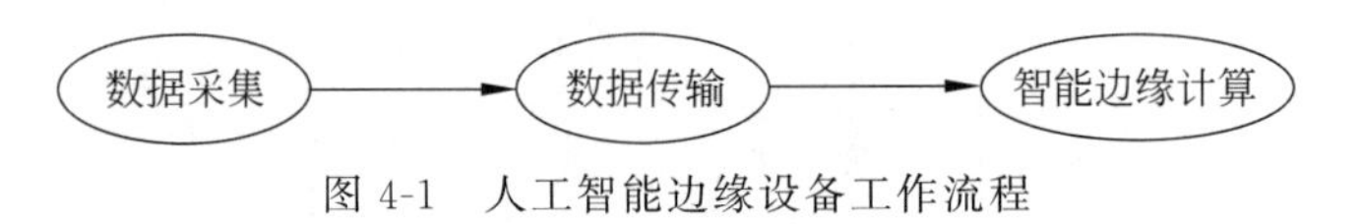

图 4-1 人工智能边缘设备工作流程

4.1.1 数据采集

数据采集指的是从人工智能边缘设备外部采集数据并输入系统内部。数据采集方式多种多样,例如,传感器采集、数据库采集、系统日志采集、网络数据采集等。数据采集技术广泛应用在安防、教育、制造等各个领域,如图 4-2 所示为用于安防领域的摄像头传感器数据采集。

传感器采集有多种方式,有针对极短时间的数据进行的瞬时采集,如瞬时拍照,也有针对一段时间的数据特征进行特征数据采集,如持续录音。现如今,传感器采集技术正在被广泛应用在各个领域。但是,不论是哪种方式以及传感器,在采集数据时,都要以不影响被测对象状态与测量环境为前提,这样才能确保数据的正确性。采集数据时,还应该结合算法与

图 4-2　摄像头传感器数据采集

实际应用环境，利用合理的传感器及采集方式，使其能够更好地应用在以后的数据分析中。

4.1.2　数据传输

在智能边缘计算出现前，大多数场景需要将数据传输到云端服务器后，再进行分析和处理，在一些特殊场景中，由于传输的延迟以及网络的不稳定性，可能会无法及时完成需求，导致不可估量的后果。因此，若在所有场景中，都把传感器的数据交由云端服务器进行分析和处理，会有很大的局限性。随着科技发展，单位体积设备的计算能力越来越强，现在可以直接在数据的来源端部署计算设备，传感器直接连接到计算设备，可以直接对收集的数据进行分析处理，使得整个过程达到良好的稳定性以及实时性。

以如图 4-3 所示的自动驾驶汽车为例，车辆在高速行驶时，当传感器发现前方出现异常，此时将数据传输到云端服务器进行分析处理，车辆需要等待云端服务器返回的驾驶操作指令再做出相应动作，由于传输时延以及网络波动，指令并不能保证按时到达，届时可能会导致意想不到的事故。所以，使用人工智能边缘设备进行智能边缘计算，能够减少或者规避这种情况的出现。

图 4-3　自动驾驶汽车

4.1.3　智能边缘计算

分布式计算，是指每个结点都有计算功能，并且具有管理自己的结点、硬件、软件的能力的计算架构，如图 4-4 所示。分布式计算与智能边缘计算有着非常相似的特点，这使得分布式计算能够与智能边缘计算紧密耦合，在物联网时代，两者相互结合，能够迸发出令人意想不到的火花。

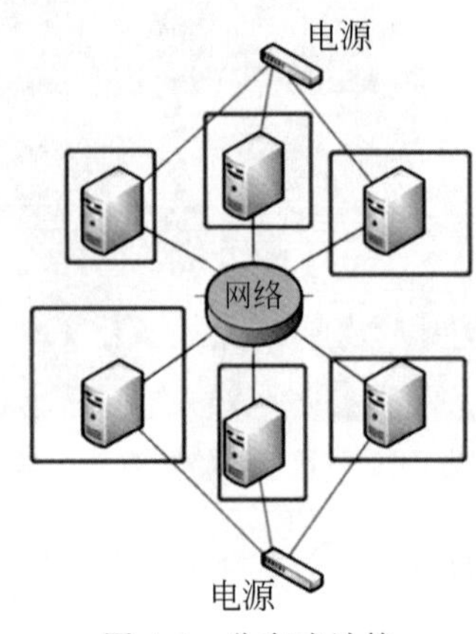

图 4-4 分布式计算

随着人工智能和边缘计算技术的发展,智能边缘计算更多采用分布式计算。分布式计算架构能够融合网络、计算、存储、应用等核心能力,构建开放平台,从而能就近提供边缘智能服务,满足各行业数字化、实时业务、数据优化、应用智能、安全与核心保护等多方面的需求。

4.2 人工智能边缘设备硬件类型

人工智能边缘设备指的是拥有计算能力,在数据采集端就能完成数据整合、分析和计算反馈的设备。人工智能边缘设备主要有两种类型,分别是传感器和编程逻辑控制器。

4.2.1 传感器

传感器是一种能够对被测对象的某一信息或者特征具有感知、检出能力的物理器件。目前,传感器正在往智能化、集成化方向靠近。除了基本的数据采集功能外,智能传感器一般还拥有自动校零、标定、补偿等能力,并且具有一定的通信、管理、推理、判断等功能。智能传感器由于其足够智能化以及集成化,能够充分发挥硬件功能,满足各种多样化的需求性。

智能传感器结构如图 4-5 所示,其一般由传感器、微处理器、电源以及传感器相关电路组成。

传感器将被测的物理量、化学量转换成相应的电信号,送到信号调制电路中,经过滤波、放大、信号转换后送达微处理器。微处理器对接收的信号进行计算、存储、数据分析处理后,一方面通过反馈回路对传感器与信号调理电路进行调节,以实现对测量过程的调节和控制;另一方面,将处理的结果传送到输出接口,经接口电路处理后按输出格式、界面定制输出数字化的测量结果。

与传统的传感器相比,智能传感器有以下优点。

1. 精度高

智能传感器可以自动校零去除零点,例如,角度传感器。可以通过地球磁场方向自动获

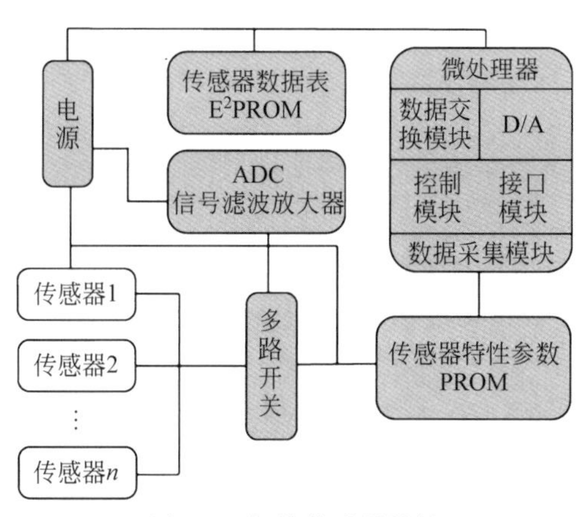

图 4-5　智能传感器结构

得绝对角度从而达到校零的目的，也可以与标准参考基准实时对比自动进行整体系统标定、非线性等系统误差的校正，实时采集大量数据进行分析处理，消除偶然误差影响，保证智能传感器的高精度。

2. 稳定性高

智能传感器能自动补偿因工作条件与环境参数发生变化而引起的系统特性的参数变化，如环境温度、系统供电电压波动而产生的零点和灵敏度的漂移。在被测参数变化后能自动变换量程，实时进行系统自我检验、分析、判断所采集数据的合理性，并自动进行异常情况的应急处理。

3. 自适应性高

智能传感器具有判断、分析与处理功能，它能根据系统工作情况决策各部分的供电情况和与上位计算机的数据传输速率，使系统工作在最低功耗状态并优化传输效率。

4. 性价比高

智能传感器具有的高性能，不像传统传感器技术那样通过追求传感器本身的完善、对传感器的各个环节进行精心设计与调试、进行“手工艺品”式的精雕细琢来获得，而是通过与微型计算机相结合，采用廉价的集成电路工艺和芯片以及强大的软件来实现，因此性价比较高。

4.2.2　可编程逻辑控制器

如图 4-6 所示的可编程逻辑控制器，是一种具有微处理器的数字电子设备，用于自动化控制的数字逻辑控制器，可以将控制指令随时加载存储器内存储和运行。可编程逻辑控制器由内部中央处理器、指令以及数据存储器、输入输出单元、电源模块、数字模拟等单元模块组成。人工智能边缘设备内部也是安置了可编

图 4-6　可编程逻辑控制器

程逻辑控制器用于将控制指令随时载入内存进行存储与执行。

可编程逻辑控制器实质上是一种专用于工业控制的计算机,其硬件结构基本上与微型计算机相同,具体如下。

(1) 存储器是具有记忆功能的半导体电路,它的作用是存放系统程序、用户程序、逻辑变量和其他一些信息。

(2) 输入单元是可编程逻辑控制器与被控设备相连的输入接口,是信号进入可编程逻辑控制器的桥梁,它的作用是接收主令元件、检测元件传来的信号。

(3) 输出单元是可编程逻辑控制器与被控设备之间的连接部件,它的作用是把可编程逻辑控制器的输出信号传送给被控设备,即将中央处理器送出的弱电信号转换成电平信号,驱动被控设备的执行元件。

(4) 中央处理器是可编程逻辑控制器的核心,其按系统程序赋予的功能接收并存储用户程序和数据,用扫描的方式采集由现场输入设备送来的状态或数据,并存入规划的寄存器中。同时,诊断电源和可编程逻辑控制器内部电路的工作状态和编程过程中的语法错误等。

目前,可编程逻辑控制器在国内外已广泛应用于钢铁、石油、化工、电力、建材、机械制造、汽车、轻纺、交通运输、环保及文化娱乐等各个行业。在这些领域中,其主要的控制方式包括以下三种:模拟量控制、数字量控制、过程控制。

1. 模拟量控制

在工业生产过程当中,有许多连续变化的量,如温度、流量、液位和速度等都是模拟量。为了使可编程控制器处理模拟量,必须实现模拟量和数字量之间的转换。可编程逻辑控制器厂家都生产配套的转换模块,使可编程控制器用于模拟量控制。

2. 数字量控制

可编程逻辑控制器具有数学运算、数据传送、数据转换、排序、查表、位操作等功能,可以完成数据的采集、分析及处理。这些数据可以与存储在存储器中的参考值比较,完成一定的控制操作。数据处理一般用于大型控制系统,如无人控制的制造系统;也可用于如造纸、冶金、食品工业中的一些大型控制系统。

3. 过程控制

过程控制是指以温度、压力、流量、液位和成分等工艺参数作为被控变量的自动控制。过程控制也称实时控制,是设备及时地采集检测数据,按最佳值迅速地对控制对象进行自动控制和自动调节,如数控机床和生产流水线的控制等。

4.3 常见的传感器

在日常生活中,传感器几乎处处可见,摄像头、麦克风是最常见的两种分别收集光、声的传感器。下面讲解这两种设备的相关知识。

4.3.1　摄像头

摄像头是一种图像采集设备，如图4-7所示。摄像头广泛应用于安防、教育、交通等领域，在不同领域中的摄像头的应用其原理都基本相似。一般的摄像头，其主要功能是采集图像或视频的数据。随着人工智能技术发展以及工业界的多样化需求，摄像头也开始走向智能化。集成了计算设备，能够完成实时抓拍、目标跟踪、智能防抖等任务的摄像头，称作智能摄像头。镜头跟踪以及防抖动等技术，能够确保捕捉到足够有效的像素点，以获得更多有用的数据。捕捉到图像数据后，一般还需要对收集得到的图像数据进行处理，其中多会用到视频图像检测技术、人体动态识别技术、图像无线通信传输技术等。

图4-7　摄像头

在安防领域，摄像头的应用最为广泛。随着我国政府对平安城市、“雪亮工程”以及交通运输等领域的投入和人们对于安防产品的需求不断提升，安防市场规模也在随之不断扩大。视频监控是整个安防系统最重要的实现基础，视频监控系统位于最前端，很多子系统都需要通过与其相结合才能发挥出自身的功能，是安全防范的核心环节。

在国家安全防范的应用中，人工智能、智能边缘计算和视频监控技术其实是构建了一种基于人工智能边缘设备的视频图像预处理技术，通过对视频图像进行预处理，去除图像冗余信息，使得部分或全部视频分析迁移到边缘处，由此降低对云中心平台的计算、存储和网络带宽的需求，提高视频分析的速度。此外，预处理使用的算法采用软件优化、硬件加速等方法，提高视频图像分析的效率。

除此之外，为了减少上传到云端的视频数据，还可以基于边缘预处理功能，构建了基于行为感知的视频监控数据弹性存储机制。使用智能边缘计算软硬件框架实现视频监控系统，可以提供具有预处理功能的平台，用于实时提取和分析视频中的行为特征，实现监控场景行为感知的数据处理机制，还可以根据行为特征决策功能，实时调整视频数据，既能减少无效视频的存储，节省存储空间，又能最大化存储视频数据，增强视频信息的可信性，提高视频数据的存储空间利用率。

目前，国内大多数的智能摄像头有人脸识别和高速路车辆识别等多种应用方式。

1. 人脸识别

如图4-8所示为人脸识别技术。以公安行业人员布控为代表，在关键监控点位安装人脸抓拍摄像机，通过后端人脸识别服务器对抓拍到的人脸进行比对识别，确定该人员身份。一种是与人脸黑名单库进行比对识别，另一种是和静态人脸库进行比对识别。

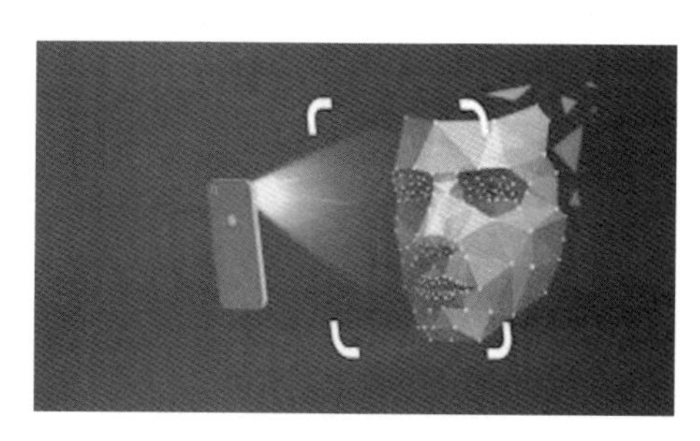

图4-8　人脸识别技术

人脸黑名单动态布控应用中主要利用人脸抓拍摄像机从高清视频画面中使用深度学习模型检测并抓拍人脸照片，然后将提取人脸深度学习特征向量，与黑名单库人脸进行比对并实现报警提示。

人脸静态比对指的是使用深度学习模型检测并抓拍人脸图片，然后将提取的人脸深度学习特征向量与静态库中的人脸比对识别，用于确认该人脸身份。

2. 车辆识别

车辆识别应用属于卡口场景应用。车辆识别技术是公安实战中应用最成熟、效果最明显的技术之一。借助遍布全国各地交通要道的车辆卡口，车牌识别使得“以车找人”成为现实，成功协助警方破获各类案件。车辆识别技术已经从初级的基于车牌的车辆识别应用阶段，发展到车型识别、套牌车识别等精准的车辆识别应用阶段。

对上述提到的技术，都可以通过人工智能识别算法来进行实现，通过收集庞大的数据集，能够逐步提高人工智能模型的准确性，进而提供更好的服务，来造福人类。

4.3.2 麦克风

人工智能边缘设备常用于语音控制相关任务。

如图 4-9 所示的麦克风，是日常生活中非常常见的设备，麦克风通常用于完成接收使用者的音频，转换为计算机可读取识别的数据，并向外部传输任务。

图 4-9 麦克风

麦克风接收到使用者的音频后，可以应用在各种场景。计算设备能对音频中的音轨、音调、音色等信息进行处理，可以分析出其音频中的周围环境甚至是演讲者的情绪。

集成了计算能力的麦克风，可以称作智能麦克风。智能麦克风有许多衍生产品，对话式人工智能音箱就是其中一种，如阿里巴巴天猫精灵、百度智能音箱等。通过收集使用者提出的问题或者陈述的话，对话式人工智能音箱能够分析其想表达的意思，通过自身庞大的数据库，提取应对这句话的方法，由此可以达到与使用者进行流畅交谈的目的。

应用在智能麦克风中的主要技术是语音识别和语音合成，能够将人的自然语言转换为数据并输入计算设备中进行分析处理。其效果如图 4-10 所示。上面提到的对话式人工智能音箱便使用了该项技术。这种技术能够方便人们的日常生活，例如，当我们在路上开车无暇打字时，可以通过语音转文字的方法来输入文本，进而免去看手机的麻烦。

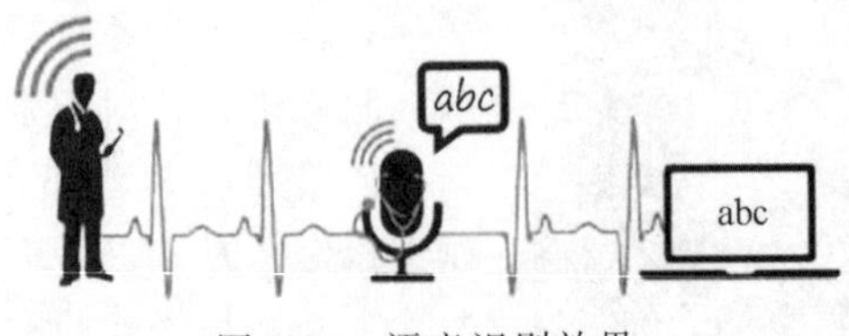

图 4-10 语音识别效果

语音识别技术应用范围广泛，但其中的原理并不复杂。首先，麦克风需要先收集使用者的音频数据，进而将音频数据进行切分识别对应的音频符号，接着通过调取设备存储的大量数据集进行匹配，找出音频符号最相近的符号和其对应的文本信号，然后一一对应最后转换为一个完整的句子。其大致流程如图4-11所示。

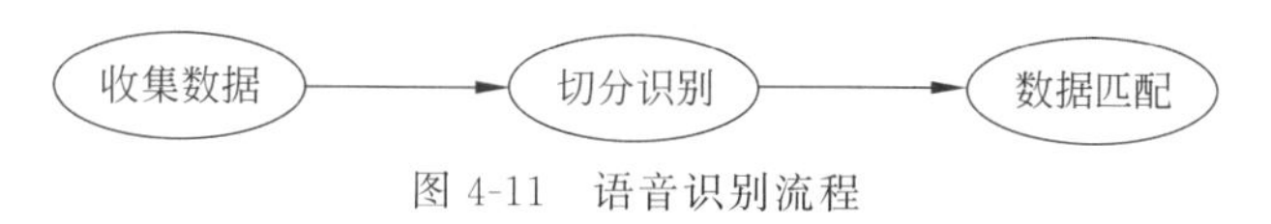

图4-11　语音识别流程

【案例实现】　智能边缘设备传感器应用

基于模块描述与之知识准备的内容，基本了解了人工智能边缘设备的工作流程、硬件类型以及常见的传感器。在本案例实现中，主要使用Python语言中的OpenCV库以及PyAudio库分别实现对摄像头捕获的图像数据、麦克风捕获的音频数据进行保存以及可视化回放。

本案例实训的思路如下。

(1) 查看摄像头挂载情况。使用Linux相关命令查看摄像头挂载情况及端口号等。

(2) 调用摄像头拍照与保存。通过OpenCV调用摄像头进行拍照，并将图像保存到指定路径。

(3) 调用语音模块录音与回放。通过PyAudio模块调用语音模块进行录音和播放。

任务1：查看摄像头挂载情况

接通边缘设备电源，通过本地连接或者远程连接的方式进入边缘设备的桌面，在边缘设备的桌面中单击右键，选择Open Terminal选项打开终端命令行，如图4-12所示。

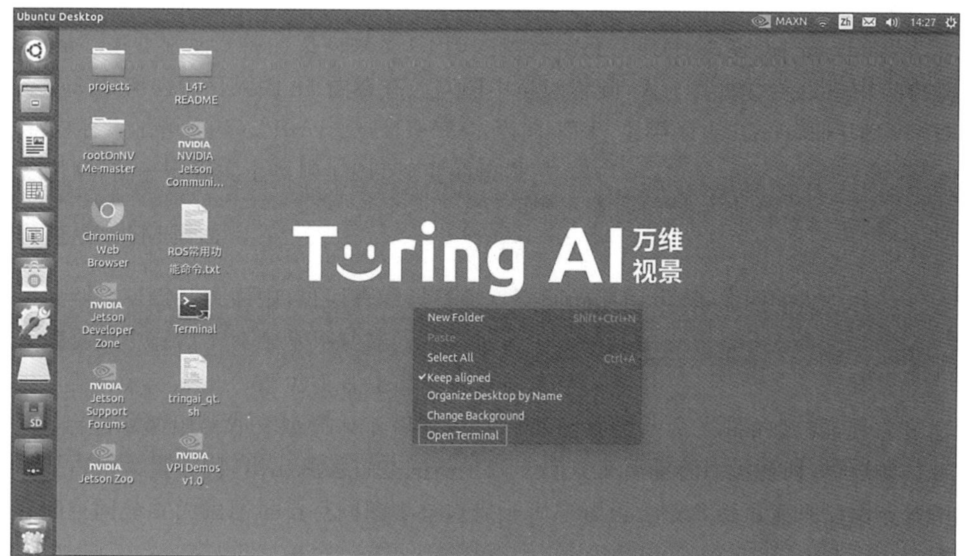

图4-12　打开终端命令行

接着在终端命令后输入以下命令,查看摄像头挂载情况。

```
ls /dev/video*
```

在终端命令后输入上述命令后,按 Enter 键运行,即可在终端命令行中查看摄像头的挂载情况,如图 4-13 所示。

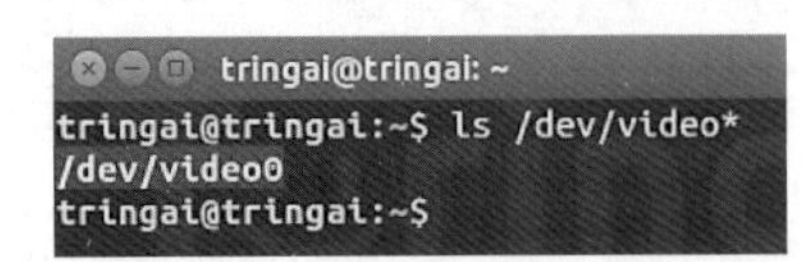

图 4-13 获取摄像头挂载情况

显示已经挂载了 video0 一个摄像头,接着继续在终端命令行中输入以下命令查看挂载的摄像头的参数。

```
v4l2-ctl --device=/dev/video0 --list-formats-ext
```

在终端命令行中输入上述命令后,按 Enter 键运行,即可在终端命令行中查看摄像头的参数信息。其中,摄像头参数对应的解释如表 4-1 所示。

表 4-1 摄像头参数对应的解释

参数	说明
Pixel	摄像头的数据格式
Name	说明该数据格式使用的算法与通道对应的参数
Size	摄像头可获取的图像尺寸
Interval	性能参数,表示对应分辨率的最高执行帧率

任务 2:调用摄像头拍照与保存

接下来对边缘设备中的摄像头进行调用,并使用 OpenCV 实现拍照保存到本地。在此之前需要切换到本次案例的文件夹中,并新建一个 Python 代码文件用于代码编写。在桌面中单击右键,选择 Open Terminal 选项打开终端命令行,接着在打开的终端命令行中依次输入以下命令,即可在本次案例文件夹中新建一个名为 video.py 的代码文件。

```
cd Desktop/projects/char4/
gedit video.py
```

在终端命令行中输入上述命令后,即可在本次案例文件夹中新建一个 video.py 代码文件,并弹出一个文本编辑器用于代码编写,如图 4-14 所示。以下摄像头使用代码均在代码编辑器中实现。

首先声明所需的库,cv2 指 OpenCV 库,在该任务中用于获取摄像头图像以及展示,sys 是 Python 自带的系统管理库,用于关闭摄像头时退出程序。

图 4-14　新建 video.py 代码文件

```
import cv2
import sys
```

接着定义摄像头 Cap()类，包含初始化构造函数、摄像头开启情况反馈函数、错误反馈函数以及获取视频图像帧函数。以下代码为分步说明，无须输入，最后有完整代码再将其输入 video.py 文件中。

（1）在__init__构造函数中使用 OpenCV 中的 VideoCapture()方法创建摄像头对象，并设定捕获图像的横向与纵向分辨率，即为图像的长和宽，代码如下。

```
class Cap(object):
    def __init__(self, num):
        self.vdo =cv2.VideoCapture(num)   #如果有多个摄像头，则从编号 0 开始依次排列
        self.vdo.set(3, 640)        #设定横向分辨率
        self.vdo.set(4, 480)        #设定纵向分辨率
```

（2）定义摄像头开启情况反馈函数__enter__()与错误反馈函数__exit__()使得该类只可以在摄像头开启时访问，并在退出时可以打印错误信息，代码如下。

```
    def __enter__(self):
        assert self.vdo.isOpened()
        return self
    def __exit__(self, exc_type, exc_value, exc_traceback):
        if exc_type:
            print(exc_type, exc_value, exc_traceback)
```

（3）定义获取视频图像帧函数 steam()，使得每次调用时都能返回一次当前帧的图像数据，代码如下。

```
    def steam(self):
        if self.vdo.grab():
            _, image =self.vdo.retrieve()        #获取图像帧
            return image
        else:
            sys.exit()
```

定义摄像头 Cap()类的完整代码如下,可将该部分代码输入 video.py 代码文件中。

```
import cv2
import sys

class Cap(object):
    def __init__(self, num):
        self.vdo =cv2.VideoCapture(num)  #如果有多个摄像头,则从编号 0 开始依次排列
        self.vdo.set(3, 640)              #设定横向分辨率
        self.vdo.set(4, 480)              #设定纵向分辨率

    def __enter__(self):
        assert self.vdo.isOpened()
        return self
    def __exit__(self, exc_type, exc_value, exc_traceback):
        if exc_type:
            print(exc_type, exc_value, exc_traceback)

    def steam(self):
        if self.vdo.grab():
            _, image =self.vdo.retrieve() #获取图像帧
            return image
        else:
            sys.exit()
```

最后定义程序运行的主函数。首先初始化摄像头,构建循环来获取视频流,接着使用 OpenCV 显示图像,并设置捕获键盘输入的值,在循环中不断读取图像并显示。

```
if __name__=="__main__":
    cap =Cap(0)                                         #实例化 0 号摄像头
    i =1                                                #图片保存序号
    while True:
        image =cap.steam()                              #获取视频流
        cv2.imshow("Capture", image)                    #显示图像
        keyValue =cv2.waitKey(1)                        #捕获键值
        if keyValue & 0xFF ==ord('s'):                  #按 S 键保存
            cv2.imwrite(str(i) +'.png', image)          #保存图片
            i +=1                                       #序号递增
        elif keyValue & 0xFF ==ord('q'):                #按 Q 键退出
            exit(0)
```

上述代码在边缘设备中弹出的文本编辑器中编写完成后,按 Ctrl+S 组合键或单击 Save 按钮保存编辑完成的 video.py 代码文件,接着单击关闭界面的按钮即可保存对代码文件的编写,如图 4-15 所示。

接下来在终端命令行中继续输入以下命令,运行编写好的摄像头调用代码文件 video.py,

图 4-15　保存 video.py 代码文件

即可在桌上看到弹出的摄像头实时画面。

```
python3 video.py
```

在终端命令行中输入上述命令后，即可在桌面弹出的窗口中实时查看摄像头的画面，如图 4-16 所示。接着可按 S 键将当前画面保存到本次案例文件夹下，随后按 Q 键即可退出该程序。

图 4-16　摄像头调用画面

以上便是调用边缘设备摄像头实现拍照与保存的全部步骤,接下来对语音模块进行调用与使用。

任务3:调用语音模块录音与回放

接下来对边缘设备中的语音模块进行调用,并使用PyAudio模块实现语音的录制及播放。在打开的终端命令行中继续输入以下命令,新建一个名为audio.py的代码文件用于编写代码对语音模块进行使用。

```
gedit audio.py
```

在终端命令行中输入上述命令后,即可在本次案例文件夹中新建一个audio.py代码文件,并弹出一个文本编辑器用于代码编写,如图4-17所示。以下语音模块使用代码均在代码编辑器中实现。

图4-17 新建audio.py代码文件

首先导入案例所需库,其中,pyaudio与wave用于实现音频录制与播放,tqdm负责显示进度条,contextlib负责获取音频长度,代码如下。

```
import pyaudio, wave
from tqdm import tqdm
import contextlib
```

定义get_len()函数用于获取音频总长度,以便于后面录音与回放过程可视化,代码如下。

```
def get_len(file):
    with contextlib.closing(wave.open(file, 'r')) as f:
        frames =f.getnframes()
        rate =f.getframerate()
        wav_length =frames
    return wav_length
```

接着定义record()录制函数,通过设置time参数可以调整录制时间,单位为s,保存文件名为file_name,采样率默认为16000,代码如下。

```
def record(file_name, time, rate=16000):
    #实例化一个 PyAudio 对象
```

```
    pa =pyaudio.PyAudio()
    #打开声卡,设置采样深度为 2 位、声道数为 2、采样率为 16000、采样点缓存数量为 2048
    stream = pa.open(format= pyaudio.paInt16, channels= 2, rate= rate, input=
True, frames_per_buffer=2048)
    #新建一个列表,用来存储采样到的数据
    record_buf = []
    count =time * rate // 2048
    for i in tqdm(range(count), postfix="recording..."):
        audio_data =stream.read(2048)       #读出声卡缓冲区的音频数据
        record_buf.append(audio_data)      #将读出的音频数据追加到 record_buf 列表
    wf =wave.open(file_name, 'wb')          #创建一个音频文件
    wf.setnchannels(2)                      #设置声道数为 2
    wf.setsampwidth(2)                      #设置采样深度为 2
    wf.setframerate(16000)                  #设置采样率为 16000
    #将数据写入创建的音频文件
    wf.writeframes("".encode().join(record_buf))
    #写完后将文件关闭
    wf.close()
    #停止声卡
    stream.stop_stream()
    #关闭声卡
    stream.close()
    #终止 pyaudio
    pa.terminate()
```

定义 play()播放函数,播放文件名为 file 的音频文件,代码如下。

```
def play(file):
    len_file =get_len(file)
    chunk =2048
    wf =wave.open(file, 'rb')
    pa =pyaudio.PyAudio()
    stream =pa.open(format=pa.get_format_from_width(wf.getsampwidth()),
#从 wf 中获取采样深度
                    channels=wf.getnchannels(),      #从 wf 中获取声道数
                    rate=wf.getframerate(),          #从 wf 中获取采样率
                    output=True,
                    input=True
                    )

    data =wf.readframes(chunk)                       #读取数据
    total_chunk =0
    for i in tqdm(range(len_file // chunk +1), postfix="playing"):
        data =wf.readframes(chunk)
```

```
        total_chunk +=chunk
        if not data:
            break
        stream.write(data)
    stream.stop_stream()                    #停止数据流
    stream.close()
    pa.terminate()                          #关闭 PyAudio
```

最后定义主函数。首先调用 record()函数录制一段 10s 的音频，并将音频文件保存为 001.wav，再调用 play()函数播放该音频。代码如下。

```
if __name__=='__main__':
    record_file ="001.wav"        #录音文件保存路径
    record(record_file, 10)       #录制，10 意为录制 10s
    play(record_file)             #播放录音文件
```

上述代码在边缘设备中弹出的文本编辑器中编写完成后，按 Ctrl+S 组合键或单击 Save 按钮保存编辑完成的 audio.py 代码文件，接着单击关闭界面的按钮即可保存对代码文件的编写，如图 4-18 所示。

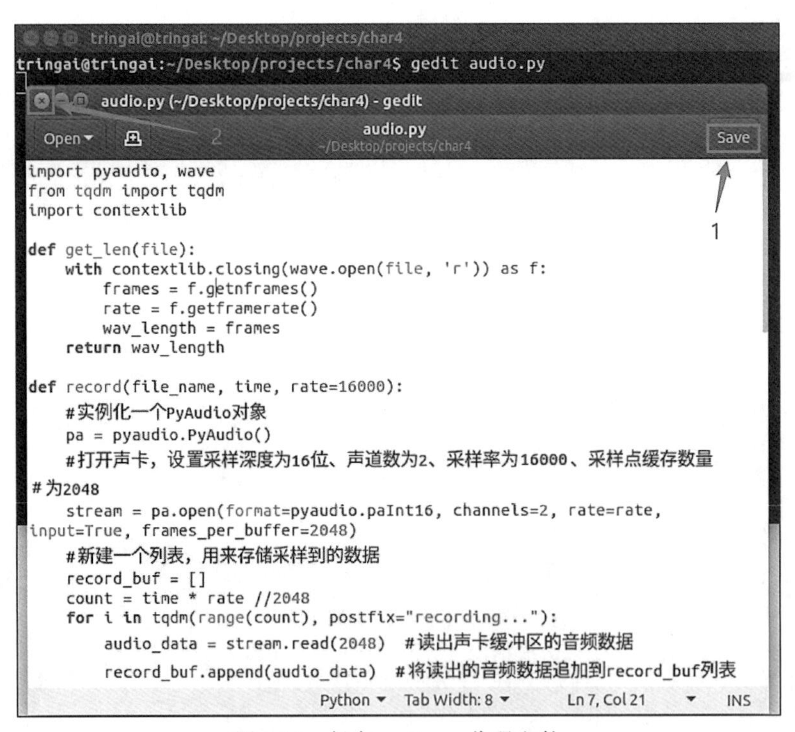

图 4-18　保存 audio.py 代码文件

接下来在终端命令行中继续输入以下命令，运行编写好的语音模块调用代码文件 audio.py，即可在终端命令行中实现语音的录制与播放。

```
python3 audio.py
```

在终端命令行中输入上述命令后，当第一次出现进度条时，即可在终端中进行10s语音的录制，录制完成后可回放录制好的语音。

【模块小结】

本模块主要讲解了人工智能边缘设备的工作流程及硬件类型，常见的传感器，以及摄像头、麦克风的相关知识，并分别介绍了摄像头和麦克风的智能化产品类型和应用以及其中的原理知识。最后再通过对智能传感器的调用、获取数据、存储数据、应用测试的一系列实践，对人工智能边缘设备硬件进行更深一步的掌握。

【知识拓展】　智能边缘硬件在智慧城市中的应用

2021年12月，中共中央人民政府发布《“十四五”国家信息化规划》，明确指出推进新型智慧城市高质量发展。因地制宜推进智慧城市群一体化发展，同时统筹建设面向区块链和人工智能等的算力和算法中心，构建具备周边环境感应能力和反馈回应能力的边缘计算结点，提供低时延、高可靠、强安全边缘计算服务。

智慧城市的三个主要特征是：物理和技术基础设施、环境监测和响应能力，以及为公民提供的智慧服务。一个智慧的城市由三个层次构成。第一层是技术基础，其中包括大量的智能手机和通过高速通信网络连接的传感器；第二层由特定应用组成，要将原始数据转换为警报、洞察和行动都需要适当的工具；第三层是城市、企业和公众的利用情况。许多应用只有在被广泛采用并设法改变行为的情况下才能成功，例如，引导人们在下班时间使用公共交通、改变路线、减少能源和水的消耗，或在一天中的不同时间段使用，以及通过预防性自我保健减少医疗保健系统的压力等。

在智慧城市中，数据中心和智能摄像头、智能麦克风等智能传感器的网络构成了关键的基础架构。其中，智能传感是智能基础架构的核心，智能传感器是城市景观中隐藏但无处不在的组成部分，是任何智能控制系统的重要组成部分。

【课后实训】

(1) 以下哪项不属于人工智能边缘设备工作流程？（　　）【单选题】

A. 数据采集

B. 数据传输

C. 数据分类

D. 边缘计算

(2) 以下哪项不属于传感器？（　　）【单选题】

A. 摄像头

B. 麦克风

C. 激光雷达

D. 可编程逻辑控制器

（3）智能摄像头的应用不包括（　　）。【单选题】

A. 人脸识别

B. 实时监控

C. 语音识别

D. 自动驾驶

进阶篇：人工智能边缘设备应用技术

本篇将以技术栈为主线，深入探讨人工智能边缘设备的技术基础，包括计算框架、算法基础等软硬件技术，并体验智能边缘设备的基础应用。通过本篇的学习，能够对人工智能边缘设备有更深入的理解，掌握其核心技术，并能够在实际应用中运用这些技术，推动人工智能的发展。

模块5 人工智能边缘设备计算框架

随着深度学习技术的逐步成熟和日益普及，模块化、标准化的流程工具成为开发者的普遍诉求，深度学习框架应运而生。深度学习框架提供多种基础功能的算法库，帮助开发者将有限精力专注于更高层级的创新突破，实现在巨人肩膀上的创新。

【模块描述】

本模块主要讲解人工智能边缘计算技术栈中，智能边缘设备计算框架的知识与应用。作为AI基础技术，深度学习框架能够集训练和推理框架、开发套件、基础模型库、工具组件于一体，提供由高级语言封装的多样化接口，实现快速便捷的关键模型构建、训练和调用，利用工具化、平台化的方式帮助广大开发者和企业进一步降低深度学习技术应用门槛，加速行业智能化转型。

本次项目主要学习目前行业内常用的深度学习开发框架，包括Paddle Inference、TensorFlow Lite、MNN、NCNN、OpenVINO等。在实操部分，将通过安装Paddle Inference，并对安装情况进行验证，掌握不同系统下深度学习开发框架的环境部署方法。

【学习目标】

知识目标	能力目标	素质目标
(1) 了解深度学习计算框架的概念。 (2) 熟悉常用的深度学习计算框架。	(1) 能够搭建深度学习开发框架所需的环境。 (2) 能够部署深度学习开发框架。	国产开源深度学习框架的意义与重要性。

【课程思政】

结合操作系统的发展历程及国内外发展现状，如开源鸿蒙操作系统等，客观分析我国操作系统内核短板尚未突破的现实困局，讨论聚焦桌面操作系统业已取得长足进步并开花结果的发展态势，以及中美科技角逐的态势，激发学生勇于担当、积极投身国家重大需求的爱国热情。结合操作系统发展中的典型实例，适时引入操作系统领域图灵奖获得者及贡献,激发学生勇于创新、积极探索的科学精神;结合典型操作系统譬如 Windows、Linux 发展过程中的成功经验,培养学生辩证思维、知行合一、精益求精、与时俱进、团队协作的意识与能力。

【知识框架】

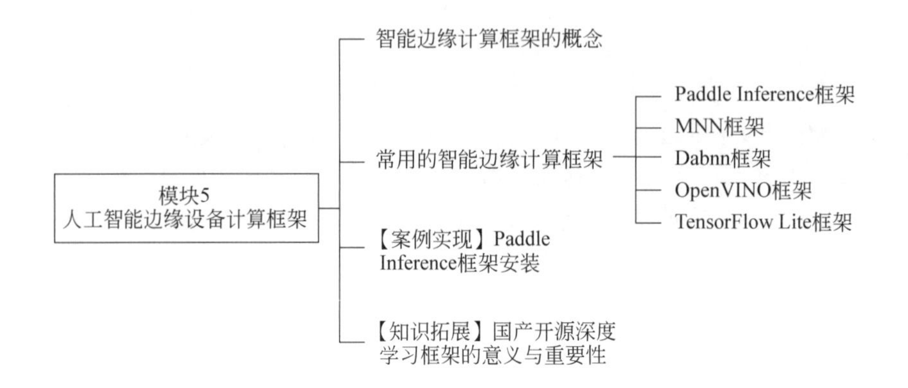

【知识准备】

5.1 智能边缘计算框架的概念

智能边缘计算框架是部署在边缘设备等小型移动设备上的深度学习框架,能够使得一些大模型的推理任务可以在设备本地执行。智能边缘计算框架主要包括模型优化器和推理引擎两个部分。

模型优化器(Model Optimizer)是一个跨平台的命令行工具,能够将深度学习训练框架如 PaddlePaddle、Caffe、TensorFlow、PyTorch 等框架训练后的模型转换为部署所需要的模型,其主要分为三个部分的工作。

(1) 转换:转换为统一的 IR 格式档案。

(2) 优化:根据不同设备不同优化方法节省计算时间和存储器空间。

(3) 转换权重与偏置:根据需求转换权值不同的模型格式。

而推理引擎则是将逻辑规则应用于知识库以推断出新信息的系统组件,主要工作是针对特定目标设备进行优化来完成推理功能。

5.2 常用的智能边缘计算框架

常用的智能边缘计算框架有 Paddle Inference、TensorFlow Lite、MNN、Dabnn、OpenVINO 等。

5.2.1 Paddle Inference 框架

Paddle Inference 是百度飞桨 PaddlePaddle 深度学习框架的原生推理库，为人工智能边缘服务提供高性能的推理能力。由于其能力直接基于 Paddle 的训练算子，因此 Paddle Inference 可以通用支持 PaddlePaddle 训练出的所有模型。Paddle Inference 功能特性丰富，性能优异，针对不同平台不同的应用场景进行了深度的适配优化，可做到高吞吐、低时延，保证了 PaddlePaddle 模型在服务器端即训即用，快速部署。其高性能主要通过以下几个方面来实现。

(1) 内存和显存复用提升服务吞吐量。Paddle Inference 在推理初始化阶段，对模型中的 OP 输出 Tensor(张量)进行依赖分析，将两两互不依赖的 Tensor 在内存和显存空间上进行复用，进而增大计算并行量，提升服务吞吐量。

(2) 细粒度 OP 横向纵向融合减少计算量。Paddle Inference 在推理初始化阶段，按照已有的融合模式将模型中的多个 OP 融合成一个 OP，减少了模型计算量的同时，也减少了 Kernel Launc 的次数，从而能提升推理性能。

(3) 子图集成 TensorRT 加快 GPU 推理速度。Paddle Inference 采用子图的形式集成 TensorRT，针对 GPU 推理场景，TensorRT 可对一些子图进行优化，包括 OP 的横向和纵向融合，过滤冗余的 OP，并为 OP 自动选择最优的 kernel，加快推理速度。

(4) 子图集成 Paddle Lite 轻量化推理引擎。Paddle Lite 是飞桨深度学习框架的一款轻量级、低框架开销的推理引擎，除了在移动端应用外，还可以使用服务器进行 Paddle Lite 推理。Paddle Inference 采用子图的形式集成 Paddle Lite，以方便用户在服务器推理原有方式上稍加改动，即可开启 Paddle Lite 的推理能力，得到更快的推理速度。并且，使用 Paddle Lite 可支持在百度昆仑等高性能人工智能计算芯片上执行推理计算。

(5) 支持加载 PaddleSlim 量化压缩后的模型。PaddleSlim 是飞桨深度学习模型压缩工具，Paddle Inference 可联动 PaddleSlim，支持加载量化、裁剪和蒸馏后的模型并部署，由此减小模型存储空间、减少计算占用内存、加快模型推理速度。其中，在模型量化方面，Paddle Inference 在 x86 CPU 上做了深度优化，常见分类模型的单线程性能可提升近 3 倍，ERNIE 模型的单线程性能可提升 2.68 倍。

在通用性层面，Paddle Inference 不仅与主流软硬件环境兼容适配，支持服务器端 x86 CPU、NVIDIA GPU 芯片，兼容 Linux/macOS/Windows 系统，支持所有飞桨训练产出的模型，完全做到即训即用，而且拥有多语言环境的丰富接口并供灵活调用，支持 C++、Python、C、Golang，接口简单灵活，20 行代码即可完成部署。对于其他语言，提供了应用程序二进制接口(ABI)和稳定的 C 语言应用程序编程接口，用户可以很方便地扩展。

5.2.2 MNN 框架

MNN(Mobile Neural Network)是阿里巴巴淘系技术开源的一个轻量级的深度神经网络推理引擎。MNN 支持深度模型推理与训练，尤其在边缘加载深度神经网络模型进行推理预测。其整体有以下 4 大特性。

(1) 轻量性。MNN 针对边缘设备特点深度定制和裁剪，无任何依赖，可以方便地部署到移动设备和各种嵌入式设备中。

(2) 通用性。MNN 支持 Paddle、TensorFlow、Caffe、ONNX 等主流模型文件格式,支持卷积神经网络(CNN)、循环神经网络(RNN)、对抗生成网络(GAN)等常用网络,支持 86 个 TensorFlow 算子,34 个 Caffe 算子。同时,MNN 还支持异构设备混合计算,目前支持 CPU 和 GPU 混合,可以动态导入 GPU 算子插件,替代 CPU 算子的实现。

(3) 高性能。MNN 不依赖任何第三方计算库,依靠大量手写汇编实现核心运算,充分发挥 ARM CPU 的算力。MNN 能够高效稳定地实现人工智能程序中卷积、循环等深度学习算法,对于任意形状的卷积均能高效运行。

(4) 易用性。MNN 有高效的图像处理模块,覆盖常见的形变、转换等需求。一般情况下,无须额外引入 libyuv 或 OpenCV 库处理图像。

5.2.3 Dabnn 框架

二值神经网络 (BNN) 是一种特殊的神经网络,它将网络的权重和中间特征压缩为 1b,可以看作普通浮点型网络量化到极致的结果。和其他比特数稍高的量化网络(例如三值网络、2-bit 网络、4-bit 网络)相比,二值网络最突出的优点在于,1-bit 乘加操作可以通过位运算高效实现,因此可以无缝运行在主流硬件平台(x86、ARM)上。

二值神经网络在边缘设备上具有巨大潜力,因为它们通过高效的逐位运算取代了浮点运算。而 Dabnn 框架是京东推出的一个高度优化的移动平台二进制神经网络推理框架。使用 ARM 汇编实现了二进制卷积。

5.2.4 OpenVINO 框架

OpenVINO 是英特尔针对板载英特尔芯片的硬件平台开发的一套深度学习工具库,包含推断库、模型优化等一系列与深度学习模型部署相关的功能。OpenVINO 工具包是用于快速开发应用程序和解决方案的综合工具包,可解决各种任务,包括模拟人类视觉、自动语音识别、自然语言处理、推荐系统等。该工具包基于最新一代的人工神经网络,包括卷积神经网络、循环神经网络和基于注意力的神经网络,可在 Intel 硬件上扩展计算机视觉和非视觉工作负载,从而最大限度地提高性能。

OpenVINO 是一个比较成熟且仍在快速发展的推理库,可以用来快速部署开发,尤其是板载英特尔芯片的硬件平台上性能超过了大部分的开源库。OpenVINO 对各类图形图像处理算法进行了针对性的优化,从而扩展了 Intel 的各类算力硬件以及相关加快器的应用空间,实现了 AI 范畴的异构较量,使传统平台的视觉推理能力获得了很大水平的提高。

5.2.5 TensorFlow Lite 框架

TensorFlow Lite 是一款专门针对移动设备的深度学习框架。它使设备机器学习具有低延迟和更小的体积,可以使用训练好的模型在人工智能边缘设备上完成推理任务。

TensorFlow Lite 支持一系列量子和浮点的核心运算符,并针对移动平台进行了优化。它结合 pre-fused 激活和其他技术来进一步提高性能和量化精度。此外,TensorFlow Lite 还支持在模型中使用自定义操作。

TensorFlow Lite 拥有一个新的移动设备优化的解释器，保证人工智能程序的精简和快速应用。解释器是一种能够把高级编程语言一行行直接转译运行的计算机程序，而在本门课程学习中所使用的 Python 语言也是需要解释器来执行的，解释器与设备的匹配度，直接表现为代码运行速度。TensorFlow Lite 所配备的解释器使用静态图形排序和自定义内存分配器来确保最小的负载，保证程序和设备运行效率。

【案例实现】 Paddle Inference 框架安装

基于模块描述与知识准备的内容，在基本了解深度学习框架的作用及其常用的深度学习框架后，接下来在 Linux 环境下编译 Paddle Inference 源码，生成目标硬件为 Linux 的预测库，掌握 Paddle Inference 在 Linux 中的部署方法。

本次案例实训的思路如下。

（1）查看人工智能边缘设备硬件环境。通过相关命令查看人工智能边缘设备的硬件环境，包括 Python 版本以及硬件架构。

（2）验证人工智能边缘设备编译环境。验证人工智能边缘设备当前的编译环境是否符合框架安装要求。

（3）安装 Paddle Inference 框架。通过命令行的方式安装 Paddle Inference 框架。

（4）验证 Paddle Inference 安装情况。安装完 Paddle Inference 后执行相关脚本进行环境验证。

任务 1：查看人工智能边缘设备硬件环境

接通边缘设备电源，通过本地连接或者远程连接的方式进入边缘设备的桌面，在边缘设备的桌面中单击右键，选择 Open Terminal 选项打开终端命令行，如图 5-1 所示。

图 5-1 打开终端命令行

在打开的终端命令行中依次输入以下命令,即可查看当前环境下的 Python 版本以及硬件环境。

```
python --version
python -c "import platform;print(platform.architecture()[0]);print(platform.
machine())"
```

在终端命令行中输入上述命令后,即可在终端命令行中查看输出的 Python 版本以及人工智能边缘设备的硬件架构等信息,如图 5-2 所示。

```
tringai@tringai:~$ python3 --version
Python 3.6.9
tringai@tringai:~$ python3 -c "import platform;print(platform.architecture()[0]);print(platform.machine())"
64bit
aarch64
tringai@tringai:~$
```

图 5-2　查看安装环境

任务 2:验证人工智能边缘设备编译环境

在确定当前硬件环境后,需要准备并验证当前的编译环境,编译 Paddle Inference 的环境要求有 python-pip(版本为 20.2.2 或更高)、python-numpy(1.18.1 或更高)。

在明确要求后,继续在终端命令行中依次输入以下命令,即可查看并更新 pip 以及 numpy 的版本。

```
Python3 -m pip --version
pip3 install --ungrage pip
pip install --upgrade numpy
```

在终端命令行中输入上述命令后,即可在终端命令行中查看输出的 pip 以及 numpy 的版本信息,如图 5-3 所示。

```
tringai@tringai:~$ python3 -m pip --version
pip 21.3.1 from /home/tringai/.local/lib/python3.6/site-packages/pip (python 3.6)
tringai@tringai:~$ pip3 install --upgrade pip
Defaulting to user installation because normal site-packages is not writeable
Requirement already satisfied: pip in ./.local/lib/python3.6/site-packages (21.3.1)
tringai@tringai:~$ pip3 install --upgrade numpy
Defaulting to user installation because normal site-packages is not writeable
Requirement already satisfied: numpy in ./.local/lib/python3.6/site-packages (1.19.5)
tringai@tringai:~$
```

图 5-3　查看 pip 和 numpy 的版本信息

确定好当前环境满足框架安装的条件后,接下来便可以对 Paddle Inference 框架进行安装。

任务 3:安装 PaddlePaddle 框架

首先需要确定当前设备的 Jetpack 版本,在终端命令行中输入以下命令即可查看对应的 Jetpack 版本。

```
cat /etc/nv_tegra_release      #查看 Jetpack 版本
```

在终端命令行中输入上述命令后,即可在终端命令行中查看 Jetpack 的版本,结果如图 5-4 所示。

```
tringai@tringai:~$ cat /etc/nv_tegra_release
# R32 (release), REVISION: 5.2, GCID: 27767740, BOARD: t210ref, EABI: aarch64, DATE: Fri Jul  9 16:01:52 UTC 2021
tringai@tringai:~$
```

图 5-4　查看 Jetpack 版本

接着继续在终端命令行中输入以下命令,安装对应的 PaddlePaddle 框架。

```
pip3 install https://paddle-inference-lib.bj.bcebos.com/2.3.0/python/Jetson/
jetpack4.5_gcc7.5/nano/paddlepaddle_gpu-2.3.0-cp36-cp36m-linux_aarch64.whl
```

在终端命令行中输入上述安装命令后,即可在终端中看到安装完成的字样,如图 5-5 所示。

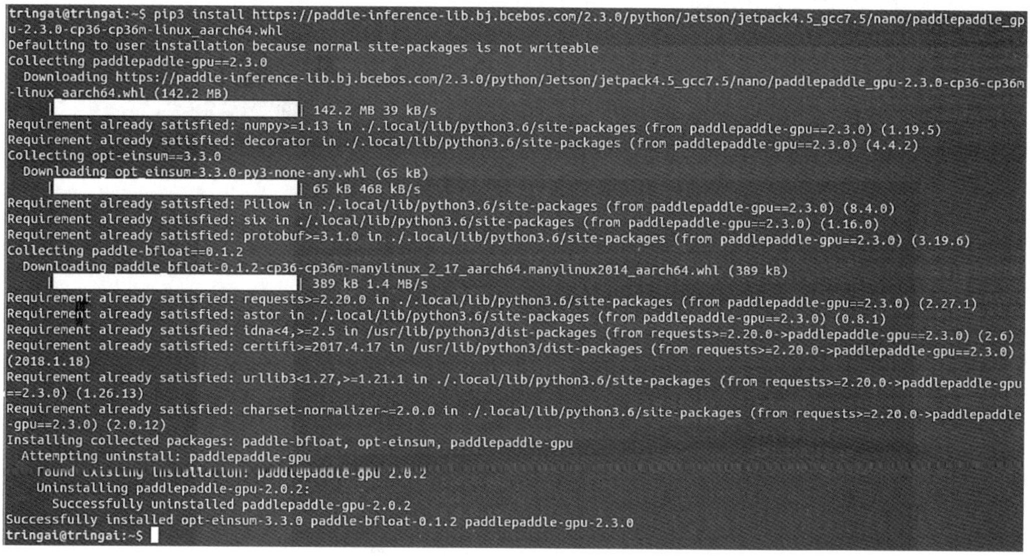

```
tringai@tringai:~$ pip3 install https://paddle-inference-lib.bj.bcebos.com/2.3.0/python/Jetson/jetpack4.5_gcc7.5/nano/paddlepaddle_gpu-2.3.0-cp36-cp36m-linux_aarch64.whl
Defaulting to user installation because normal site-packages is not writeable
Collecting paddlepaddle-gpu==2.3.0
  Downloading https://paddle-inference-lib.bj.bcebos.com/2.3.0/python/Jetson/jetpack4.5_gcc7.5/nano/paddlepaddle_gpu-2.3.0-cp36-cp36m-linux_aarch64.whl (142.2 MB)
     |████████████████████████████████| 142.2 MB 39 kB/s
Requirement already satisfied: numpy>=1.13 in ./.local/lib/python3.6/site-packages (from paddlepaddle-gpu==2.3.0) (1.19.5)
Requirement already satisfied: decorator in ./.local/lib/python3.6/site-packages (from paddlepaddle-gpu==2.3.0) (4.4.2)
Collecting opt-einsum==3.3.0
  Downloading opt_einsum-3.3.0-py3-none-any.whl (65 kB)
     |████████████████████████████████| 65 kB 468 kB/s
Requirement already satisfied: Pillow in ./.local/lib/python3.6/site-packages (from paddlepaddle-gpu==2.3.0) (8.4.0)
Requirement already satisfied: six in ./.local/lib/python3.6/site-packages (from paddlepaddle-gpu==2.3.0) (1.16.0)
Requirement already satisfied: protobuf>=3.1.0 in ./.local/lib/python3.6/site-packages (from paddlepaddle-gpu==2.3.0) (3.19.6)
Collecting paddle-bfloat==0.1.2
  Downloading paddle_bfloat-0.1.2-cp36-cp36m-manylinux_2_17_aarch64.manylinux2014_aarch64.whl (389 kB)
     |████████████████████████████████| 389 kB 1.4 MB/s
Requirement already satisfied: requests>=2.20.0 in ./.local/lib/python3.6/site-packages (from paddlepaddle-gpu==2.3.0) (2.27.1)
Requirement already satisfied: astor in ./.local/lib/python3.6/site-packages (from paddlepaddle-gpu==2.3.0) (0.8.1)
Requirement already satisfied: idna<4,>=2.5 in /usr/lib/python3/dist-packages (from requests>=2.20.0->paddlepaddle-gpu==2.3.0) (2.6)
Requirement already satisfied: certifi>=2017.4.17 in /usr/lib/python3/dist-packages (from requests>=2.20.0->paddlepaddle-gpu==2.3.0) (2018.1.18)
Requirement already satisfied: urllib3<1.27,>=1.21.1 in ./.local/lib/python3.6/site-packages (from requests>=2.20.0->paddlepaddle-gpu==2.3.0) (1.26.13)
Requirement already satisfied: charset-normalizer~=2.0.0 in ./.local/lib/python3.6/site-packages (from requests>=2.20.0->paddlepaddle-gpu==2.3.0) (2.0.12)
Installing collected packages: paddle-bfloat, opt-einsum, paddlepaddle-gpu
  Attempting uninstall: paddlepaddle-gpu
    Found existing installation: paddlepaddle-gpu 2.0.2
    Uninstalling paddlepaddle-gpu-2.0.2:
      Successfully uninstalled paddlepaddle-gpu-2.0.2
Successfully installed opt-einsum-3.3.0 paddle-bfloat-0.1.2 paddlepaddle-gpu-2.3.0
tringai@tringai:~$
```

图 5-5　安装 PaddlePaddle 框架

在安装完成后,需要对安装情况进行验证,在终端命令行中依次输入以下命令,先对人工智能边缘设备进行设置,防止出现死机的情况。

```
sudo nvpmodel -m 0 && sudo jetson_clocks #打开性能模式
#增加 swap 空间,防止爆内存
sudo swapoff -a
sudo fallocate -l 15G /swapfile
sudo chmod 600 /swapfile
sudo mkswap /swapfile
```

```
sudo swapon /swapfile
sudo swapon -a
sudo swapon -show              #用来查看结果
ulimit -n 2048                 #最大的文件打开数量
```

设置完成后，接着在终端命令行中输入“Python3”进入 Python 编辑器，进入编辑器后依次输入以下代码，即可查看 PaddlePaddle 框架的安装情况。

```
import paddle
paddle.fluid.install_check.run_check()
```

在 Python 编辑器中输入以上代码并运行后，即可看到如图 5-6 所示信息，表明 PaddlePaddle 框架已经安装完成。

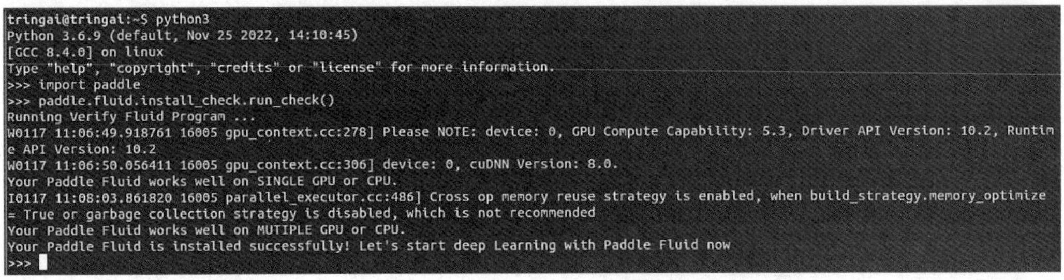

```
tringai@tringai:~$ python3
Python 3.6.9 (default, Nov 25 2022, 14:10:45)
[GCC 8.4.0] on linux
Type "help", "copyright", "credits" or "license" for more information.
>>> import paddle
>>> paddle.fluid.install_check.run_check()
Running Verify Fluid Program ...
W0117 11:06:49.918761 16005 gpu_context.cc:278] Please NOTE: device: 0, GPU Compute Capability: 5.3, Driver API Version: 10.2, Runtim
e API Version: 10.2
W0117 11:06:50.056411 16005 gpu_context.cc:306] device: 0, cuDNN Version: 8.0.
Your Paddle Fluid works well on SINGLE GPU or CPU.
I0117 11:08:03.861820 16005 parallel_executor.cc:486] Cross op memory reuse strategy is enabled, when build_strategy.memory_optimize
= True or garbage collection strategy is disabled, which is not recommended
Your Paddle Fluid works well on MUTIPLE GPU or CPU.
Your Paddle Fluid is installed successfully! Let's start deep Learning with Paddle Fluid now
>>> 
```

图 5-6 验证 PaddlePaddle 安装情况

任务 4：验证 Paddle Inference 安装情况

接下来进行 Paddle Inference 安装情况的验证。首先在人工智能边缘设备桌面重新打开一个新的终端命令行，接着输入以下命令，即可切换到本次案例的文件夹目录。

```
cd Desktop/projects/char5/
```

接着输入以下命令对文件夹中的 Paddle-Inference-Demo-master.zip 压缩包进行解压。

```
unzip -oq Paddle-Inference-Demo-master.zip
```

解压完成后，即可运行文件中的测试脚本对安装环境进行验证，在运行测试脚本之前需要对脚本文件进行修改，在终端命令行中依次输入以下命令，即可对脚本文件进行编辑。

```
cd Paddle-Inference-Demo-master/python/cpu/resnet50
gedit run.sh
```

在终端命令行中输入上述命令并运行后，即可弹出一个文本编辑框对脚本文件进行编辑，如图 5-7 所示，此处只需要将最后一行的“python”修改为“python3”即可，修改完成后按 Ctrl+S 组合键或单击 Save 按钮即可保存修改的内容，随后单击关闭窗口按钮即可完成脚本文件内容修改。

图 5-7　修改脚本文件

脚本文件修改完成后，接下来可以在终端命令行中依次输入以下命令，即可执行测试脚本文件，以验证 Paddle Inference 的安装情况。

```
chmod +x run.sh
./run.sh
```

在终端命令行中输入上述命令后，即可执行测试脚本文件，程序运行后将会下载 resnet50 模型和一张测试图片，接着调用模型对图片进行预测，如图 5-8 所示。

```
tringai@tringai:~/Desktop/projects/char5/Paddle-Inference-Demo-master/python/cpu/resnet50$ chmod +x run.sh
tringai@tringai:~/Desktop/projects/char5/Paddle-Inference-Demo-master/python/cpu/resnet50$ ./run.sh
--2023-01-17 15:56:11--  https://paddle-inference-dist.bj.bcebos.com/Paddle-Inference-Demo/resnet50.tgz
Resolving paddle-inference-dist.bj.bcebos.com (paddle-inference-dist.bj.bcebos.com)... 110.242.70.39, 110.242.70.3, 2409:8c04:1001:10
02:0:ff:b001:368a
Connecting to paddle-inference-dist.bj.bcebos.com (paddle-inference-dist.bj.bcebos.com)|110.242.70.39|:443... connected.
HTTP request sent, awaiting response... 200 OK
Length: 95119015 (91M) [application/x-gzip]
Saving to: 'resnet50.tgz'

resnet50.tgz                    100%[=========================================================>]  90.71M  4.18MB/s    in 38s

2023-01-17 15:56:49 (2.38 MB/s) - 'resnet50.tgz' saved [95119015/95119015]

--2023-01-17 15:56:53--  https://paddle-inference-dist.bj.bcebos.com/inference_demo/python/resnet50/ILSVRC2012_val_00000247.jpeg
Resolving paddle-inference-dist.bj.bcebos.com (paddle-inference-dist.bj.bcebos.com)... 110.242.70.39, 110.242.70.3, 2409:8c04:1001:10
02:0:ff:b001:368a
Connecting to paddle-inference-dist.bj.bcebos.com (paddle-inference-dist.bj.bcebos.com)|110.242.70.39|:443... connected.
HTTP request sent, awaiting response... 200 OK
Length: 168181 (164K) [image/jpeg]
Saving to: 'ILSVRC2012_val_00000247.jpeg'

ILSVRC2012_val_00000247.jpeg    100%[=========================================================>] 164.24K   286KB/s    in 0.6s

2023-01-17 15:56:54 (286 KB/s) - 'ILSVRC2012_val_00000247.jpeg' saved [168181/168181]

E0117 15:57:16.240171 29117 analysis_config.cc:389] Please compile with MKLDNN first to use MKLDNN
```

图 5-8　执行预测脚本文件

等待预测脚本运行完成后，可以看到预测当前图片所属的标签类别为 13，如图 5-9 所示。

```
---     fused 0 pairs of fc gru patterns
--- Running IR pass [mul_gru_fuse_pass]
--- Running IR pass [seq_concat_fc_fuse_pass]
--- Running IR pass [gpu_cpu_squeeze2_matmul_fuse_pass]
--- Running IR pass [gpu_cpu_reshape2_matmul_fuse_pass]
I0117 15:57:17.051901 29117 fuse_pass_base.cc:57] ---  detected 1 subgraphs
--- Running IR pass [gpu_cpu_flatten2_matmul_fuse_pass]
--- Running IR pass [matmul_v2_scale_fuse_pass]
--- Running IR pass [gpu_cpu_map_matmul_v2_to_mul_pass]
--- Running IR pass [gpu_cpu_map_matmul_v2_to_matmul_pass]
--- Running IR pass [matmul_scale_fuse_pass]
--- Running IR pass [gpu_cpu_map_matmul_to_mul_pass]
--- Running IR pass [fc_fuse_pass]
I0117 15:57:17.093112 29117 fuse_pass_base.cc:57] ---  detected 1 subgraphs
--- Running IR pass [repeated_fc_relu_fuse_pass]
--- Running IR pass [squared_mat_sub_fuse_pass]
--- Running IR pass [conv_bn_fuse_pass]
I0117 15:57:17.430953 29117 fuse_pass_base.cc:57] ---  detected 53 subgraphs
--- Running IR pass [conv_eltwiseadd_bn_fuse_pass]
--- Running IR pass [conv_transpose_bn_fuse_pass]
--- Running IR pass [conv_transpose_eltwiseadd_bn_fuse_pass]
--- Running IR pass [is_test_pass]
--- Running IR pass [runtime_context_cache_pass]
--- Running analysis [ir_params_sync_among_devices_pass]
--- Running analysis [adjust_cudnn_workspace_size_pass]
--- Running analysis [inference_op_replace_pass]
--- Running analysis [memory_optimize_pass]
I0117 15:57:17.556871 29117 memory_optimize_pass.cc:216] Cluster name : inputs  size: 602112
I0117 15:57:17.557394 29117 memory_optimize_pass.cc:216] Cluster name : batch_norm_13.tmp_2  size: 1605632
I0117 15:57:17.557742 29117 memory_optimize_pass.cc:216] Cluster name : elementwise_add_2  size: 3211264
I0117 15:57:17.558076 29117 memory_optimize_pass.cc:216] Cluster name : batch_norm_7.tmp_2  size: 3211264
I0117 15:57:17.558410 29117 memory_optimize_pass.cc:216] Cluster name : elementwise_add_1  size: 3211264
--- Running analysis [ir_graph_to_program_pass]
I0117 15:57:17.930994 29117 analysis_predictor.cc:1007] ======= optimize end =======
I0117 15:57:17.948957 29117 naive_executor.cc:102] ---  skip [feed], feed -> inputs
I0117 15:57:17.963081 29117 naive_executor.cc:102] ---  skip [save_infer_model/scale_0.tmp_1], fetch -> fetch
class index:  13
tringai@tringai:~/Desktop/projects/char5/Paddle-Inference-Demo-master/python/cpu/resnet50$
```

图 5-9　图片预测结果输出

【模块小结】

本模块首先介绍了人工智能边缘计算技术栈中边缘计算框架的概念和作用，接着从如今常用的深度学习计算框架着手，分别介绍了 Paddle Inference、MNN、Dabnn、OpenVINO、TensorFlow Lite 等框架的基本信息、目标设备以及主要特性。最后，以 Paddle Inference 框架的安装和验证为例，熟悉了深度学习推理框架环境的基本搭建流程以及框架的安装和验证过程。

【知识拓展】 国产开源深度学习框架的意义与重要性

2020 年对于中国科技行业来说是一个觉醒的元年。地缘政治产生的冲击波，警醒了许多国内的科技行业参与者。自主创新的呼声一浪高过一浪。在深度学习领域，Google 的 TensorFlow、Facebook 的 PyTorch 作为主流框架自然大名鼎鼎，中国企业近期也纷纷发布自己的开源框架，例如，旷视的 MegEngine、华为的 MindSpore、清华的 Jittor、一流的 Oneflow 等，加上最早开源且技术成熟、框架完备的百度飞桨 PaddlePaddle，可以说，这条赛道已经是风起云涌，形成了群雄逐鹿的局面。

现阶段，人工智能技术高速发展，推动着全球科技革命和产业变革，人类社会正在大步迈向智能时代。深度学习是新一代人工智能的关键技术，让很多此前无法实现的 AI 应用在现实生活中“跑起来”。例如，现在许多制造企业已经在深度学习的帮助下，打造了可以自动识别瑕疵零件的生产线，人工智能可以像人一样，发现零件上的“不合格”特征并指出来，帮助质检工人进行筛选。深度学习大大提升了人工智能的“实用性”，能够针对生产生活所面临的复杂问题，给出高准确率、操作简易、成本适中的解决方案。基于深度学习的 AI 应用离不开深度学习框架，它能够让人工智能从业者像搭积木一样构建自己的 AI 应用，从而实现创新，探索新模式。

在 2021 年 12 月发布的《“十四五”国家信息化规划》中明确指出，推动人工智能规模创新应用，推动人工智能开源框架发展，打造开源软硬件基础平台，构建基于开源开放技术的软件、硬件、数据协同的生态链。

深度学习框架已然成为国家重点支持的前沿创新技术。国家意志层面对科技竞争已经有明确的认知，并且提出“强化国家战略科技力量，构建社会主义市场经济条件下关键核心技术攻关新型举国体制”，这一观点，已经获得了中国科技界的普遍认可。深度学习开源框架作为战略科技力量的重要一环，一定要能够保证自主可控。

如今以百度飞桨为代表，我国深度学习平台已经冲破国外技术垄断，越来越多的开发者正基于国产深度学习平台开展智能化转型应用。飞桨目前已经被广泛应用到互联网、科技行业，以及工业、农业、能源、金融，乃至公共卫生与社会服务等领域，成为国产深度学习平台产业价值的标杆。例如，百度与手机品牌 OPPO 达成合作，用深度学习技术来提升 OPPO 推荐系统的效果，让用户可以获得更精准的移动互联网服务；一款在东南亚国家应用的无人机自主飞行平台，基于飞桨的技术支撑，可以提供自主巡逻、火情监测、非法入侵感知、森林树木砍伐监测等功能。

中国有非常多的 AI 开发者，他们都是深度学习平台的使用者。目前，百度等企业也在着力培养产业＋AI 的复合型人才，与高校联合培养 AI 人才。“新基建”大潮下，时代在召唤中国自主可控深度学习平台的崛起，飞桨取得的成果，得益于技术的成熟、平台的强大和生态的欣欣向荣，也与社会的需求和时代的契机密切相关。

【课后实训】

(1) 以下哪项不属于深度学习框架？(　　)【单选题】

A. TensorFlow

B. PaddlePaddle

C. PyTorch

D. Python

(2) 以下哪项是 Paddle Inference 的特性？(　　)【单选题】

A. 服务吞吐量大

B. 低时延

C. 通用性强

D. 以上都包含

人工智能边缘设备算法基础

边缘智能算法主要是对计算能力有限的边缘计算设备，结合具体的应用场景进行算法设计，如图像分类算法、目标检测算法、图像分割算法等。与云端服务器部署的算法不同，边缘智能算法相对而言更专注于具体领域，如智能产品质检、智能网联交通、安防人脸识别等。

【模块描述】

本模块主要讲解人工智能边缘计算技术栈中，人工智能算法的知识与应用。

在本模块中，将首先学习人工智能算法的概念，了解人工智能算法的基本概念、基本要素、基本特征、常见的人工智能算法及其应用场景，然后通过调用设备中预置好的算法模型，体验各算法的实现效果，最后通过编写一个简单的人工智能算法，进一步了解人工智能边缘设备的应用方法。

【学习目标】

知识目标	能力目标	素质目标
(1) 了解人工智能算法的概念、要素和特征。 (2) 熟悉人工智能常见算法及其应用场景。	(1) 能够分析并陈述不同人工智能算法的实现效果。 (2) 能够使用工具库实现基础的人工智能算法效果。	讨论人工智能算法潜藏的安全风险及其应对方法，强调人工智能算法开发和应用的正当性。

【课程思政】

介绍我国在计算机算法领域的创新和发展，突出我国在算法领域的成就和贡献。例如，可以介绍我国科研机构和企业在国际计算机算法竞赛中的优秀表现，以及在大数据、人工智能等领域的应用成果，引导学生关注和支持我国计算机算法的进展，激发他们的爱国热情和自主创新精神；强调计算机算法的科学性和严谨性，引导学生树立追求真理、崇尚科学、勇于探索的科学精神。在介绍各类算法的原理和应用时，可以突出科学家们的努力和创造精神，鼓励学生通过不断学习和实践，掌握计算机算法的核心思想和技能；

强调计算机算法的实践性和应用性,引导学生树立实践精神和动手能力。通过介绍各类算法的实际应用案例,可以突出计算机算法在解决实际问题中的重要性和价值,鼓励学生通过实践掌握算法的实现和应用。

【知识框架】

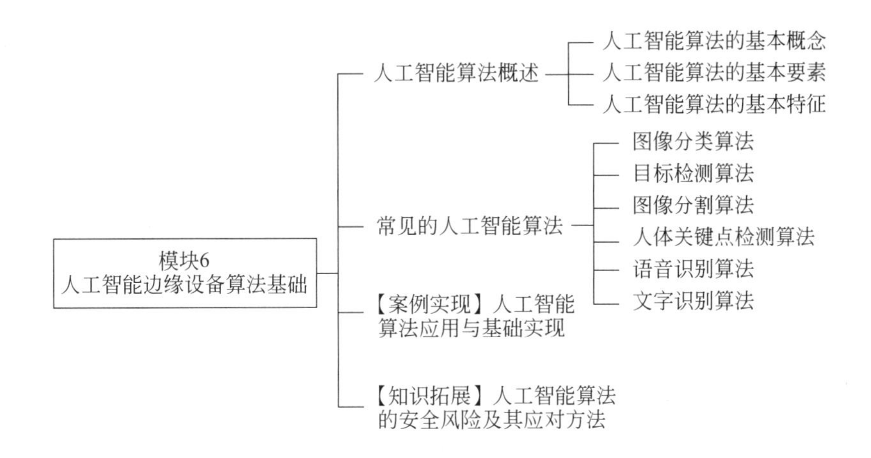

【知识准备】

6.1　人工智能算法概述

如今,随着人工智能技术的不断发展,人工智能算法得以深刻地嵌入数字媒体、体育竞技等行业的诸多关键环节中。在电子媒体行业中,人工智能算法可以辅助甚至替代职业电子媒体稿件设计者进行决策,如今日头条的人工智能实验室所研发的人工智能写稿机器人,就曾为 2016 年里约奥运会写过 200 余篇赛事报道,包括乒乓球、网球、羽毛球和女足等比赛,累计获得 200 万用户阅读。在体育竞技行业中,人工智能算法能够辅助裁判员的判罚和计分工作,如 2022 年 1 月在北京举办的第 24 届冬奥会中的蹦床、自由滑雪等赛项就引入人工智能计分系统,通过人体关键点检测技术捕捉运动员转瞬即逝的动作,并转换为三维坐标下的量化数据,从而辅助裁判员判罚和计分。

接下来,将通过传统编程算法进行引入,介绍人工智能算法的概念和特点,并介绍人工智能算法的基本要素和基本特征,强化读者对人工智能算法的理解和认知。

6.1.1　人工智能算法的基本概念

算法(Algorithm)指的是解决给定问题的确定的计算机指令序列,用以系统地描述解决问题的步骤。算法的目标是解决特定问题,通常由开发者将其定义为一系列步骤。以“是否可以自主学习”为划分标准,算法可以分为传统编程算法和人工智能算法两类。

传统编程算法的逻辑十分清晰,当数据输入传统编程算法后,算法会根据既定的程序对输入数据进行运算,产生一个输出结果,如图 6-1 所示。在传统编程算法中,开发者需要前置性地梳理清楚算法的执行逻辑,指定好数据运算处理的执行步骤。传统编程算法中,开发者设计了数据运算处理的全流程的执行步骤,工作量巨大,而且传统算法对于新任务的适应性较差,即便是细微的任务变化,也需要开发者调整甚至重新设计算法。

输入数据 + 程序 = 实际输出

图 6-1 传统编程算法逻辑

但人工智能算法不一样。人工智能算法不需要开发者设定程序,而是根据输入数据和该数据经过程序计算后将得到的预期输出结果,由计算机自行推导算法的执行逻辑,构成稳定的算法程序,如图 6-2 所示。人工智能算法中,开发者只需要整理好可能输入的数据,并对数据做好标记,即规定好该数据经过程序计算后将得到的结果,算法就会进行自主学习,找出输入数据和输出结果之间的关系并形成程序。因此即便是任务发生变化,只要输入数据和预期输出结果的类型不变,算法也能够自主学习新任务下输入数据和输出结果之间的关系,重新形成程序。

输入数据 + 预期输出 = 程序

图 6-2 人工智能算法逻辑

相比于传统编程算法,人工智能算法是一种更加自动化的计算方法。人工智能算法赋予了计算机自主学习的能力,使计算机能够根据输入数据和预期输出来确定程序的执行逻辑,从而减免了开发者对于算法整体运算逻辑的设计工作。

6.1.2 人工智能算法的基本要素

人工智能算法的开发过程中,需要基于两个基本要素进行构思,即人工智能算法对数据对象的运算和操作,以及人工智能算法的控制结构。

1. 人工智能算法中对数据的运算和操作

通常,计算机可执行的基本操作是以指令的形式描述的。在一般的计算机系统中,基本的运算和操作有以下 4 类。

(1) 算术运算:主要包括加、减、乘、除等算术基本运算。

(2) 逻辑运算:主要包括“与”“或”“非”等逻辑运算。

(3) 关系运算:主要包括“大于”“小于”“等于”“不等于”等关系运算。

(4) 数据传输:主要包括变量赋值、数据输入、数据输出等操作。

2. 人工智能算法的控制结构

人工智能算法的控制结构是指算法中各操作步骤之间执行的先后关系。一个算法一般可以用顺序、选择、循环三种基本控制结构组合而成,如图 6-3 所示。

其中,顺序结构是最常见的控制结构,按照书写顺序执行步骤;选择结构中,首先判断是否满足指定条件,根据判断结果来决定执行的步骤;循环结构是指在满足指定条件的情况下，算法反复执行某一步骤。

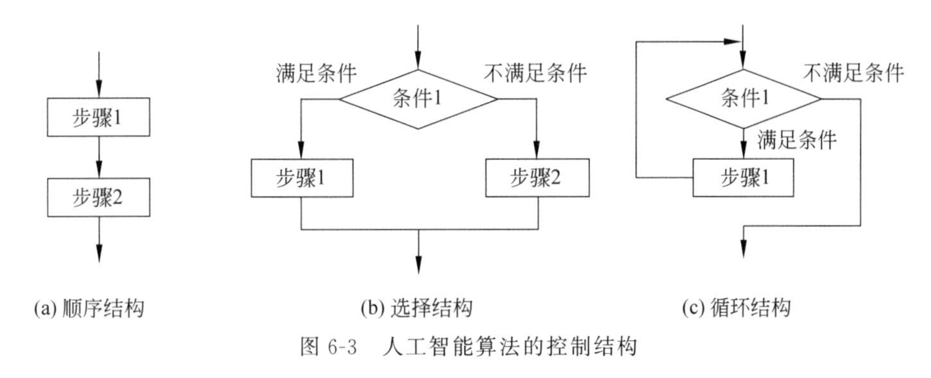

图 6-3　人工智能算法的控制结构

6.1.3　人工智能算法的基本特征

从整体上看，人工智能算法具备以下三个基本特征。

（1）可行性。人工智能算法都是针对实际问题进行开发和设计的，一个算法总是在某个特定的计算工具上执行的，因此，人工智能算法在执行的过程中往往要受到计算工具的限制，如计算工具的算力资源、网络情况等限制。

（2）有穷性。算法的有穷性，是指算法必须能在有限的时间内做完。算法的有穷性也包括算法的合理执行时间的含义。若一个算法的执行时间需要几十年甚至上百年，就失去了该算法的使用价值。

（3）拥有足够的数据量。一个算法执行的结果总是与输入的初始数据有关，当输入的数据量不足或输入的数据存在错误时，算法本身也就无法继续执行或导致执行出错。

6.2　常见的人工智能算法

常见的边缘智能算法包括图像分类、目标检测、图像分割、人体关键点检测、语音识别、文字识别等。接下来逐一介绍这些算法。

6.2.1　图像分类算法

图像分类是计算机视觉中最基础的一个任务，其目标是将不同的图像划分到对应的类别，如图 6-4 所示。图像分类是目标检测、图像分割等其他高层视觉任务的基础，在很多领域都有应用。

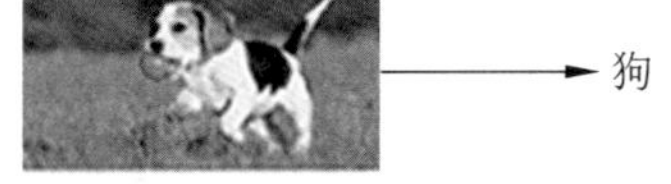

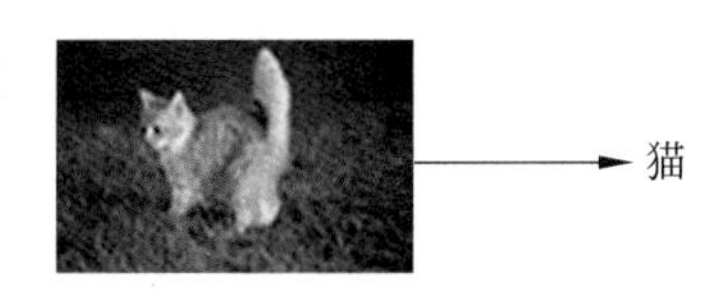

图 6-4　图像分类示例

图像分类算法可被用于图像搜索引擎的开发，如“百度识图”搜索引擎。这是一款智能化的图像搜索引擎，用户上传图像，即可一键搜索到互联网中与所上传的图像相同或相似的其他图像资源，如图 6-5 所示。

图像分类算法也可以用于相册分类，通过识别图像的信息，实现相册智能分类管理。还可以用于拍照识图，根据

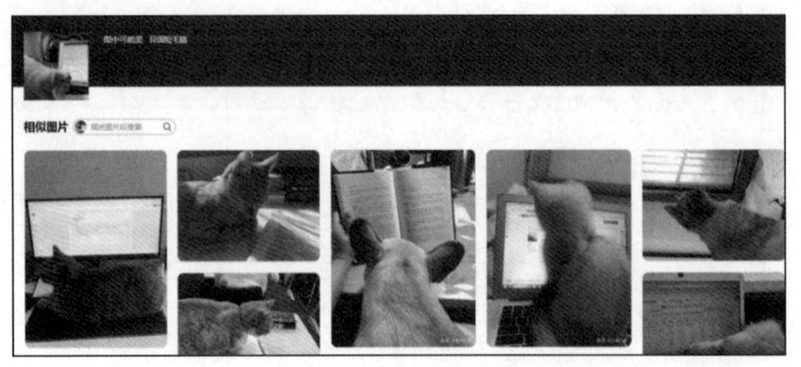

图 6-5　图像搜索引擎

所拍摄的图像,快速识别图像内容,可应用于科普类或培训类 App,如图 6-6 所示。

图 6-6　拍照识别花卉

6.2.2　目标检测算法

目标检测能够对图像中的多个目标进行定位和识别。如图 6-7 所示,为一种检测猫和狗的宠物目标检测算法,可用于检测宠物猫和宠物狗脸,并标记出检测目标的类别以及在图像中的位置。

图 6-7　目标检测示例

目标检测算法可被用于工业质检，即对工业产品的外观瑕疵进行自动化识别，取代现有人工质检操作，提升质检和生产效率。例如，可以在生产线上对医药、食品、日化等各类包装塑料瓶进行自动检测，包括瓶盖、喷码、瓶身、标签等方面的检测，如图 6-8 所示。

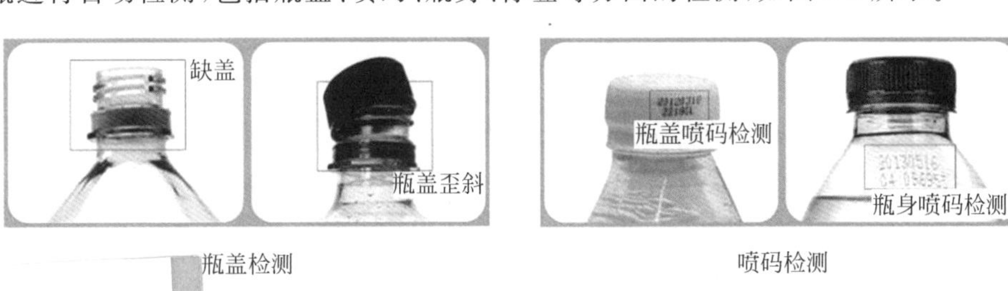

瓶盖检测　　　　喷码检测

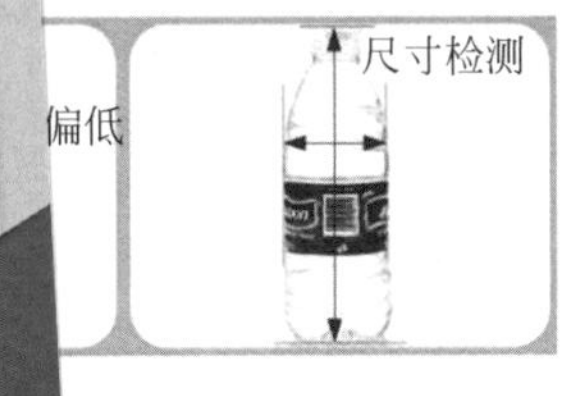

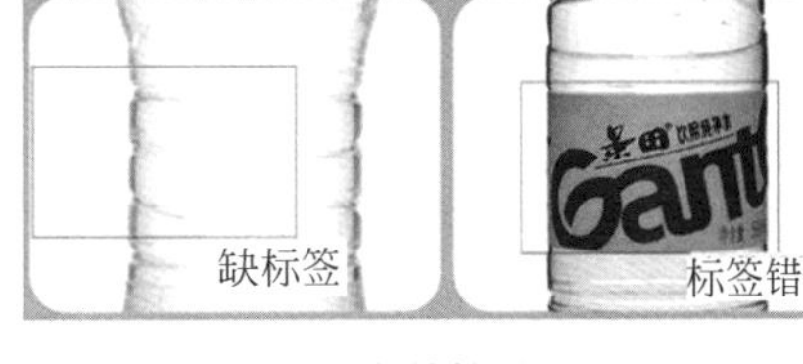

瓶身检测　　　　标签检测

图 6-8　目标检测在工业质检中的应用

可以用于无人驾驶。如图 6-9 所示，无人驾驶汽车必须实时检测到周能让系统做出正确的决策和控制。

图 6-9　目标检测算法在无人驾驶中的应用

6.2.3　图像分割算法

图像分割指的是像素级别的分类，即为图像中的每个像素打上相应的标签，并且将同一类的像素归为一类，最终呈现效果就是图像中不同类型的目标有不同的标签。图像的像素是图像中不可分割的最小单位。图像分类是对整张图像进行分类，而在图像分割中，则是对像素进行分类。如图 6-10 所示，属于汽车的像素被归为一类，属于建筑的像素被归为一类。因此在图像分类、图像识别和图像分割三者中，图像分割是包含最多的信息类别的任务，其包含目标的所属类别、位置和轮廓三种信息。

图 6-10　图像分割示例

图像分割算法常用于地理信息系统,可以自动识别卫星遥感影像中的河流、庄稼、建筑物等信息,对于地球观察、土地利用、土地覆盖或制图应用具有至关重要的意义。还可以应用在交通领域的自动驾驶系统中,通过图像分割可以获得道路上的车道标记和交通标志等信息;也可以应用在医疗领域的影像分析系统中,可以准确识别肿瘤、龋齿等病变位置,如图 6-11 所示。

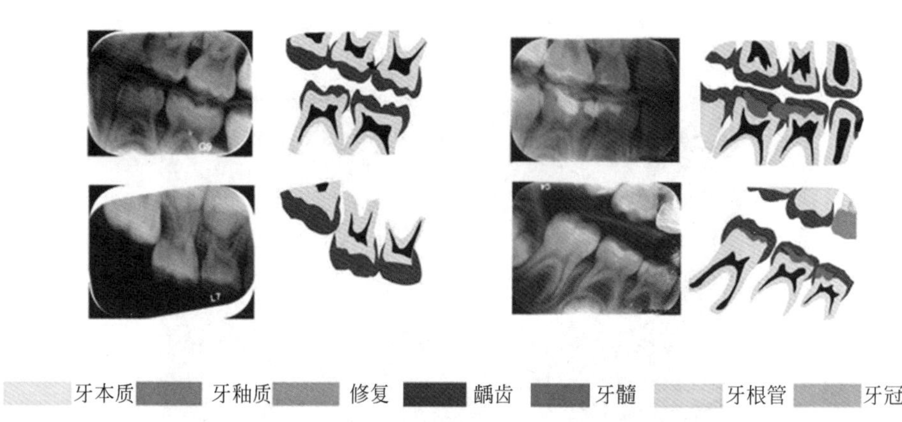

牙本质　牙釉质　修复　龋齿　牙髓　牙根管　牙冠

图 6-11　图像分割在龋齿诊断中的应用

6.2.4　人体关键点检测算法

人体关键点检测,又称为人体姿态估计,通过该算法能够检测到人体骨骼的关键点并正确连接关键点,从而估计人体姿态,如图 6-12 所示。由于人体具有柔韧性,会出现各种姿态,人体任何部位的变化都会产生新的姿态,增加检测的难度。同时,关键点的可见性受穿着、视角、光照等因素的影响非常大,这使得人体关键点检测成为计算机视觉领域中一个极具挑战性的课题。

人体关键点检测算法常用于人体行为分析,主要对人的体态规范、异常行为进行检测。如在智慧养老场景下,可以判断老人是否有跌倒等异常行为发生并及时报警,如图 6-13 所示。还可以采集老人的日常行为并进行运动量分析,从而辅助判断老人的精神状态及身体变化趋势。

图 6-12 人体骨骼关键点检测示例

图 6-13 人体骨骼关键点检测在人体行为分析中的应用

6.2.5 语音识别算法

语音识别是将人类语音中的内容转换为计算机可读的输入的技术。如果是一个音频文件,计算机是无法理解其具体含义的,转换的目标一般是字符的序列,这样可以显示在屏幕上,也可以进行后续的进一步处理,如理解语义具体内容后执行,或者进行对话聊天。如图 6-14 所示,一般意义上的语音识别技术,就是实现从语音到文本内容转换的技术法。

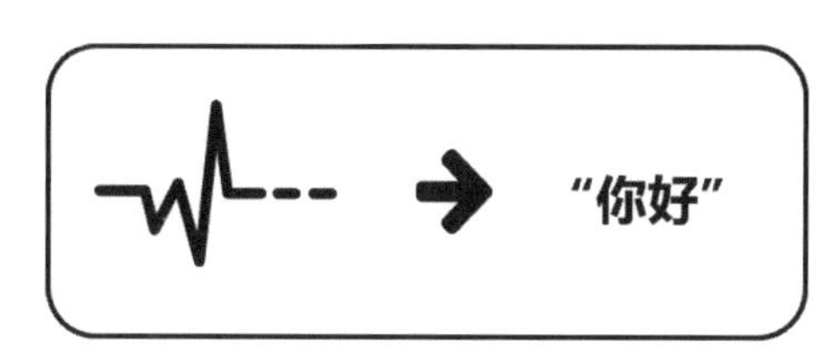

图 6-14 语音识别的过程

语音识别当前的发展阶段是自然语音识别阶段,虽然是新的阶段,但是连续语音识别阶段的技术框架主体没有被废弃,依然是三驾马车:声学模型、语言模型、解码器。

这三驾马车实际上是把语音和句子分别处理的一种思路。声学模型负责识别一段语音可能对应的一段文字,语言模型负责识别哪段文字最像"一句话",最后由解码器将声学模型和语言模型结合起来,找到一段语音对应的一段文字。

6.2.6 文字识别算法

文本是人类最重要的信息来源之一,自然场景中充满了形形色色的文字符号。在过去的十几年中,研究人员一直在探索快速且准确地从图像中读取文本信息的方法,也就是文字识别算法,其效果如图 6-15 所示。

目前,文字识别算法通常用于票据文字识别、文档文字识别、自然场景文字识别和证件识别 4 大方向。

(1) 票据文字识别:可以对快递单据、增值税发票、报销单、车票等不同格式的票据进行文字识别,可以避免财务人员手动输入大量票据信息,如今已广泛应用于物流、财会、金融等众多领域。

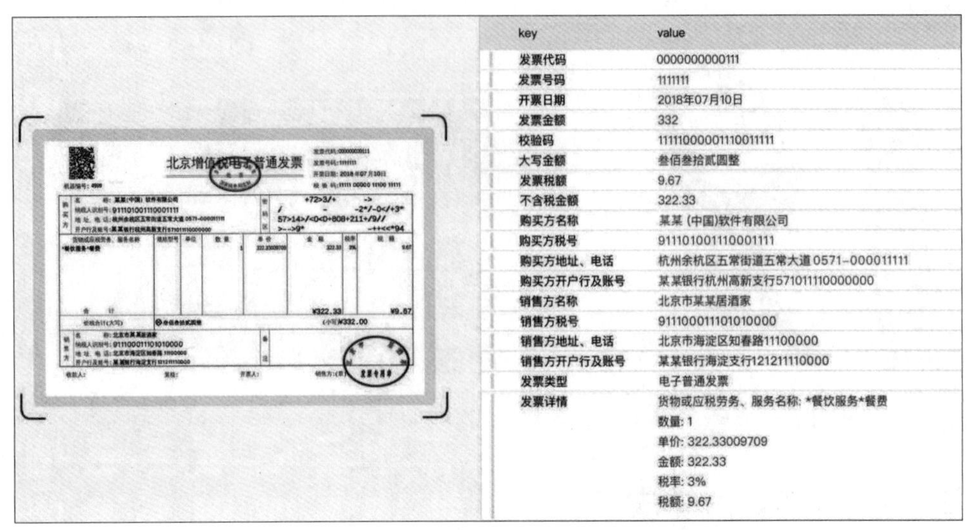

图 6-15　文字识别效果

(2) 文档文字识别：可以将图书馆、报社、博物馆、档案馆等的纸质版图书、报纸、杂志、历史文献档案资料等进行电子化管理，实现精准地保存文献资料。

(3) 自然场景文字识别：识别自然场景图像中的文字信息，如车牌、广告牌、路牌等信息。对车辆进行识别可以实现停车场收费管理、交通流量控制指标测量、车辆定位、防盗、高速公路超速自动化监管等功能。

(4) 证件识别：可以快速识别身份证、银行卡、驾驶证等卡证类信息，将证件文字信息直接转换为可编辑文本，可以大大提高工作效率、减少人工成本，还可以实时进行相关人员的身份核验，以便安全管理。

实操讲解

【案例实现】　人工智能算法应用与基础实现

在人工智能边缘设备中，已经提前预置了图像分类、目标检测、图像分割、人体关键点检测等算法模型。在本模块中，首先将配置人工智能算法运行所需环境；然后将分别应用其中的部分算法功能，体验不同算法的效果差异；最后编写人脸识别算法，实现基于人工智能边缘设备的人脸检测功能。

(1) 实训环境准备。

(2) 体验图像分类功能。

(3) 体验目标检测功能。

(4) 体验图像分割功能。

(5) 体验人体关键点检测功能。

(6) 人脸检测算法实现。

任务 1：实训环境准备

首先双击桌面图标 Terminal 或按 Ctrl＋Alt＋T 组合键，打开 Linux 系统终端，如图 6-16

所示。

图 6-16　打开 Linux 系统终端

运行 AI 功能前，需要在命令行中启动对应的容器。首先在桌面打开终端，接着在终端中输入以下命令进入 AI 功能文件夹。

```
cd jetson-inference
```

进入 jetson-inference 文件夹后，继续输入以下命令进入 root 模式，sudo 密码为 tringai。

```
sudo su
```

进入 root 模式后，在终端中输入以下命令进入容器环境。

```
docker/run.sh
```

运行后效果如图 6-17 所示，即为启动实训容器环境。

任务 2：体验图像分类算法

进入容器环境后，输入以下命令切换至计算机视觉案例文件夹。

```
cd build/aarch64/bin
```

进入 bin 文件夹后，运行 imagenet-camera.py 文件启动视频图像分类程序，并在后面添加相机参数命令/dev/video0，即可调用摄像头进行视频图像分类。

```
./imagenet-camera.py /dev/video0
```

```
root@tringai: /jetson-inference
tringai@tringai:~$ cd jetson-inference/
tringai@tringai:~/jetson-inference$ sudo su
[sudo] password for tringai:
root@tringai:/home/tringai/jetson-inference# docker/run.sh
ARCH:  aarch64
reading L4T version from /etc/nv_tegra_release
L4T BSP Version:  L4T R32.5.1
size of data/networks:  851831092 bytes
CONTAINER:     dustynv/jetson-inference:r32.5.0
DATA_VOLUME:    --volume /home/tringai/jetson-inference/data:/jetson-inference/da
ta --volume /home/tringai/jetson-inference/python/training/classification/data:/
jetson-inference/python/training/classification/data --volume /home/tringai/jets
on-inference/python/training/classification/models:/jetson-inference/python/trai
ning/classification/models --volume /home/tringai/jetson-inference/python/traini
ng/detection/ssd/data:/jetson-inference/python/training/detection/ssd/data --vol
ume /home/tringai/jetson-inference/python/training/detection/ssd/models:/jetson-
inference/python/training/detection/ssd/models
USER_VOLUME:
USER_COMMAND:
V4L2_DEVICES:    --device /dev/video0
localuser:root being added to access control list
root@tringai:/jetson-inference#
```

图 6-17　启动实训容器环境

运行以上命令后可通过摄像头实现图像实时分类,具体效果如图 6-18 所示。

图 6-18　图像实时分类界面

图中左上角为图像分类模型的分类过程和判断,其中,“polar bear”为图像分类模型预测图中目标对象为“北极熊”;“96.14%”为置信度,表示图像分类模型预测图中目标对象为北极熊的概率为 96.14%。

该应用程序最多可以识别 1000 种不同类型的对象,因为分类模型是在包含 1000 类对象的 ILSVRC ImageNet 数据集上训练的,可区分动物、植物、昆虫、自然风景、生活用品等多种类别。1000 种分类对象的名称映射可以在 data/networks 路径下查看 ilsvrc12_synset_words.txt 文件。部分可区分类别明细如表 6-1 所示。

表 6-1　ilsvrc12_synset_words.txt 文件部分内容

英文名称	中文名称
grey whale	鲸鱼
king penguin	企鹅
daisy	菊花
bee	蜜蜂

续表

英文名称	中文名称
valley	谷地
wooden spoon	勺子

程序运行结束后，可按 Esc 键退出程序。

任务 3：体验目标检测算法

进入容器环境后，输入以下命令切换至计算机视觉案例文件夹。

```
cd build/aarch64/bin
```

进入 bin 文件夹后，运行 detectnet-camera.py 文件启动视频图像检测程序，并在后面添加相机参数命令/dev/video0，即可调用摄像头进行视频图像检测。

```
./detectnet-camera.py /dev/video0
```

运行以上命令后即可通过摄像头实现图像实时检测，具体效果如图 6-19 所示。

图 6-19　目标检测实时界面

标记框中左上角为目标检测模型的检测判断结果。以左侧检测框为例，“elephant”表示目标检测模型检测该对象为“大象”；“99.4%”为置信度，表示目标检测模型预测图中该目标为大象的概率为 99.4%。

程序运行结束后，可按 Esc 键退出程序。

任务 4：体验图像分割算法

进入容器环境后，输入以下命令切换至计算机视觉案例文件夹。

```
cd build/aarch64/bin
```

进入 bin 文件夹后，运行 segnet.py 文件启动视频图像分割程序，此处指定模型类型为 fcn-resnet18-mhp，并在后面添加相机参数命令/dev/video0，即可调用摄像头进行视频图像分割。

```
./segnet.py --network=fcn-resnet18-mhp /dev/video0
```

运行以上命令后即可通过摄像头实现图像实时分割，具体效果如图 6-20 所示。

图 6-20　图像分割实时界面

图中不同颜色的区域表示分割得到的不同物体。图像分割是指根据灰度、彩色、空间纹理、几何形状等特征把图像划分成若干互不相交的区域，使得这些特征在同一区域内表现出一致性或相似性，而在不同区域间表现出明显的不同。

目标检测和图像分割的主要区别在于，目标检测是在图像尺度上检测物体，主要目标是使用边界框检测物体的类别与位置；而图像分割是在像素尺度上检测物体，将一幅图像逐像素地划分为不同的类别。

程序运行结束后，可按 Esc 键退出程序。

不同的图像分割 AI 模型，在对目标物体的类别和分割效果等方面都不尽相同。接下来尝试更换其他 AI 模型查看不同图像分割 AI 模型的应用效果。

可以使用以下命令查看 fcn-resnet18-sun 网络模型实现的结果。

```
./segnet.py --network=fcn-resnet18-sun /dev/video0
```

运行以上命令后即可使用 fcn-resnet18-sun 网络模型进行图像分割，具体效果如图 6-21 所示。

图 6-21　加载 fcn-resnet18-sun 模型进行图像分割

程序运行结束后，可按 Esc 键退出程序。

使用以下命令查看 fcn-resnet18-deepscene 网络模型实现的效果。

```
./segnet.py --network=fcn-resnet18-deepscene /dev/video0
```

运行以上命令后即可使用 fcn-resnet18-deepscene 网络模型进行图像分割，具体效果如图 6-22 所示。

图 6-22　加载 fcn-resnet18-deepscene 模型进行图像分割

程序运行结束后，可按 Esc 键退出程序。

任务 5：体验人体关键点检测算法

进入容器环境后，输入以下命令切换至计算机视觉案例文件夹。

```
cd build/aarch64/bin
```

进入 bin 文件夹后，运行 posenet.py 文件启动视频人体姿态估计程序，并在后面添加相机参数命令/dev/video0，即可调用摄像头进行视频人体姿态估计。

```
./posenet.py /dev/video0
```

运行以上命令后即可通过摄像头实现人体关键点检测，具体效果如图 6-23 所示。

图 6-23　人体关键点检测

任务 6：人脸检测算法实现

人脸检测是目标检测算法的一种具体应用方式。在任务 3 中,通过调用已有程序的方式,体验了目标检测算法的实现效果。接下来将编写一段人脸检测算法,学习如何在人工智能边缘设备中使用人工智能算法。

首先在终端中输入以下命令,创建人脸检测算法测试文件,然后在文件中进行代码编写。

```
vim face_dete.py
```

1. 配置所需环境

首先导入算法所需库。

```
import cv2
```

通过以下代码调用模型库文件,其中,"./haarcascade_frontalface_default.xml"为模型文件路径。

```
face_cascade =cv2.CascadeClassifier('./haarcascade_frontalface_default.xml')
```

通过以下代码打开人工智能边缘设备的内置摄像头,并设置视频窗口大小。其中,宽为 640px,高为 480px。

```
cap =cv2.VideoCapture(0)
cap.set(3, 640)
cap.set(4, 480)
faceNum =0
```

2. 读取摄像视频

设置循环任务,以便实时读取摄像帧。通过以下代码读取视频帧。

```
while True:
    #读取视频帧
    ret, frame =cap.read()
```

由于人工智能边缘设备的计算资源有限,需要在算法设计时减少计算量,因此在本任务中需要将图像灰度化处理,让算法在运行过程中避免对图像的色彩特征进行提取,从而减少算法运行过程中的计算量。可以通过以下代码实现图像灰度处理。

```
gray =cv2.cvtColor(frame, cv2.COLOR_BGR2GRAY)
```

其中,frame 是需要处理的视频帧图片,cv2.COLOR_BGR2GRAY 表示使用 OpenCV 方法将图像转换为灰度图像。

接下来设定人脸识别算法相关参数，具体代码如下。

```
faces =face_cascade.detectMultiScale(gray, scaleFactor=1.3, minNeighbors=3)
```

该函数主要实现检测出图片中所有的人脸，并保存各个人脸的坐标，主要为人脸检测框的左上、左下、右上和右下4个点位的坐标信息。

该函数共包含三个参数，其中，"gray"表示检测灰度图像。

"scaleFactor"是缩放比例，为了检测到不同大小的目标，通过scaleFactor参数把图像长宽同时按照一定比例(默认为1.1)逐步缩小，然后进行检测，这个参数设置得越大，计算速度越快，但可能会错过某个大小的人脸。

"minNeighbors"是构成检测目标的相邻矩形的最小个数，默认值为3。在复杂场景下，如繁忙的十字路口处，需要检测的人脸数量较多，人工智能模型在对视频帧进行推理预测时可能会遗漏某些人脸目标，因此需要反复多次检测并标记，如果多次检测结果显示该视频帧中某些位置存在相邻的标记，则该位置肯定是有人脸目标。

3. 人脸画框标记

检测到人脸位置后，需要将检测到人脸的4个点位进行画框标记，将检测结果进行可视化。具体代码如下。

```
if len(faces) >0:
    for faceRect in faces:
        x, y, w, h =faceRect
        #--------在人脸周围绘制矩形
        cv2.rectangle(frame, (x, y), (x +w, y +h), (255, 255, 0), 2)
```

为了将可视化的结果实时刷新到摄像头采集的视频画面中，需要通过以下代码进行显示。

```
cv2.imshow('Output', frame)
```

由于视频帧更新速度非常快，上述代码执行处于while循环中，因此在设计程序时需要预留程序退出的方式。以下代码为程序执行过程中按L键退出程序的示例。

```
if cv2.waitKey(1) & 0xff ==ord('L'):
    break
```

考虑到人工智能边缘设备计算资源有限，如果程序未完全关闭，可能会占用程序计算资源影响后续其他人工智能应用服务，因此在程序设计时可以添加以下代码，释放程序计算资源。

```
cv2.destroyAllWindows()             #结束服务
cap.release()                       #释放资源
```

本任务完整代码如下。

```
import cv2

#调用模型库文件
face_cascade =cv2.CascadeClassifier('./haarcascade_frontalface_default.xml')
#打开内置摄像头
cap =cv2.VideoCapture(0)
#设置视频窗口大小
cap.set(3, 640)
cap.set(4, 480)
faceNum =0

while True:
    #读取视频帧
    ret, frame =cap.read()
    #图像灰度处理
    gray =cv2.cvtColor(frame, cv2.COLOR_BGR2GRAY)
    #设定人脸识别参数
    faces =face_cascade.detectMultiScale(gray, scaleFactor=1.3, minNeighbors=3)

    if len(faces) >0:
        for faceRect in faces:
            x, y, w, h =faceRect
            #--------在人脸周围绘制矩形
            cv2.rectangle(frame, (x, y), (x +w, y +h), (255, 255, 0), 2)

    #显示图像
    cv2.imshow('Output', frame)

    #L 键退出显示
    if cv2.waitKey(1) & 0xff ==ord('L'):
        break
#释放资源
cv2.destroyAllWindows()
cap.release()
```

本任务实现效果如图 6-24 所示。

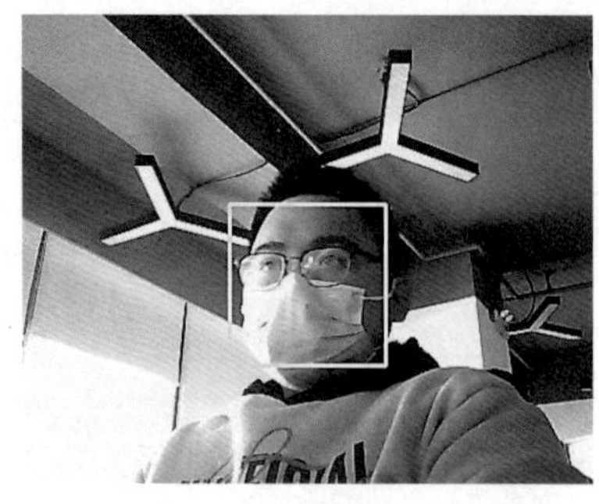

图 6-24　实现效果

【模块小结】

面向边缘计算设备的人工智能算法主要分为两类，一类是边缘智能算法，另一类是深度模型压缩的方法。本模块首先讲解边缘智能算法的相关概念，包括人工智能算法的概念、两个基本要素和三个基本特征；接着讲解边缘智能算法中的6个常见算法及其应用；最后体验了部分人工智能算法的应用，并通过编写一个简单的人工智能算法，进一步了解人工智能边缘设备的应用方法，为后续的算法设计相关的知识铺垫基础。

【知识拓展】 人工智能算法的安全风险及其应对方法

人工智能算法不断深入各行业的关键环节，其中潜藏的安全风险也逐渐成为热点话题。2019年4月，国家人工智能标准化总体组发布《人工智能伦理风险分析报告》，报告指出，人工智能算法安全风险产生的原因，包括算法泄露带来的风险、算法性能带来的风险、算法应用的漏洞带来的风险等。

针对人工智能算法泄露带来的安全风险，报告提出，开发者需要加强算法保密性，如通过加密等相应的安全防护措施确保算法不被轻易泄露。

针对人工智能算法性能不足带来的风险，报告指出，开发者不仅要考虑正常的算法输入，也要考虑异常的输入，并且保证系统在异常输入时仍然保持其可用性，如设立应急系统，或通过运行足够多的测试来降低异常情况发生的可能性。

针对人工智能算法应用的漏洞带来的风险，报告指出，开发者需要在医疗等攸关人身安全的领域明确风险提示要求，并保证算法运行的安全和可追责性，同时需加强系统的可测试性，要求人工智能算法必须通过通常的器械测试，并且人工智能算法还需通过对可能的算法特征引起的风险的针对性测试。

随着人工智能算法的不断创新，其潜藏的风险类型也在不断变化，因此需要政府单位和开发者个人的通力合作，明确人工智能算法的规范及合理使用，才能更加有效地规避其中的安全风险。在政府层面上，国家也陆续颁布了针对算法合理使用的规定，例如，2021年12月，国家互联网信息办公室等4个部门联合颁布了《互联网信息服务算法推荐管理规定》，明确算法不得将违法和不良信息关键词记入用户兴趣点或者作为用户标签并据以推送信息。在个人层面上，人工智能算法的开发者也需要遵守国家和行业的要求，合理设计人工智能算法，促进算法服务的健康发展。

【课后实训】

（1）以下哪项不属于人工智能算法的基本特征？（　　）【单选题】

A.可行性

B. 有穷性

C. 有足够的数据量

D. 时效性

（2）以下哪项不是计算机视觉的基本任务？（　　）【单选题】

A. 分类

B. 识别

C. 分割

D. 迁移

（3）在图像分类、目标检测、图像分割三者中，哪一个包含的信息量最多？（　　）【单选题】

A. 图像分类

B. 目标检测

C. 图像分割

D. 都一样

模块7 人工智能边缘设备基础应用

面向人工智能边缘设备应用的库主要分为两类：一类是函数库，即将所需要使用的编程函数集合放在一起，但不影响每个函数的独立功能和被外界调取使用的功能；另一类是人工智能模型库，即将所需要使用的人工智能模型集合起来，但每个模型依旧能被单独调用并运行原有的功能。

【模块描述】

本模块主要对人工智能边缘设备的编程库，即函数库和模型库进行讲解，通过了解人工智能边缘设备常用的模型库及相关的使用方法，利用基于迁移学习算法，通过实现电子产品分类系统，进而更深层次地了解边缘设备不同的编程库和其使用方法、作用和用途。

【学习目标】

知识目标	能力目标	素质目标
(1) 了解人工智能边缘设备常用编程库。 (2) 熟悉人工智能边缘设备编程库的使用。 (3) 掌握基于平台代码实现的电子产品分类系统。	(1) 充分理解具体任务选择和使用人工智能边缘设备常用的编程库。 (2) 能够充分理解迁移学习算法的实现逻辑。 (3) 能通过迁移学习算法，将人工智能技术应用在其他领域。	分析学习人工智能从"大炼模型"到"炼大模型"变化的意义，感受人工智能技术发展的趋势与变化。

【课程思政】

介绍我国科研机构和企业开发的开源计算人工智能模型库，以及在语音识别、图像处理、自然语言处理等领域的应用成果，引导学生关注和支持我国计算人工智能模型库的进展，激发他们的爱国热情和自主创新精神；鼓励学生探索新的计算人工智能模型库技术和应用，培养他们的创新意识和实践能力。可以介绍一些成功的华人在计算人工智能模型库方面的创新项目，以激发学生的创新热情。

【知识框架】

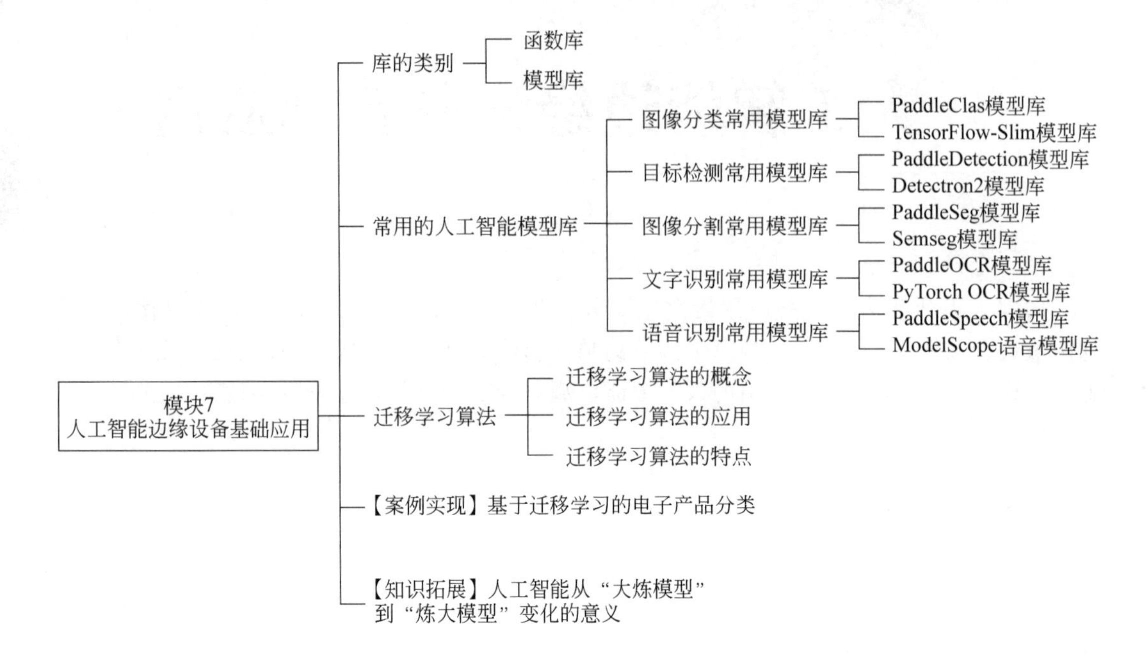

【知识准备】

虽然人工智能边缘设备可以应用到丰富的场景中,但多数时候很多具体任务是相似的,例如,在人脸识别任务中可能会用到拍照、数据存储、读取、目标检测等代码,而这些也可以应用在高速路车辆检测任务中。为方便对人工智能边缘设备的应用和开发,以往的开发者们将已经写好了的代码程序集合放到一个文件里,形成所谓的人工智能边缘设备编程所需的“库”,供开发者有需要时直接使用,这样开发者就不需要再去编写烦琐的基础代码,而是可以简便地调取使用这些放在文件里的代码。

7.1 库的类别

在人工智能应用中,通常使用函数库避免复杂的底层代码程序的编写,使用模型库节省模型搭建和训练的工序。

7.1.1 函数库

函数库指的是由系统建立的具有一定功能的函数的集合。在库中存放函数的名称和对应地能实现某一功能的代码。每一种开发语言配套一定数量的函数库以降低用户开发门槛,即标准库,用户也可以根据自己的需要建立自己的用户函数库。

函数库的最终目的是让用户调取使用,但是在调取过程中也需要遵守三个必要条件,否则会出现调用失败或者调用了之后功能实现不了的情况。

第一个必要条件是要确定好函数的功能及所能完成的操作，如果错误调用函数库的话，可能会导致函数之间功能出现冲突，最后导致各个函数都无法实现其功能。

第二个必要条件是确定好这个函数库里的函数需要多少个参数以及每个参数的意义和类型。如果传入函数的参数出现错误，会导致这个函数无法识别输入的参数，同样会导致函数无法实现功能。

第三个必要条件是确定好调用这个函数后需要什么样的返回值。什么样的返回值决定接下来对函数的操作和衔接，传输的返回值如果出现错误的话，同样导致接下来的功能实现不了。

所以要想正确实现调用函数库，上述三个必要条件必须遵守。

在"模块5 人工智能边缘设备计算框架"中学习了人工智能边缘设备相关框架的概念与应用，虽然函数库和框架都是一种有别于软件的产品形式，但是两者之间是有区别的。库是将代码集合成的一个产品，供程序员调用。面向对象的代码组织形式而成的库也叫类库。面向过程的代码组织形式而成的库也叫函数库。

在函数库中的可直接使用的函数叫库函数。开发者在使用库的时候，只需要使用库的一部分类或函数，然后继续实现自己的功能。

框架则是为解决一个(一类)问题而开发的产品，框架用户一般只需要使用框架提供的类或函数，即可实现全部功能。开发者在使用框架的时候，必须使用这个框架的全部代码，而在使用函数库时，可以只选择使用库中的部分函数。

7.1.2　模型库

模型库通常指的是人工智能模型库，主要是将多个已经编写好的人工智能模型集中放在一个文件里并放上对应的名称和信息。除此之外，模型库也可以由用户自己根据需要去建立。

人工智能模型库中存放的模型多种多样，包括可以解决目标检测、语音识别和动作识别等需求的人工智能模型。

7.2　常用的人工智能模型库

人工智能边缘设备的应用多种多样，但都离不开人工智能模型的帮助。由于人工智能边缘设备的计算资源和计算能力不尽相同，在部署模型时，需要从模型库中根据模型的大小、性能等参数选择合适的人工智能模型，开发所需要的功能，边缘设备才能实现智能化。接下来，针对图像分类、目标检测、图像分割、文字识别和语音识别5项常见人工智能任务，介绍其中常用的模型库。

7.2.1　图像分类常用模型库

图像分类是人工智能边缘设备的一个重要用途，其功能的实现少不了模型库的帮助。常用的图像分类模型库有两个，分别是PaddleClas和TensorFlow-Slim。

1. PaddleClas 模型库

PaddleClas 模型库是百度公司为工业界和学术界所准备的一个图像分类任务的工具集,目的是帮助开发者开发出更好的人工智能模型并且应用落地。目前,PaddleClas 支持 23 种系列分类网络结构以及对应的 117 个图像分类预训练模型。

PaddleClas 拥有 4 个优点:具有丰富的模型;能提供高阶的优化支持;支持特色拓展应用;拥有工业级的部署工具。具体体现在以下 5 个特性中。

(1) 搭载 PP-ShiTu 轻量图像识别系统。集成了目标检测、特征学习、图像检索等模块,广泛适用于各类图像识别任务。CPU 上 0.2s 即可完成在 10 万余库基础上的图像识别。

(2) 搭载 PP-LCNet 轻量级 CPU 骨干网络:专门为 CPU 设备打造轻量级骨干网络,速度、精度均远超竞品。

(3) 具备丰富的预训练模型。提供了 36 个系列共 175 个 ImageNet 预训练模型,其中 7 个精选系列模型支持结构快速修改。

(4) 搭配全面易用的特征学习组件。集成 arcmargin、triplet loss 等 12 度量学习方法,通过配置文件即可随意组合切换。

(5) 提供高级模型压缩方案。PaddleClas 提供了一种简单的半监督标签知识蒸馏方案,14 个分类预训练模型,无须使用图像的真值标签,因此可以任意扩展数据集的大小。

2. TensorFlow-Slim 模型库

TensorFlow-Slim 是由 TensorFlow 推出的一个轻量级的图像分类模型库,用于定义、训练和评估复杂的人工智能模型。TensorFlow-Slim 中的组件可以与 TensorFlow 中的函数一起使用,与 TensorFlow 推出的其他框架也可以一同使用。TensorFlow-Slim 中已经定义了许多有关图像分类的人工智能模型,开发者可以很方便地调取使用。

TensorFlow-Slim 模型库允许用户通过消除样板代码来紧凑地定义模型。这是通过使用参数范围和大量高级层和变量来实现的。这些工具提高了可读性和可维护性,降低了复制和粘贴超参数值出错的可能性,并简化了超参数调整。

通过提供常用的正则化器使开发模型变得简单。

几种广泛使用的计算机视觉模型,如 VGG、AlexNet 等,已经被开发成更小型的模型供用户使用。

7.2.2 目标检测常用模型库

人工智能边缘设备中的人脸识别功能就依托目标检测功能的实现,而目标检测也有其相应的模型库,常用的目标检测模型库有 PaddleDetection 和 Detectron2。

1. PaddleDetection 模型库

PaddleDetection 是由 PaddlePaddle 推出的目标检测套件,是由百度大脑经过多年来的项目沉淀和实验模型的研究以及部署模型的经验总结得出。其目的是便于开发者对模型进行复用和高效搭建新模型。PaddleDetection 具有两个特点,分别是丰富性和易用性,因为其拥有丰富的目标检测基础模型并且拥有合理的组织架构。

2. Detectron2 模型库

Detectron2 是由 Facebook 人工智能研究院发布的计算机视觉库，目的是为目标检测研究提供高质量、高性能的模型代码。其中集成了大量的目标检测的研究成果可供开发者使用。除此之外，Detectron2 还具有可扩展性强的特点，因为其中引入了自定义设置，方便了开发者定制适合自己任务的目标检测功能。

7.2.3 图像分割常用模型库

图像分割是将一个图像分割成若干个特定的、具有独特性质的区域并提取出需要分析的区域的过程。常用于图像分割任务的模型库有 PaddleSeg 和 Semseg。

1. PaddleSeg 模型库

PaddleSeg 是百度 PaddlePaddle 在 2019 年秋季发布的图像分割模型库，其目的是打造一个如同工具箱般便捷实用的图像分割开发套件。PaddleSeg 具有 4 个特点：第一个是进行模块化设计，可以支持多个图像分割经典模型；第二个是拥有丰富的数据增强，因为其内置多种数据增强方法，可结合实际场景进行定制相关模型；第三个是具有高性能，其支持多种运行和加速方法，可以大幅缩短模型训练的时间；第四个是能进行工业级部署，因为 PaddlePaddle 拥有高性能推理引擎和高性能图像处理能力，使得开发者可以轻松完成图像分割模型的部署。

2. Semseg 模型库

Semseg 用 PyTorch 实现的语义分割/场景解析开源库。它可以方便地帮助开发者用于各种语义分割数据集的训练和测试。该库主要使用 ResNet50/101/152 作为主干网，也可以很容易地改成其他分类网络结构。

Semseg 模型库同时支持多线程训练与多进程训练，并且后者非常快(该库比较重视训练)。支持重新实现的算法取得更好的结果，而且代码结构清晰(说明代码质量高)，且所有初始化模型、训练得到的模型和预测的结果都能够下载，方便开发者直接使用或者研究比较。

7.2.4 文字识别常用模型库

文字识别指的是将一个图像中的文字部分识别并提取出来。常用于文字识别的模型库有 PaddleOCR 和 PyTorch OCR。

1. PaddleOCR 模型库

PaddleOCR 是百度 PaddlePaddle 打造的一套丰富、领先且实用的文字识别模型库，提供了数十种文本检测、识别模型，目标是打造丰富、领先、实用的文本识别模型/工具库。目前，PaddleOCR 模型库支持中英文识别，支持倾斜、竖排等多种方向文字识别，支持 GPU、CPU 预测。用户既可以通过 PaddleHub 很便捷地直接使用该超轻量模型，也可以使用

PaddleOCR 开源套件训练自己的超轻量模型。

PaddleOCR 模型具有三个特点：第一个特点是模型库超轻量级，总模型仅 8.6MB；第二个特点是拥有多种文字识别训练算法，可以方便开发者调取使用；第三个特点是可运行在多种系统上。

2. PyTorch OCR 模型库

PyTorch OCR 是基于 PyTorch 的一个文字识别模型库，其目的是打造一套训练、推理、部署一体的文字识别引擎库。PyTorch OCR 模型具有两个特点：第一个特点是拥有丰富的高准确率的模型可供开发者选择；第二个特点是可以在移动端部署，支持开发者在不同设备上开发。

7.2.5 语音识别常用模型库

语音识别指的是将输入的语音信号转变成文字输出。常用于社交软件中发消息时，对人们的日常生活有很大的帮助。常用的语音识别模型库包括 PaddleSpeech 模型库和 ModelScope 语音模型库两种。

1. PaddleSpeech 模型库

PaddleSpeech 是 PaddlePaddle 平台上的一个开源工具包，用于语音和音频中的各种关键任务。PaddleSpeech 模型库兼顾产业和学术的多种功能。

(1) 关键音频任务的实现：该工具包包含自动语音识别、文本到语音合成、说话人验证、关键字识别、音频分类和语音翻译等音频功能。

(2) 主流模型和数据集的集成：该工具包实现了参与整个语音任务管道的模块，并使用主流数据集，如 LibriSpeech、LJSpeech、AIShell、CSMSC 等。

(3) 支持级联模型应用：作为典型传统音频任务的扩展，将上述任务的工作流程与自然语言处理(NLP)和计算机视觉(CV)等其他领域相结合。

2. ModelScope 语音模型库

ModelScope 的模型库(Model Hub)是共享机器学习模型、demo 演示、数据集和数据指标的地方。用户可以轻松地创建和管理自己的模型库，利用界面或开发环境来便捷地上传、下载相关模型文件，并从 Model Hub 中获取有用的模型和数据集元数据。支持直接推理的使用方式，即可以直接对输入音频进行解码，输出目标文字。支持微调的方式，即加载训练好的模型，采用私有或者开源数据进行模型训练。

7.3 迁移学习算法

目前云端模型库中已有大量开源的图像分类、目标检测和图像分割等人工智能模型，在开发过程中已经消耗了巨大的时间资源和计算资源，在云端拥有良好的性能，但由于其模型较为复杂且体积较大，无法在性能受限的边缘计算设备中运行，因此可以通过深度模型压缩的方法，压缩简化具备良好性能的大型模型，以部署到边缘计算设备中进行使用。

7.3.1　迁移学习算法的概念

迁移学习是一种赋予计算机学习能力的策略，它使得计算机能够将在解决一个问题的过程中所获得的知识，应用于相同技术任务下目标对象相似的工作中，迁移学习可以利用数据和领域之间存在的相似性关系，把之前学习到的知识，应用于新的未知领域。

例如，在模块6中介绍的宠物目标检测算法，在识别宠物猫和宠物狗任务中具备较高的精度，但当需要对另一个相关任务进行处理时，如需要检测识别宠物兔子时，如果要重新训练一个新的能够识别宠物猫、宠物狗和宠物兔子的模型，需要准备大量的宠物兔子的图像数据，并且需要耗费大量的算力资源进行模型训练，成本太高。因此可以通过迁移学习算法，结合少量兔子的图像数据，训练得到一个可用于检测兔子的新的目标检测模型。

在这个过程中，大型的检测猫和狗的目标检测模型也称为教师模型，训练得到的新模型也称为学生模型，即教师模型指导学生模型进行训练。

教师模型通常是一个复杂的大模型，具备大量参数，拥有良好的性能和泛化能力。教师模型通过部分参数共享的方式，指导学生模型进行训练，并将教师模型具备的部分知识迁移到学生模型中，使学生模型以更小的体量达到与教师模型相当的性能，起到深度模型压缩的效果。

迁移学习算法的核心是找到已有知识与需要的新知识之间的相似性。在生活中，遇到新的工作任务时，重新训练一个新模型的成本太高，因此可以通过使用迁移学习算法，运用已有的知识来进行辅助，低成本、高效率地获得一个具备新知识的模型以处理新的工作任务。

7.3.2　迁移学习算法的应用

在生活中，迁移学习算法常结合计算机视觉、自然语言处理、语音识别等技术进行使用。

1. 计算机视觉

从图像分类到视频识别，很多计算机视觉技术的工作任务已经运用了迁移学习算法进行解决。计算机视觉任务通常需要大量数据来训练模型，才能保证模型在对应场景中的识别精确度，然而当模型应用的情景稍有变化（例如，从室内到室外、从静止摄像机变为移动摄像机）时，需要调整模型以适应新情况。使用迁移学习算法处理计算机视觉任务中的适应性问题，可以有效减少新模型的训练数据量，降低模型的开发成本。

2. 自然语言处理

自然语言处理技术使得计算机能够处理和理解人类语言，有效处理人类和计算机之间使用汉语、英语等自然语言进行交互的工作任务。

自然语言处理中一个典型的问题是情感分类。在线论坛、博客、社交网络等在线网站上有大量用户生成的内容，因此总结消费者对产品和服务的意见非常重要。情感分类能够通过将评论分为正面和负面两个类别来解决这个问题。但是在不同的领域中，例如，不同类型的产品、不同类型的在线网站、不同的行业,用户都可能使用不同的词语表达他们具有相同情感的观点,使得模型无法跨领域准确识别分类用户的情感倾向。在这种情况下,可以通过迁移学习算法,调整已训练完成的情感分类模型,以适应不同的任务领域。

3. 语音识别

语音识别是一种使计算机能够识别和理解人类口语中的单词或短语,并将其转换为计算机可读格式的技术。语音识别技术需要采集大量目标语音数据进行处理和分析,在一些语言中,如普通话,使用的人数众多,目前全世界有1/5人口将汉语作为母语或第二语言,因此可以采集到大量的有效数据。但是那些只有少数人说的语言,有效数据就不够庞大。

因此为了针对数据量不那么多的中国少数人所说的方言进行语音识别,可以通过迁移学习算法,将从普通话识别算法中得到的知识进行迁移,应用于方言识别中。

7.3.3 迁移学习算法的特点

迁移学习算法得到的预训练模型,可以通过使用一个新的数据集进行再次训练的方法,来继承那些预训练模型中已经获得的基本知识,然后将其延伸到新的任务。因此迁移学习算法相比于其他人工智能算法,具备以下三个特点。

1. 训练数据量更小

当开发者已经训练好一个识别宠物猫和宠物狗的模型后,在面对一个与宠物兔相关的新任务中,使用迁移学习算法再次训练已有的模型,意味着开发者不需要再使用大量的宠物兔的图片来训练一个新模型。

训练数据量更小的特点,可以让开发者在只有少量数据或者在获得大量数据的成本过高或者不可能获得大量数据的情况下也能进行模型训练,同时降低模型的大小和训练计算量,使得开发者能够在计算能力有限的硬件设备中进行模型训练。

2. 模型泛化能力更强

迁移学习可以改进模型的泛化能力,即能够增强模型在非训练集的数据上仍然具备较高准确率的能力。这是因为迁移学习算法在使用少量数据再次训练模型时,有目的性地让模型可以学习到对相关任务都有用的通用特征,使得模型能够在跨领域的任务中仍然能够保持较高的识别准确率。

3. 降低深度学习的入门门槛

迁移学习技术的存在使得开发者不需要具备专家级别的深度学习知识,就能获得专家级的结果。例如,人工智能领域常用的图像分类模型ResNet-50含有2500万个权重参数,这是许多深度学习专家多年研究和实验的结果。开发者需要对人工智能模型中各个部件深入了解,才有可能从头优化模型中的各个权重和参数。而通过迁移学习的方法,开发者就可以重复使用这个复杂的结构以及这些优化过的权重,从而降低了深度学习的入门门槛。

【案例实现】 基于迁移学习的电子产品分类

基于模块描述与知识准备的内容，基本了解了目前人工智能边缘设备常用的函数库和模型库。在接下来的案例实现中，将通过训练一个能够有效分类生活中常见的键盘和鼠标两类物体的模型，学习使用迁移学习算法，将开源大型模型转换为高性能小模型，并在人工智能边缘设备中进行推理应用。

实操讲解

本次案例的实训思路如下。

(1) 模型训练环境准备。

(2) 分类目标数据采集。

(3) 迁移学习模型训练。

(4) 测试模型训练结果。

任务1：模型训练环境准备

1. 创建交换空间

首先在人工智能边缘设备中为模型准备训练和运行环境。模型训练过程中会占用大量计算资源，为保证模型在训练过程中不会因为计算资源不足导致中途停止，需要在模型训练前准备足够的计算资源。通过以下代码创建模型训练空间。

```
sudo fallocate -l 4G /mnt/4GB.swap          #创建一个大小为 4GB 的文件
sudo mkswap /mnt/4GB.swap                   #在创建好的文件上建立交换分区
sudo swapon /mnt/4GB.swap                   #启用这个交换分区
```

上述代码中，sudo 是 Linux 系统管理指令，是允许系统管理员让普通用户执行一些或者全部的高级命令的一个工具。

接着在终端中输入以下代码，将交换空间挂载到人工智能边缘设备中。

```
sudo gedit /etc/fstab
```

/etc/fstab 是用来存放文件系统的静态信息的文件，当系统启动的时候，系统会自动地从这个文件读取信息，并且会自动将此文件中指定的文件系统挂载到指定的目录。接下来，在该文件的最后一行中添加以下代码，保证设备每次启动后都能挂载到该空间。

```
/mnt/4GB.swap none swap sw 0 0
```

效果如图 7-1 所示。

2. 创建模型训练标签

本次任务将使用常见的键盘和鼠标作为分类目标，用以学习使用迁移学习算法，将开源大型模型转换为高性能小模型。可参考本次案例任务训练得到可用于其他场景的图像分类模型。

```
# /etc/fstab: static file system information.
#
# These are the filesystems that are always mounted on boot,
you can
# override any of these by copying the appropriate line from
this file into
# /etc/fstab and tweaking it as you see fit.  See fstab(5).
#
# <file system> <mount point>             <type>
<options>                                <dump> <pass>
/dev/root            /                    ext4
defaults                                    0 1
/mnt/swapfile swap swap defaults 0 0
```

图 7-1　添加设备启动后挂载到该空间的代码

接下来,创建模型训练过程中不可或缺的训练标签文件。首先通过以下命令进入到具体路径下。

```
cd Desktop/projects/char7
```

通过以下命令创建本次任务对应文件夹并进入文件夹中。

```
mkdir keyboard_mouse          #创建文件夹
cd keyboard_mouse
```

在该文件路径下,通过以下代码创建模型训练标签文件。

```
gedit labels.txt
```

在文件中输入需要分类的标签,不同标签以 Enter 换行间隔。按 Ctrl+S 组合键或单击右上角 Save 按钮进行保存。具体效果如图 7-2 所示。

图 7-2　保存分类标签

任务 2: 分类目标数据采集

1. 启动图像采集工具

准备好模型训练环境后,接下来准备分类模型训练过程中需要的图像数据。在人工智能边缘设备中预置了图像采集工具,通过以下代码启动图像采集工具。

```
cd /jetson-inference/tools        #进入工具所在文件夹
camera-capture --width=800 --height=600 --camera=/dev/video0        #设定相机
#相关参数,相机显示界面宽为 800px,高为 600px,使用端口为 video0 的相机设备
```

打开图像采集工具后,右上角会弹出图像采集工具界面,右下角会出现相机实时视频流界面。图像采集工具界面如图 7-3 所示。

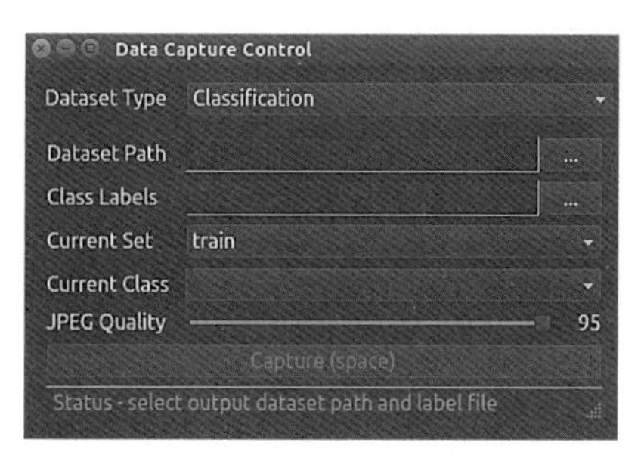

图 7-3　图像采集工具界面

该工具中的参数及介绍如表 7-1 所示。

表 7-1　图像采集工具参数

参　　数	介　　绍
Dataset Type	数据集类型。该工具支持采集图像分类和目标检测两类数据集。默认值为 Classification，表示图像分类
Dataset Path	存放模型数据集的路径
Class Labels	存放模型标签的路径
Current Set	训练类别选择，是模型训练需要的三种数据集采集的类别，下拉框中有三个选项：train（训练集）、test（测试集）、val（验证集）
Current Class	当前采集的图像类别
JPEG Quality	图像质量
Capture(space)	单击该按钮或按空格键键即可完成采集一张图像数据

首先单击 Dataset Path 后方按钮，如图 7-4 所示。

图 7-4　单击 Dataset Path 后方按钮

选择图像数据集路径，如图 7-5 所示。

此时在 keyboard_mouse 文件夹中会自动新增 train、test 和 val 三个文件夹。接着单击 Class Labels 后方按钮，如图 7-6 所示。

选择任务 1 中准备的模型训练标签文件，如图 7-7 所示。

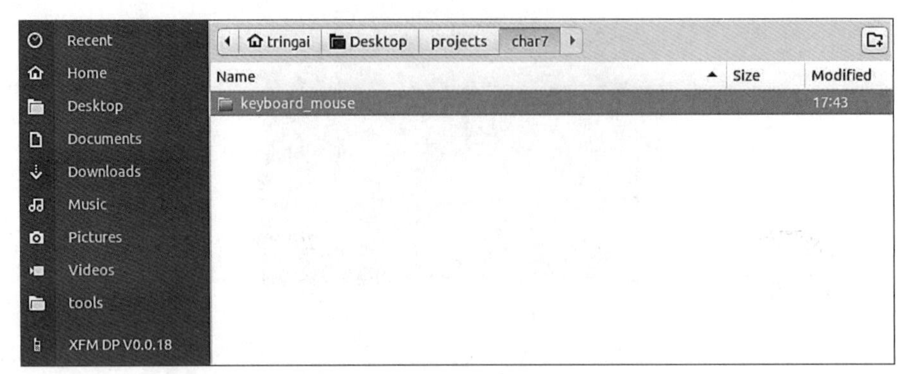

图 7-5 选择图像数据集路径

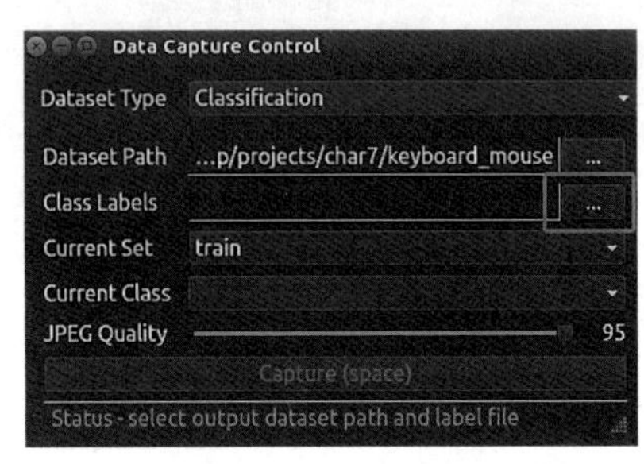

图 7-6 单击 Dataset Labels 后方按钮

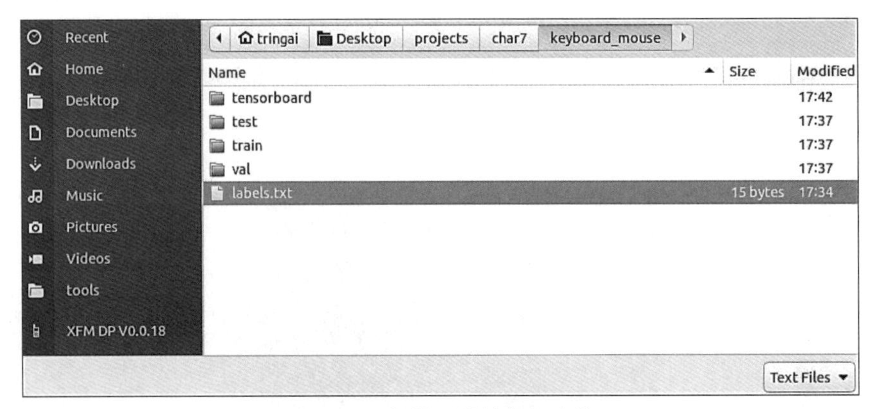

图 7-7 选择模型训练标签文件

2. 采集图像数据

接下来选定一种数据类别和一种标签进行图像数据采集。

本次任务中将采集 keyboard(键盘)和 mouse(鼠标)两个目标的图像数据。每个目标采集大约 50 张图像数据作为 train 训练集图片,10 张图像数据作为 val 验证集,5 张图像数据作为 test 测试集。

数据集的大小会对模型的大小、精度、训练时间等存在影响。本次任务中采集的图像数据量较少,在实际应用时,三种样本数量可依据实际情况进行增加或减少。

首先采集键盘数据。如图 7-8 所示设置，表示将采集 train（训练）数据集中 keyboard（键盘）目标数据。

按下空格键或单击图像采集工具中的 Capture(space)按钮进行拍照。

采集图片时尽量使用比较单一的背景色，从不同角度，按空格键或单击图像采集工具中的 Capture(space)按钮即可拍照采集。效果如图 7-9 所示。

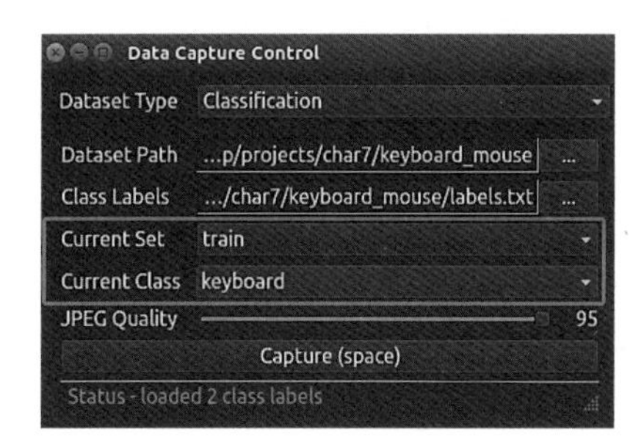

图 7-8 设置采集参数

图 7-9 采集数据界面

采集到的图像数据将自动存储到设定的数据集文件夹中，如图 7-10 所示。

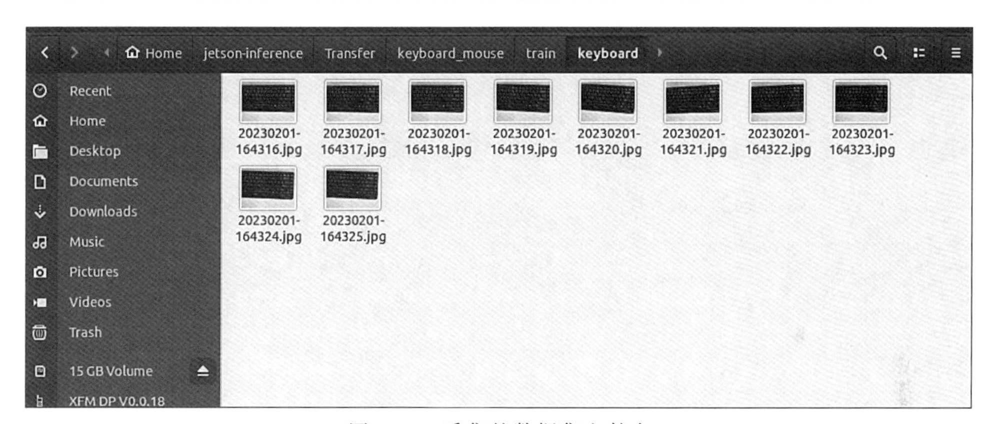

图 7-10 采集的数据集文件夹

采集完 keyboard 目标的训练集数据后，可以修改 Current Set 的参数，继续采集 keyboard 目标的 test 测试集、val 验证集数据，如图 7-11 所示。

keyboard 目标的训练集、测试集和验证集数据采集完成后，可通过将 Current Class 切换为 mouse，采集 mouse 目标的训练集、测试集和验证集数据，如图 7-12 所示。

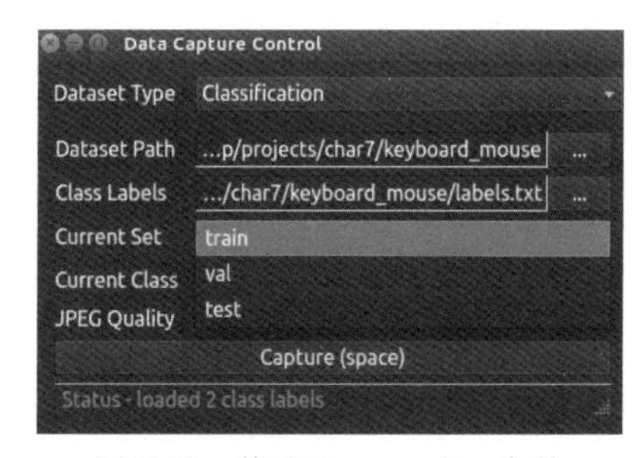

图 7-11 修改 Current Set 参数

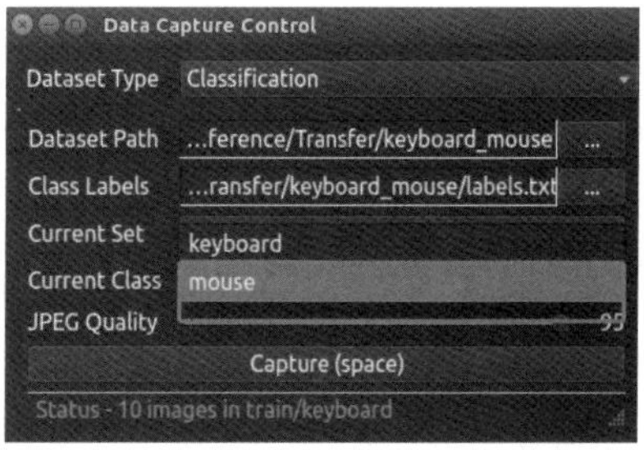

Data Capture Control
Dataset Type Classification
Dataset Path ...ference/Transfer/keyboard_mouse
Class Labels ...ransfer/keyboard_mouse/labels.txt
Current Set keyboard
Current Class mouse
JPEG Quality 95
Capture (space)
Status - 10 images in train/keyboard

图 7-12 修改 Current Class 参数

本次任务采集的 mouse 目标图像数据效果如图 7-13 所示。

keyboard(键盘)和 mouse(鼠标)两个目标的图像数据采集完成后,单击图像采集工具左上角的"×"按钮即可退出图像采集工具,如图 7-14 所示。

图 7-13 采集的 mouse 目标图像数据效果

Data Capture Control
Dataset Type Classification
Dataset Path ...p/projects/char7/keyboard_mouse
Class Labels .../char7/keyboard_mouse/labels.txt
Current Set train
Current Class keyboard
JPEG Quality 95
Capture (space)
Status - loaded 2 class labels

图 7-14 退出图像采集工具

任务 3:迁移学习模型训练

图像数据采集完成后,接下来进行模型训练。人工智能边缘设备中已经预置了基于迁移学习的图像分类模型训练程序,通过以下命令进入该程序所在的文件路径中。

```
cd jetson-inference/python/training/classification
```

通过以下命令启动模型训练程序。

```
python3 train.py --model-dir=/home/tringai/Desktop/projects/char7/keyboard_
mouse ~/Desktop/projects/char7/keyboard_mouse
```

python3 train.py 表示使用 Python 3 执行 train.py 程序。train.py 为基于迁移学习的图像分类模型训练程序,是由 Python 3 语言编写,该程序使用的教师模型为深度学习模型 resnet18,其中,resnet 为网络结构,18 指的是神经网络的层数深度,即模型权重层的数量。

model-dir 表示训练得到的模型输出路径,本任务中将输出到任务 1 中创建的 keyboard_mouse 文件夹中。最后的路径表示模型训练需要使用的数据集所在路径,其中,"~/"表示个人用户所在路径,与 model-dir 参数中的"/home/tringai/"有相同的作用。

训练过程可在后台中查看。如图 7-15 所示,"Epoch"表示训练的轮次,"Test"表示该轮次训练中使用测试集对模型进行测试的结果,其中,"Acc"表示该次测试得到的模型准确率。本次任务中将对模型进行 34 轮训练,训练总时长将在 10min 左右。

```
Epoch: [0][0/3]  Time 27.851 (27.851)  Data  0.632 ( 0.632)  Loss 5.7036e-01 (5.7036e-01)  Acc@1  75.00 ( 75.00)  Acc@5 100.00 (100.0
0)
Epoch: [0] completed, elapsed time 37.602 seconds
Test: [0/1]  Time  4.248 ( 4.248)  Loss 6.2584e-06 (6.2584e-06)  Acc@1 100.00 (100.00)  Acc@5 100.00 (100.00)
 * Acc@1 100.000 Acc@5 100.000
saved best model to:  /home/tringai/jetson-inference/Transfer/keyboard_mouse/model_best.pth.tar
```

图 7-15 训练过程输出内容

模型训练完成后,将在 keyboard_mouse 文件夹中生成 checkpoint.pth.tar 和 model_best.pth.tar 两个文件,如图 7-16 所示。其中,checkpoint.pth.tar 文件存储着模型的结构和

参数信息，model_best.pth.tar 文件存储着训练中得到的模型信息。

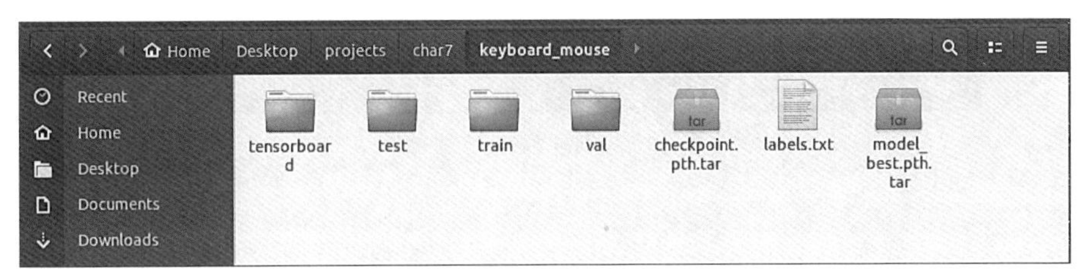

图 7-16　训练完成生成的文件

接下来需要将模型结合参数文件进行导出。人工智能边缘设备中预置了导出程序，通过以下命令进入该程序所在的文件路径中。

```
cd jetson-inference/python/training/classification
```

通过以下命令启动模型导出程序。

```
python3 onnx_export.py --model-dir=/home/tringai/Desktop/projects/char7/
keyboard_mouse/
```

其中，onnx_export.py 为模型导出程序，model-dir 为模型导出存放的路径。

导出的结果如图 7-17 所示，其中新增的 resnet18.onnx 为导出的模型文件。

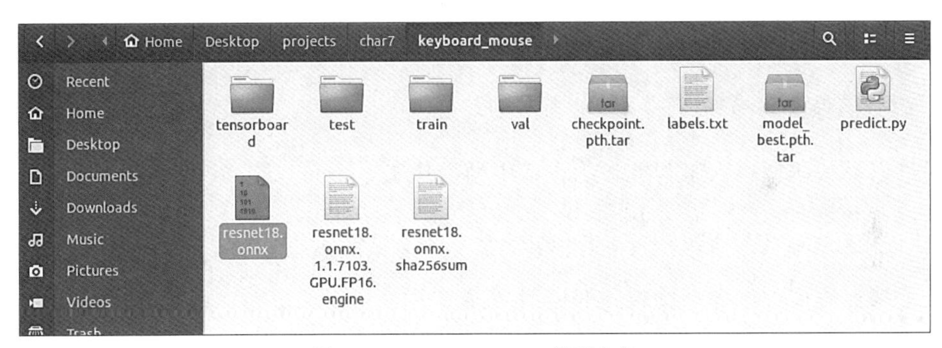

图 7-17　resnet18.onnx 模型文件

任务 4：测试模型训练结果

得到模型文件后，需要编写模型推理代码进行模型测试。

1. 创建模型推理程序

进入 keyboard_mouse 文件夹中，通过以下命令进入具体文件夹。

```
cd Desktop/projects/char7/keyboard_mouse/
```

通过以下命令创建模型推理程序。

```
gedit predict.py
```

运行后将弹出文本框,效果如图 7-18 所示。

图 7-18 创建模型推理程序

2. 导入模型所需库

首先导入模型推理过程中需要使用的库。

```
import cv2
import jetson.inference
import jetson.utils
import numpy as np
import time
```

接着设置模型推理过程中,摄像头运行相关参数。

```
width=800
height=600
dispW=width
dispH=height
flip=30
```

3. 调用摄像头与模型

通过以下代码调用人工智能边缘设备中的摄像头。

```
cam1=cv2.VideoCapture('/dev/video0')
```

接下来在程序中添加训练得到的模型文件。

```
net=jetson.inference.imageNet('alexnet',['--model=/home/tringai/Desktop/
projects/char7/keyboard_mouse/resnet18.onnx','--input_blob=input_0','--
output_blob=output_0','--labels=/home/tringai/Desktop/projects/char7/
keyboard_mouse/labels.txt'])
```

其中,model 表示训练得到的模型文件路径;labels 表示训练的模型标签路径。模型推理结果在视频流界面进行实时显示。通过以下代码设置视频流参数。

```
font=cv2.FONT_HERSHEY_SIMPLEX
timeMark=time.time()
fpsFilter=0
```

4. 分类检测

接下来编写程序对视频流结果进行分类。

```
while True:
    #获取帧
    _,frame=cam1.read()
    #颜色空间转换
    img=cv2.cvtColor(frame,cv2.COLOR_BGR2RGBA).astype(np.float32)
    #转换为 numpy 数组类型
    img=jetson.utils.cudaFromNumpy(img)
    #获取分类 ID 及置信度
    classID, confidence =net.Classify(img, width, height)
    item=''
    item =net.GetClassDesc(classID)
    dt=time.time()-timeMark
    #设置帧率
    fps=1/dt
    fpsFilter=.95*fpsFilter +.05*fps
    timeMark=time.time()
```

接下来将识别结果写入图像。

```
cv2.putText(frame,str(round(fpsFilter,1))+' fps '+item,(0,30),font,1,(0,0,255),2)
#显示图像
cv2.imshow('recCam',frame)
cv2.moveWindow('recCam',0,0)
```

考虑到人工智能边缘设备计算资源有限，如果程序未完全关闭，可能会占用程序计算资源影响后续其他人工智能应用服务，因此在程序设计时可以添加以下代码，释放程序计算资源。

```
#设置程序退出
    if cv2.waitKey(1)==ord('q'):
        break
#资源释放
cam.releast()
cv2.destroyAllWindows()
```

本任务涉及的完整代码如下。

```
import cv2
import jetson.inference
import jetson.utils
import numpy as np
import time
width=800
height=600
dispW=width
dispH=height
flip=2
```

```
cam1=cv2.VideoCapture('/dev/video0')

net=jetson.inference.imageNet('alexnet',['--model=/home/tringai/Desktop/projects/char7/keyboard_mouse/resnet18.onnx','--input_blob=input_0','--output_blob=output_0','--labels=/home/tringai/Desktop/projects/char7/keyboard_mouse/labels.txt'])

font=cv2.FONT_HERSHEY_SIMPLEX
timeMark=time.time()
fpsFilter=0

while True:
    _,frame=cam1.read()
    img=cv2.cvtColor(frame,cv2.COLOR_BGR2RGBA).astype(np.float32)
    img=jetson.utils.cudaFromNumpy(img)
    classID, confidence =net.Classify(img, width, height)
    item=''
    item =net.GetClassDesc(classID)
    dt=time.time()-timeMark
    fps=1/dt
    fpsFilter=.95*fpsFilter +.05*fps
    timeMark=time.time()
    cv2.putText(frame,str(round(fpsFilter,1))+' fps '+item,(0,30),font,1,(0,0,255),2)
    cv2.imshow('recCam',frame)
    cv2.moveWindow('recCam',0,0)
    if cv2.waitKey(1)==ord('q'):
        break
cam.releast()
cv2.destroyAllWindows()
```

保存 predict.py 文件后,在终端中输入以下代码,进入文件路径中,执行该文件。

```
python3 predict.py
```

运行效果如图 7-19 所示。

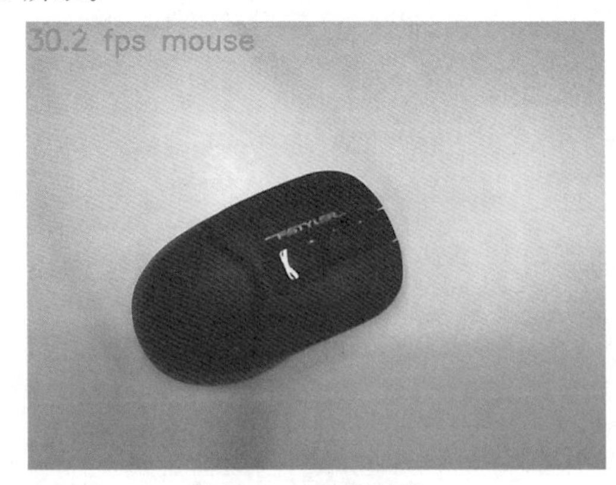

图 7-19 运行效果

【模块小结】

本模块主要对边缘设备应用的库的概念、类别以及库与框架的区别进行了讲解，并对边缘设备的几种主要功能所涉及的库的内容和相关使用进行了说明。库即开发者将相关代码和名字等信息放在一个文件里，以供其他开发者使用。库在边缘设备的应用中主要有两类：一类是函数库；另一类是模型库。最后再对如何使用代码实现电子产品分类系统进行了讲解。

【知识拓展】 人工智能从"大炼模型"到"炼大模型"变化的意义

人工智能的厉害之处，就是能把一个具体的事情做到极致，做得又快又好。除了下棋之外，还有人脸识别、车牌号识别、身份证识别等。事实上，人工智能最厉害的地方并不是比人做得更好，而是能大规模复制。例如，我们能在每个路口都放好几个摄像头，自动监测哪个车违章了，并且立刻识别车牌号。但事实上，交通部门也不能在每个路口都安排多个交警去做同样的事情。

但是，这些人工智能模型只擅长做一件事情，如下棋或者识别车牌。如果让识别车牌的人工智能模型去下棋是很难的，这就是专用智能和通用智能的最大区别。

传统的人工智能都是针对某个应用，用很多数据训练出一个神经网络，然后把这个网络放到实际的应用里去工作。例如，打败柯洁的人工智能阿尔法狗，就是通过不断学习各种棋局、24h不间断地自己和自己下成千上万局棋，把自己练成了平平无奇的下棋机器。

但如果让它处理一个和下棋无关的应用，问题就来了。它从来没见过这个东西，自然就无从下手看。打个不那么恰当的比喻，人工智能里的神经网络，其实可以看成人工智能的脑容量。为了处理各种不同的应用，提高人工智能的通用性，就必须提升脑容量。

这个时候，就出现了"大模型"。顾名思义，大模型最主要的特点就是"大"，它指的是网络的参数非常多、规模非常大。经典的深度学习模型ResNet大概有2300万个参数，而大模型的开山之作GPT-3的参数量达到了1750亿，比传统的模型高出了近1000倍。

大模型会在人工智能领域带来一波设计范式的转变，最重要的就是引领专用人工智能到通用人工智能的变化。大模型之所以能做到通用人工智能，是因为它可以做大规模的训练，并且把各种领域的知识都学习整合在一起。在应用的时候只需要做一些微调，就可以用在不同的任务里，这个是小模型做不到的。

大模型的另外一个好处，就是对输入数据的要求没那么高了，它通过小样本学习方法，可以从没有标注的数据里学习，并且通过少量有标注的数据不断进行修正。这相当于人类在学习知识的时候，往往会需要组成一个知识体系。这样在学习新知识的时候，就可以在这个体系里不断扩展，而不需要从头再来。

但是，大模型也存在许多问题，其中最大的问题就是大模型的开发和部署的过程非常难。具体一点说，大模型都是拿钱、人、时间堆出来的。

这个其实和人工智能刚刚兴起的时候很像，当时人们要自己写深度学习的代码，一层一层地搭神经网络,然后再把这些模型部署到GPU或者其他硬件上运行。这个过程也是同样费时费力的,而且全行业估计也没几个人能做。但是后来出现了TensorFlow这样的深度学习框架,就把这个过程大大简化了,也大大降低了行业的门槛,让人工智能迎来了一波大爆发。同样地,大模型的未来发展也大概率会遵循这样的规律。

【课后实训】

(1) 以下哪项属于图像分类常用的模型库?( )【单选题】

A. PaddleClas模型库

B. PaddleDetection模型库

C. PaddleSeg模型库

D. PaddleOCR模型库

(2) 以下哪项不属于依托PaddlePaddle框架研发的?( )【单选题】

A. PaddleClas模型库

B. PaddleDetection模型库

C. PaddleSeg模型库

D. PyTorch OCR模型库

(3) PaddleOCR的特点不包括( )。【单选题】

A. 轻量级

B. 拥有多种模型

C. 可运行在多种设备上

D. 具有高性能

(4) 人工智能边缘设备主要用到的库有两类,分别是________和________。【填空题】

应用篇：人工智能边缘设备项目实战

在“十四五”智能制造发展规划的背景下，边缘设备在生产、管理、服务三个阶段的应用显得尤为重要。在生产环节，边缘设备实时监控和调整生产线状态，提升生产效率。在管理环节，它们通过实时处理和分析数据，为决策提供支持，提高管理效率。在服务环节，边缘设备提供个性化服务，增强客户体验。通过前面篇章的学习，我们对人工智能边缘设备有了较为深入的认识，本篇将详细探讨边缘设备在智能制造各阶段的应用，并通过边缘设备进行各项智能应用实战，为后续的深入实践提供参考和指导。

模块8 产品智能分拣系统搭建

制造业在我国经济发展中发挥着重要的作用，是我国经济发展的支柱。在生产制造过程中，产品的集散与分拣必不可少。传统的人工或半自动控制分拣方式，由于其效率低、成本高，正逐渐被时代所淘汰。如今，高效率以及智能化的产品集散与分拣，已经成为制造行业走向信息化、自动化、智能化的不可或缺的一部分。其中，基于人工智能的产品智能分拣系统，便是智能化产品集散与分拣的一项技术之一。

【模块描述】

本模块主要围绕产品智能分拣系统，首先介绍了产品智能分拣系统的时代背景以及对制造业的意义，列举了产品智能分拣系统的行业应用案例。同时，认识基于计算机视觉的基本任务——目标检测，并了解这项基本任务的原理与应用。最后，开展"基于目标检测的产品智能分拣系统"项目实训，由此掌握目标检测的应用方法，并从中学习到如何将该方法应用在其他领域。

【学习目标】

知识目标	能力目标	素质目标
(1) 了解产品智能分拣系统的背景及其意义。 (2) 了解智能分拣行业应用案例。 (3) 了解目标检测的常用方法。 (4) 了解目标检测的实现原理。	(1) 能够充分理解目标检测基本原理及实现逻辑。 (2) 能够独立开发基于目标检测的产品识别系统。 (3) 能够知道如何将该技术应用于不同行业领域。	(1) 通过产品智能分拣系统案例，理解智能分拣系统对制造业的意义。 (2) 通过本模块的学习，思考智能制造在未来经济发展中的重要性。

【课程思政】

介绍目标识别在智能分拣、智能安防、智能交通等领域的应用时，可以突出技术为社会带来的福祉和挑战，引导学生思考技术应用的社会效益和公共利益，激发学生的社会责任感；介绍我国科研机构和企业开发的计算机目标识别算法和应用系统，以及在智能安防、智能交通、智能制造等领域的应用成果,引导学生关注和支持我国计算机目标识别技术的进展,激发学生的自主创新精神。

【知识框架】

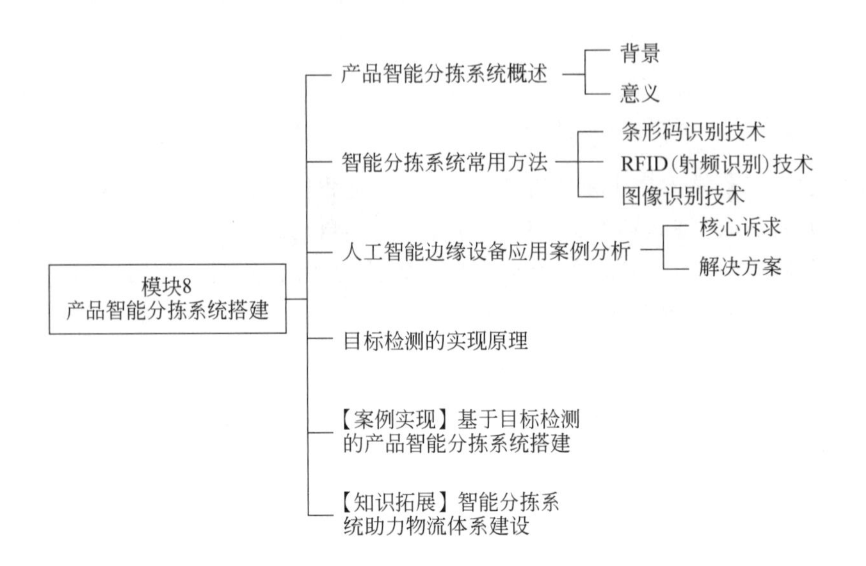

【知识准备】

8.1 产品智能分拣系统概述

产品智能分拣系统,指的是不同于传统的人工或者半自动控制分拣方式的一种全自动分拣方式,可以自动识别物体的标签或者物体本身的类别,并进行分类与分拣,其一般包括如图8-1所示的输送装置、识别装置、分拣装置三大部分。输送装置主要负责组织待分拣物品,把待分拣物品输送到识别装置中;识别装置由不同传感器组成,通常主要传感器为摄像头,主要负责识别待分拣物品,并把识别结果转换成指令发送给分拣装置,是整个产品智能分拣系统的核心;分拣装置主要负责接收识别装置的结果,对具体物品进行分拣。

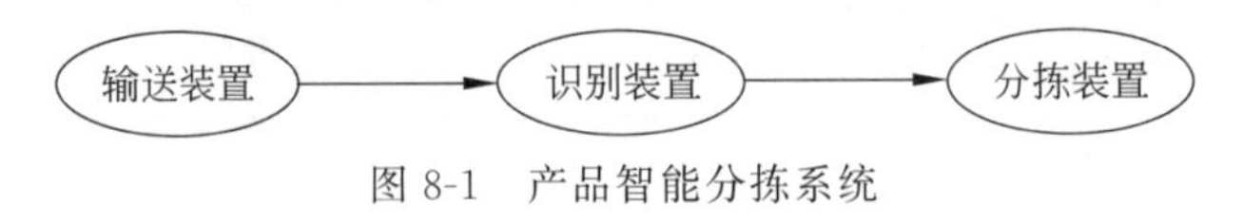

图8-1　产品智能分拣系统

8.1.1 背景

产品分拣是生产制造环节中不可或缺的一部分,为了更好地将产品进行管理,为后续的工作提供便利,如何更好地改进分拣作业和提高分拣效率,是制造、物流、零售等行业所面临的主要问题。

随着信息时代的到来，人们对产品的需求越来越多样化，从过去的多量少样，到现在的少量多样，用传统产品分拣方式处理多样化的产品，不仅成本高，而且效率低，这使得各行业不得不对传统产品分拣方式进行改革。

为此，随着"工业 4.0"概念的提出，国家开始大力推动产业智能化、自动化。面对着不断高涨的行业需求，制造、物流、零售等行业兴起了智慧革命，促使产品生产从原来的高成本和低回报，逐步向低成本和高回报前进。得益于人工智能的飞快发展，基于机器视觉的产品智能分拣系统极大程度地满足了产品分拣的苛刻需求，相比于传统产品分拣方式，产品智能分拣系统的自动化、信息化变得尤为重要，甚至成为产业发展的必要条件，毋庸置疑，智能制造已逐步成为我国进行产业升级和经济发展的关键。

8.1.2　意义

基于机器视觉的产品智能分拣系统在当今自动化生产线上起着重大的作用，它打破了传统分拣方式的高成本、低回报的尴尬现状，能够满足多数行业的智能化分拣需求，又极大地刺激了应用领域中包括烟草、医药、运输、食品、汽车等各个行业的急速发展，还为这些行业的发展提供了强有力的技术保障。它的广泛应用，是人力资源密集型产业向自动化与智能化产业转型的重要标志，对传统制造、物流、零售等行业进入新的智能化发展阶段发挥了积极作用。产品智能分拣系统通常具有分拣效率高、分拣差错率低和基本无人化的特点。

1. 分拣效率高

智能分拣系统不受时间、气候、人力等因素的限制，可以持续运行时间通常以天为单位进行计算。部分智能分拣系统每小时可分拣上万件物品，相对地，如果人工分拣物品，每小时分拣量低至几百件，还需要耗费大量的人力资源，而且工作人员也无法长时间持续高效、高强度地工作。

2. 分拣差错率低

智能分拣系统的分拣误差，主要来源于不正确的分拣信息输入，这取决于分拣信息的输入机制。若采用人工键盘或语音识别方式输入，则误差率在 3%以上，但如采用条形码扫描输入，除非条形码的印刷有差错，否则基本不会出现误差。

3. 基本无人化

采用智能分拣系统的目的之一，就是为了减少作业人员数量，减轻人员的劳动强度，提高人员的使用效率，因此自动分拣系统能最大限度地减少人员的使用，基本做到无人化。

8.2　智能分拣系统常用方法

在智能分拣系统中，自动识别技术发挥着关键作用。自动识别技术就是利用识别装置对被识别物品进行识别，从而自动获取被识别物品的相关信息，同时，将所识别到的信息传输到对应的计算机处理系统，并实施后续处理。其中包括生物识别技术、图像识别技术、磁卡识别技术、条形码识别技术、射频识别技术等,以下主要介绍条形码识别技术、射频识别技术以及图像识别技术。

8.2.1 条形码识别技术

条形码识别技术是目前主流的自动识别技术,由于该技术的准确率高、识别速度快,被广泛运用于货物运输、商品购买等场景中,其主要包括一维条形码技术和二维条形码技术。

1. 一维条形码技术

一维条形码偏重“标识”商品,但通常只在水平方向表示信息,而不在垂直方向表示任何信息。常见的一维条形码如图 8-2 所示。

常见的一维条形码

名称	EAN	Code 39	Code 128	Codabar	Interleaved 2 of 5 (ITF)
符号	0 123456 789012	Code 39 - Any Length	CODE128	A123456789B	0123456789
字符限制	长度有13位或8位,只可以编码0~9十个数字	长度可自由调整,能用字母、数字和其他一些符号共43个字符表示	长度可自由调整,但最多不超过232个字符	长度可自由调整,条形码字符集仅20个字符	长度仅为偶数位,只可以编码0~9十个数字
特征	能够识别条形码的国家/地区,满足国际通用的要求,有检查码	允许双向扫描,具备自我检查能力	允许双向扫码,可自行决定是否要加上检查码,具有3种不同的编码类型,可提供标准ASCII中128个字符的编码使用	没有检验位,具备自我检查能力	没有检验位,具备自我检查能力
应用性能	世界通用码,常用于日常零售	主要应用于工业生产线和图书的自动化管理	常应用于流通配送标签	常用于仓库和航空快递包裹的跟踪管理,典型用途包含Fed-Ex包裹和血库单	主要应用于包装、运输等

图 8-2 常见的一维条形码

一维条形码技术有着可手动输入、设备简单便捷、成本较低的特点。但是,一维条形码容量小,通常只能表示物品的基本信息,如果需要物品更详细的信息,必须依赖数据库或通信网络。而且由于其携带信息量大小有限,因此只具备校验功能而不具备纠错能力,所以破损或污染后可读性较差。

2. 二维条形码技术

二维条形码偏重“描述”商品,拥有水平和垂直方向的二维空间存储信息。常见的二维条形码如图 8-3 所示。

二维条形码具有信息容量大、编码范围广、容错能力强、防盗能力强等优点,而且拥有纠错能力以及校验的能力。具备立体、庞大的信息存储和表达功能,可以不依赖数据库或通信

常见的二维条形码				
名称	Data Matrix	QR Code	PDF417	Code 49
符号				
特征	由许多小方格所组成的正方形或长方形符号，编码字符集包括全部的ASCII字符及扩充ASCII字符，只需要读取资料的20%即可精确辨读	上方两个角和左下角各包含一个小的定位图形，可实现任意角度的高速识别，编码字符集包含数字、字母、中国汉字和日本汉字，具有4个等级的纠错功能	堆叠式条码，可表示数字、字母、二进制数据和汉字，具有9个等级的纠错能力，纠正等级最高时，即使条形码污损50%也能被正确读出	堆叠式条形码，可表示全部的128个ASCII字符
应用性能	常应用于高温、机械剥蚀等环境	常应用于电子票务和B2B领域等	常应用于海关报关单、货物的运输和邮递等	常应用于食品、工业等

图 8-3　常见的二维条形码

网络直接存储物品的详细信息。目前，在制造业中主要有物流跟踪和产品追溯这两种用途。

8.2.2　RFID(射频识别)技术

RFID(射频识别)技术是以无线电波识别与传输为基础的自动识别技术。RFID的识别系统包括计算机网络、电子标签、读写器三个基本组成部分。计算机网络可以对不同地区的信息进行传输，实现信息互通；电子标签主要是对商品信息进行存储；读写器则可以编写以及修改电子标签上面的信息。生活中常见的门禁卡、二代身份证等都用到了RFID(射频识别)技术。

RFID与条形码识别技术相比，前者的射频识别技术有着更强的抗干扰能力，能存储大量的信息，例如，可同时识别多个电子标签。而电子标签本身可以进行数据修改，意味着可以重复使用，加之外形小型化以及多样化，能够满足各种类型产品的需求。

但是，使用RFID技术的设备投入是巨大的，如需给所有物品粘贴上电子标签，成本可能是普通条码标签的几十倍。

这样的技术可以将智能电子标签拣货系统、RF系统、AS/RS系统、自动分合流控制输送系统等集中到操作管理平台之中，从而实现智能化操作。

8.2.3　图像识别技术

随着人工智能的不断发展，目标检测技术在智能分拣系统中也得到了广泛应用。图形分类技术可以用于确定产品的类别属性信息，OCR(图像识别)技术识别则可以识别产品标签中的文字信息。

目前，目标检测技术在自动分拣中常作为条形码识别的补充模块，当条形码识读出现异常时,由目标检测技术获取产品信息,结合条形码识读结果,确定产品即将流向的分拣口。实现分类主要包括三个步骤,其过程如图8-4所示。

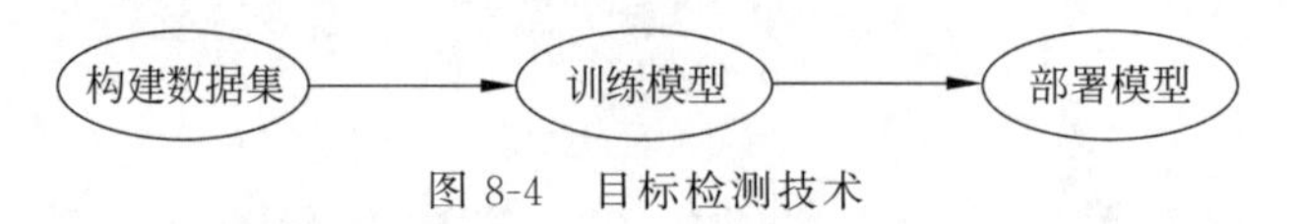

图8-4 目标检测技术

1. 构建数据集

构建数据集,首先需要确认目前分类任务所包括的所有需要被分类的目标类别,然后针对每个类别的物品,拍摄制作或者网上搜集一定数量其对应的图像,对每个类别都进行相同操作,尽量确保各个类别对应的图像数量相同。最后,由所有类别的图像组成的数据集合,即可称为数据集。

2. 训练模型

根据得到的数据集,结合分类任务的难度,选择或者构建对应的分类模型,分类模型一般由卷积神经网络组成,将数据集输入网络即可开始训练,若训练结束后的各项指标都达到预定要求,则可以完成训练,并提取出模型用于后续的部署运用之中。

3. 部署模型

训练模型使用的设备与实际分类任务使用的设备通常并不相同,因此需要针对不同的设备,开发相应的模型部署方案,并且需要优化训练后的模型,例如,模型蒸馏、模型剪枝以及模型量化,在保证模型准确率的前提下,提高模型的推理速度。

在实际工程应用中,针对不同的类别,通常需要重新获取数据集,构建对应的网络,训练模型。分类模型的输出时,通常无法直接输出具体的类别,只能通过置信度判断,一般选择所有类别中置信度最高的类别作为分类模型的输出。而且,若输入的图像所对应的类别并不包含在数据集里,分类模型也只会输出数据集里所包含的类别,这使得构建数据集时,需要小心甄别数据集包含的类别是否完全覆盖所有需要被分类的目标。

如图8-5所示,是某公司在一个智能分拣项目中,使用目标检测技术进行自动分拣的应用案例,图中白色房间处,即为该系统的识别装置。

图8-5 智能分拣项目

其产品为整箱封装的啤酒、牛奶、矿泉水等，产品种类有限，且箱子外表面有颜色或纹理差异，这种区别能够降低分类难度，提高自动分拣识别的准确率。

8.3 人工智能边缘设备应用案例分析

传统零售领域主要包含三大元素，分别为人、货、场。人是指消费者，货是指商品，场是指各种大卖场、超市、便利店等。场可以再细分到最小的有机单元，就是货架。随着新零售时代到来，货架已经逐渐成为零售企业的战场。

货架的情况包括商品有多少，即商品被放在哪里？放在哪里比较适合？同时也包括陈列哪些品类，有没有竞品，竞品是如何放置的？这些对于零售企业都很重要，对于未来销售、营销的策略有很大的参考意义，所以把它称为一场关于货架的战争。

举个简单的例子，例如，当货架上的商品缺货了，作为一个消费者，会做什么样的行为？可能会买别的品牌，还可能去别处买，或者干脆不买，或买另一种类型替代。无论如何，若货架上缺货时，品牌商和零售商都可能会失去大量的购买者。

为了要打赢这场货架战争，品牌商和零售商必须要精确地获取线下商品的实际陈列信息。

接下来，将从货架商品分拣问题入手，具体介绍如何将人工智能边缘设备具体地应用到实际案例中。

8.3.1 核心诉求

面对激烈的市场竞争，某大型商超为保证更精准、高效地落实终端的商品投放，保证驱动销售长久持续增长，在过去曾投入核销部40多人，通过商超内架设的摄像头，以人工的方式对商超内货架图像进行逐条逐张照片检查，再根据核销结果进行商品分拣摆放。这种方法存在以下三个明显问题。

(1) 人工核销速度慢，活动高峰期一天的量需要持续3～5天才能完成，导致对终端费用执行结果反馈慢，不能满足市场营销部门的快速反馈需求。

(2) 人工核销成本高，需要维持40多人的核销团队，并持续加班加点工作。

(3) 核销岗位面临招人困难、人工成本逐年增加等挑战。

8.3.2 解决方案

该公司最终选择了智能核销模式来实现终端费用执行的核销，结合摄像头采集到的门店的图片与商品检测算法，能够精准高效地识别出图片中的目标商品，进而统计出商品投放的数量、商品分销率、货架商品比例等结果，达到准实时的商品核销结果反馈，让市场人员能够在极短时间内掌握终端费用投放结果，及时调整商品投放计划并进行商品分拣摆放。

8.4 目标检测的实现原理

目标检测是最简单的计算机视觉任务，问题核心在于如何根据不同图像的内容，输出对应的类别。例如,辨别一只猫是否为一只猫,如图 8-6 所示,该问题对于人类来说可能非常简单,但是对于计算机来说,实现对应功能需要构建复杂的程序。

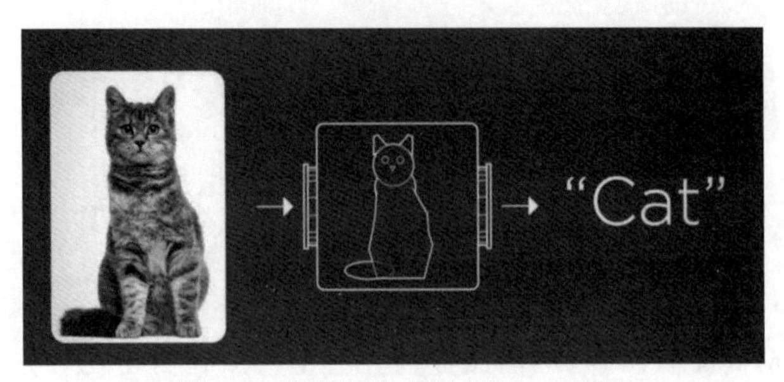

图 8-6 辨别一只猫是否为一只猫

目标检测是计算机视觉技术的核心,在实际生活中具有广泛的应用。传统的目标检测方法是通过特征描述及检测来工作的,然而这类传统方法只对一些简单的目标检测任务有效,例如,分辨物体的形状、颜色以及大小。而深度学习在目标检测中的应用,往往是通过卷积神经网络,在神经网络中经过多个不同尺度的卷积运算,提取图像不同尺度的特征,再结合激活函数和池化计算,得到每种类别的置信度,最后通过 Softmax 函数来归一化,然后输出图像内容是否为每个类别具体的概率,由此可以像人类一样,能够准确地分辨出具体的物品。目标检测的实现流程具体如图 8-7 所示,其包括如下几点。

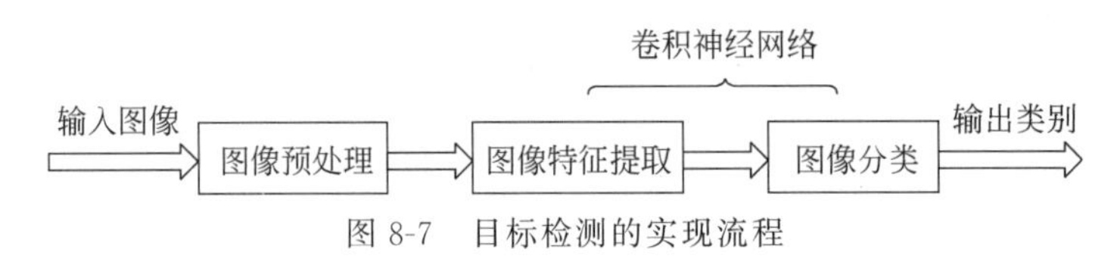

图 8-7 目标检测的实现流程

1. 图像预处理

在将图像传入卷积神经网络之前,为了更好地提取图像特征,需要对该图像进行预处理,其中包括对图像进行去噪、重新裁剪等操作,最后再将图像转换为张量,这是由于计算机无法像人眼一般直接读取图像信息,所以需要将图像转换为计算机能够读取的信息。

2. 卷积神经网络

卷积神经网络是目标检测的核心,如图 8-8 所示为一个经典的神经网络模型,它由图像特征提取模块和目标检测模块组成。

(1) 图像特征提取模块。

该模块通过尺度不同的卷积池化运算,提取图像的多尺度特征信息。一般来说,越靠前的卷积层提取到的信息越局部,越靠后的卷积层提取到的信息越接近全局的信息。

(2) 目标检测模块。

该模块将提取到的特征信息经过线性映射和激活函数 Softmax 归一化操作后,就能得到各个类别的概率分布。

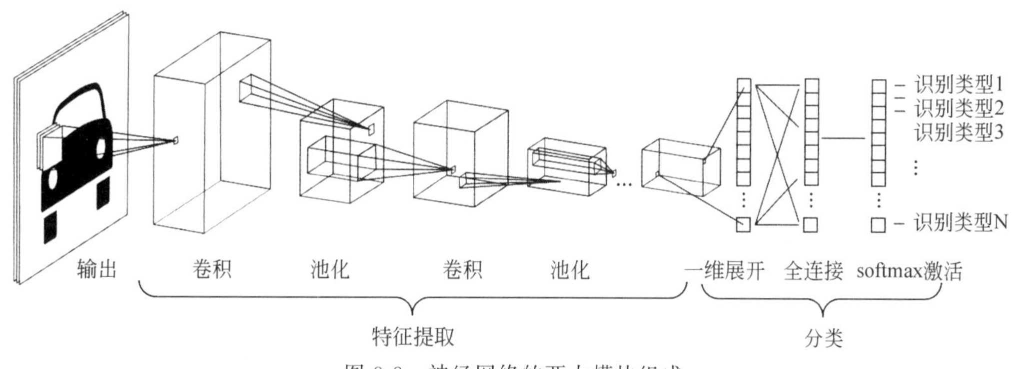

图 8-8 神经网络的两大模块组成

【案例实现】 基于目标检测的产品智能分拣系统搭建

在知识准备中,已经基本了解了产品智能分拣系统的意义与常用方法。在接下来的案例实现中,将围绕智慧零售场景下的商品智能分拣任务,使用人工智能边缘设备实现商品检测功能。

同时,本次案例实现任务可作为中国大学生计算机设计大赛人工智能挑战赛智慧零售挑战赛竞赛任务实现过程的参考。中国大学生计算机设计大赛人工智能挑战赛智慧零售挑战赛是由教育部高校与计算机相关教学指导委员会联合主办的国家一类(A类)赛事。

本次案例的实现思路如下。

(1) 模型训练环境准备。

(2) 目标检测数据采集。

(3) 迁移学习模型训练。

(4) 测试模型训练结果。

任务1: 模型训练环境准备

1. 创建交换空间

首先在人工智能边缘设备中为模型准备训练和运行环境。模型训练过程中会占用大量计算资源,为保证模型在训练过程中不会因为计算资源不足导致中途停止,需要在模型训练前准备足够的计算资源。通过以下代码创建模型训练空间。

```
sudo fallocate -l 4G /mnt/4GB.swap        #创建一个大小为 4GB 的文件
sudo mkswap /mnt/4GB.swap                 #在创建好的文件上建立交换分区
sudo swapon /mnt/4GB.swap                 #启用这个交换分区
```

上述代码中,sudo 是 Linux 系统管理指令,是允许系统管理员让普通用户执行一些或者全部的高级命令的一个工具。

接着在终端中输入以下代码,将交换空间挂载到人工智能边缘设备中。

```
sudo gedit /etc/fstab
```

/etc/fstab是用来存放文件系统的静态信息的文件,当系统启动的时候,系统会自动地从这个文件中读取信息,并且会自动将此文件中指定的文件系统挂载到指定的目录。接下来,在该文件的最后一行中添加以下代码,保证设备每次启动后都能挂载到该空间。

```
/mnt/4GB.swap none swap sw 0 0
```

效果如图8-9所示。

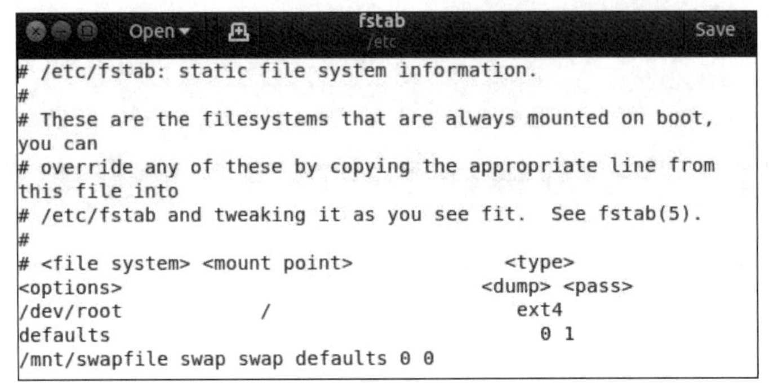

图8-9　添加设备启动后挂载到该空间的代码

2. 创建模型训练标签

本次任务将使用中国大学生计算机设计大赛人工智能挑战赛智慧零售挑战赛竞赛中提供的苹果(apple)、草莓(strawberry)、莲雾果(wax apple)三种商品目标作为检测目标类型,使用迁移学习方法,将开源大型目标检测型模型转换为高性能小模型。可参考本次案例任务训练得到可用于其他场景的目标检测模型。

接下来,创建模型训练过程中不可或缺的训练标签文件。首先,通过以下命令进入具体路径。

```
cd Desktop/projects/char8
```

通过以下命令创建本次任务对应文件夹并进入文件夹中。

```
mkdir retail
cd retail
```

在该文件路径下,通过以下代码创建模型训练标签文件。

```
gedit labels.txt
```

在文件中输入需要检测的目标标签,即苹果(apple)、草莓(strawberry)、莲雾果(wax apple)。不同标签按Enter键换行间隔。按Ctrl+S组合键或单击右上角的Save按钮进行保存。具体效果如图8-10所示。

图 8-10　设置目标标签名称

任务 2：检测目标数据采集

1. 启动图像采集工具

准备好模型训练环境后，接下来准备分类模型训练过程中需要的图像数据。在人工智能边缘设备中预置了图像采集工具，通过以下代码启动图像采集工具。

```
cd /jetson-inference/tools #启动相机捕获工具
camera-capture --width=800 --height=600 --camera=/dev/video0 #设定相机相关参
#数，相机显示界面宽为 800px，高为 600px，使用端口为 video0 的相机设备
```

打开图像采集工具后，右上角会弹出图像采集工具界面，右下角会出现相机实时视频流界面。图像采集工具界面如图 8-11 所示。

在 Dataset Type 栏单击下拉框，选择 Detection，如图 8-12 所示。

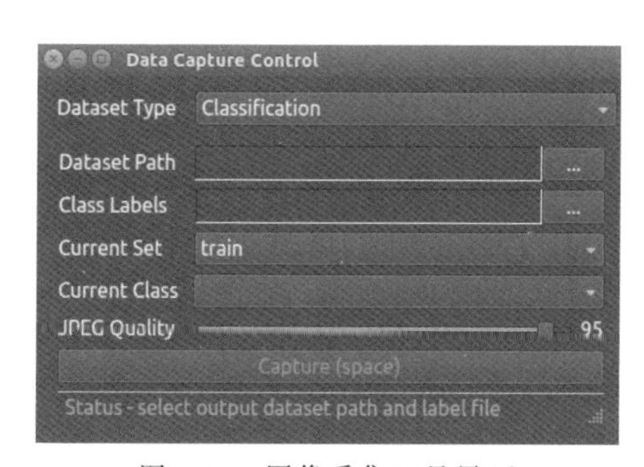

图 8-11　图像采集工具界面

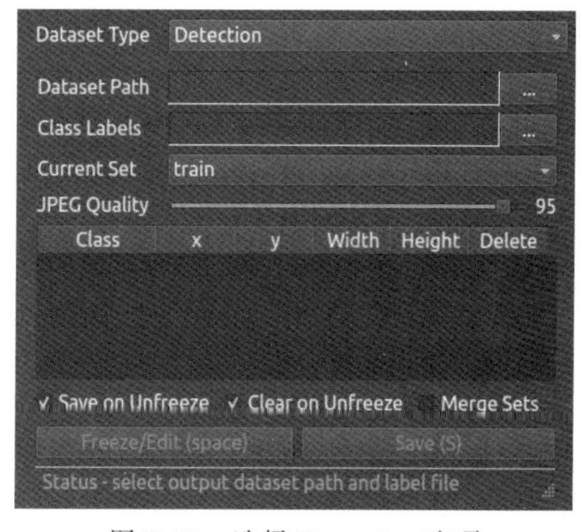

图 8-12　选择 Detection 选项

该工具中的参数及介绍如表 8-1 所示。

表 8-1　图像采集工具参数

参　数	介　绍
Dataset Type	数据集类型。该工具支持采集图像分类和目标检测两类数据集。默认值为 Classification，表示图像分类
Dataset Path	存放模型数据集的路径
Class Labels	存放模型标签的路径
Current Set	训练类别选择，是模型训练需要的三种数据集采集的类别，下拉框中有三个选项：train（训练集）、test（测试集）、val（验证集）

续表

参　　数	介　　绍
JPEG Quality	图像质量
Freeze/Edit(space)	单击该按钮或按空格键即可冻结该窗口进行数据标注

首先单击 Dataset Path 后方按钮,如图 8-13 所示。

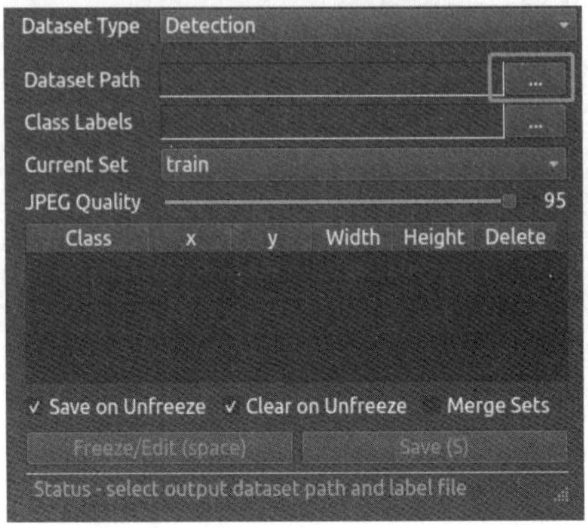

图 8-13　单击 Dataset Path 后方按钮

选择任务 1 中创建的图像数据集路径,如图 8-14 所示。

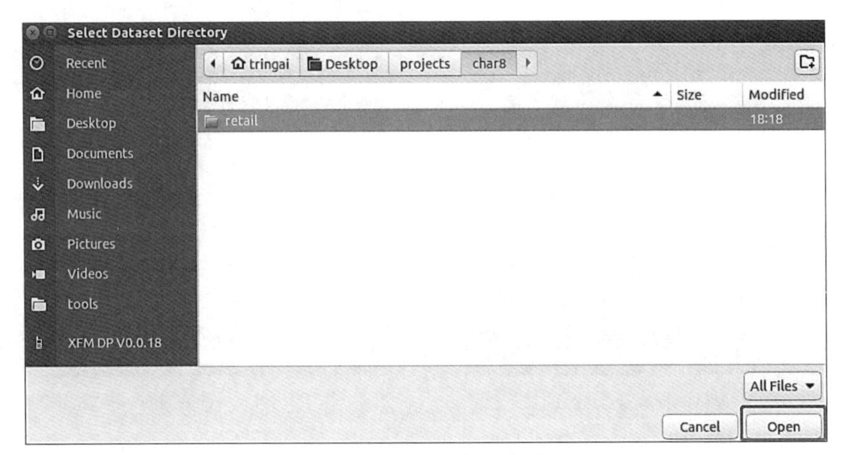

图 8-14　选择图像数据集路径

此时在 retail 文件夹中会自动新增 Annotations、JPEGImages 和 ImageSets 三个文件夹。接着单击 Class Labels 后方按钮,如图 8-15 所示。

选择任务 1 中准备的模型训练标签文件,如图 8-16 所示。

2. 图像数据与标注

接下来,选定一种数据类别和一种标签进行图像数据采集与标注。

本次任务中将标注苹果(apple)、草莓(strawberry)、莲雾果(wax apple)三种商品目标的图像数据。由于在商品检测场景下,存在多种商品同时存在的情况,即多目标检测识别任

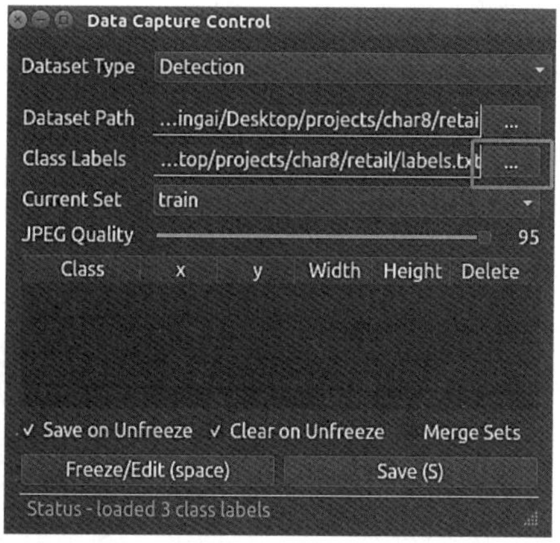

图 8-15　单击 Class Labels 后方按钮

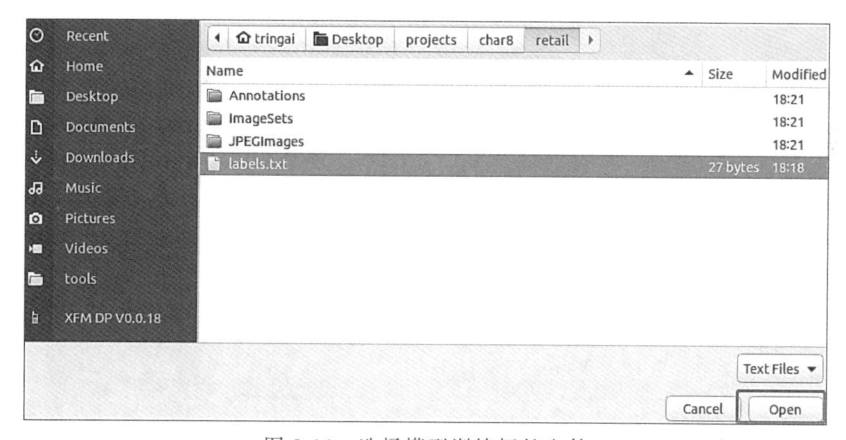

图 8-16　选择模型训练标签文件

务，因此需要采集单目标图像数据和多目标数据。

在本任务中，将采集以下 7 种类型的图像数据。

(1) 只有苹果的图像。

(2) 只有草莓的图像。

(3) 只有莲雾果的图像。

(4) 苹果和草莓同时存在的图像。

(5) 草莓和莲雾果同时存在的图像。

(6) 苹果和莲雾果同时存在的图像。

(7) 苹果、草莓和莲雾果同时存在的图像。

每种类型大约采集 10 张图像数据作为 train 训练集图片，5 张图像数据作为 test 测试集图片，3 张图像数据作为 val 验证集图片。数据集的大小会对模型的大小、精度、训练时间等存在影响。本次任务中采集的图像数据量较少，在实际应用时样本数量可依据实际情况进行增加或减少。

首先采集只有苹果的图像。如图 8-17 所示设置，表示将采集到的图像数据将存放至 train(训练)数据集中。

单击 Freeze/Edit(space)按钮或按空格键,冻结视频窗口,如图 8-18 所示。

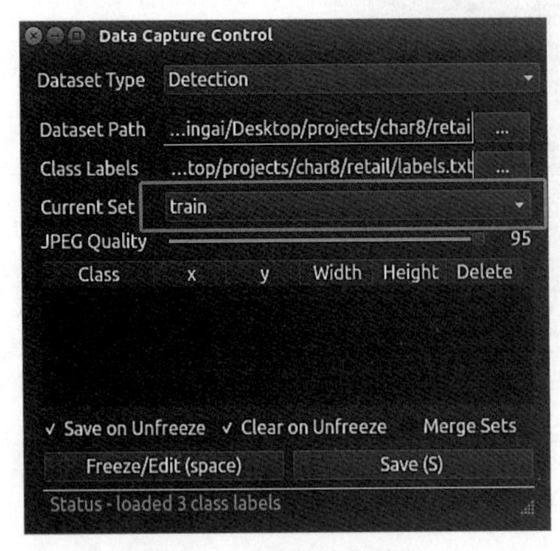

图 8-17 设置采集路径

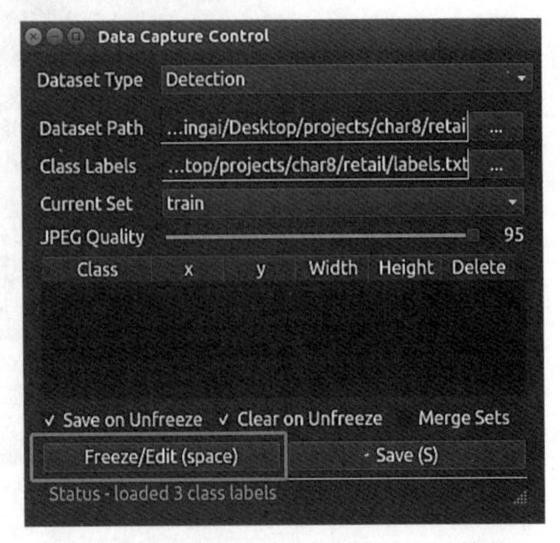

图 8-18 单击 Freeze/Edit(space)按钮

在视频画面中,使用鼠标左键拉动标注框,框选苹果数据目标,如图 8-19 所示。

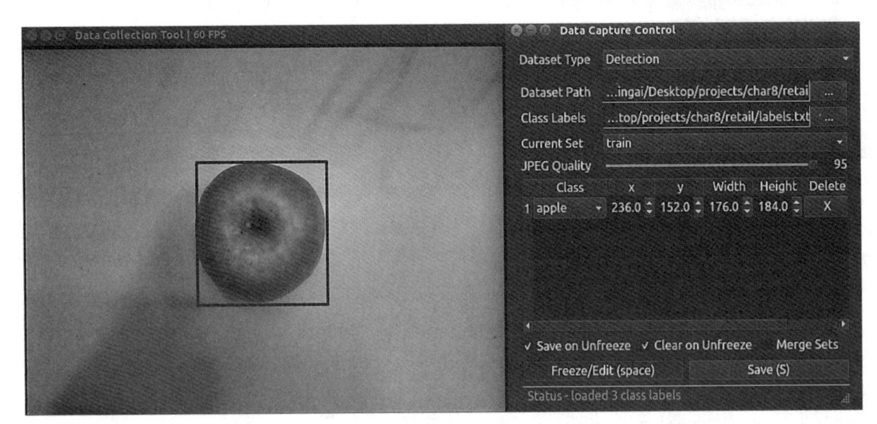

图 8-19 框选苹果数据目标

需要注意的是,在进行图像数据采集时,以尽可能还原真实场景为数据采集原则,尽可能多地采集不同角度、不同光线场景下的目标图像数据,以提高模型应用效果。

在进行图像数据标注时,标注框紧贴目标数据轮廓。图像采集工具中,标注框相关参数说明如下。

(1) Class 代表当前标注的数据类型,本任务中包含的数据类型包括果(apple)、草莓(strawberry)、莲雾果(wax apple)三种。

(2) x 表示标注框的横向位置,图像采集工具以视频界面左上角为原点建立直角坐标系,增加该数值标注框将向右移动。

(3) y 表示标注框的纵向位置,增加该数值标注框将向下移动。

(4) Width 表示标注框的宽值,Height 表示标注框的高值。

再次单击 Freeze/Edit(space)按钮或按空格键,解冻视频窗口,视频界面恢复实时视频流图像,此时,JPEGImages、Annotations 和 ImageSets 三个文件夹中会自动更新信息。其中,JPEGImages 文件夹将用于存放采集到的图像数据,如图 8-20 所示,根据图像拍摄的时间命名。

图 8-20　JPEGImages 文件夹内容

Annotations 文件夹将用于存放图像的标注数据，打开图像对应的 XML 标签文件，其中将包含标注的类型、标注框的位置等信息。具体内容如图 8-21 所示。

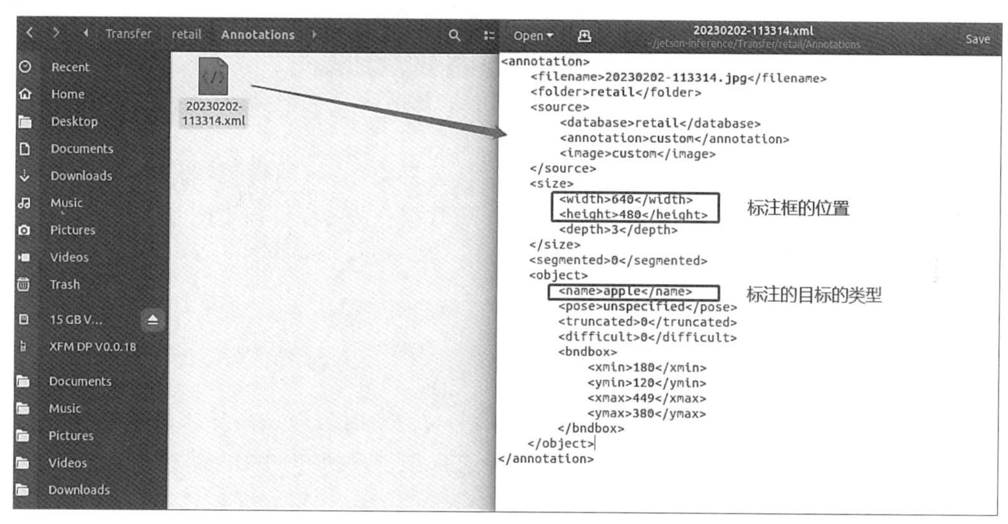

图 8-21　XML 标签文件内容

ImageSets 文件夹中的内容将用于模型训练时建立图像数据和标注数据的匹配索引。

在进行多目标标注时，通过对图像采集工具中的标注框相关参数进行调整，对目标进行标注，具体效果如图 8-22 所示。

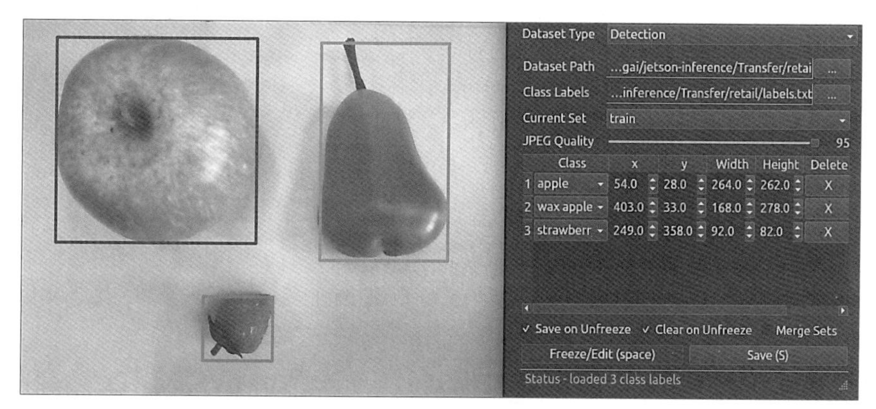

图 8-22　标注目标对象

单击 Current Set 后的下拉框即可选择数据类型，如图 8-23 所示。

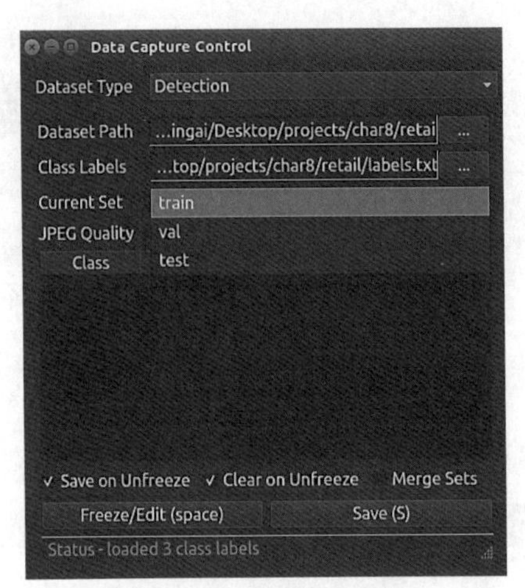

图 8-23 选择数据类型

依次对上述 7 种类型的目标进行图像采集，大约采集 10 张图像数据作为 train 训练集图片，5 张图像数据作为 test 测试集图片，3 张图像数据作为 val 验证集图片。

任务 3：迁移学习模型训练

1. 模型训练

图像数据采集完成后，接下来进行模型训练。人工智能边缘设备中已经预置了基于迁移学习的目标检测模型训练程序，通过以下命令进入该程序所在的文件路径中。

```
cd jetson-inference/python/training/detection/ssd
```

通过以下命令启动模型训练程序。

```
python3 train_ssd.py --dataset-type=voc --data=/home/tringai/Desktop/projects/char8/retail --model-dir=/home/tringai/Desktop/projects/char8/retail --batch-size=4 --epochs=30
```

python3 train_ssd.py 表示使用 Python 3 执行 train_ssd.py 程序。train_ssd.py 为基于迁移学习的目标检测模型训练程序，是由 Python 3 语言编写，该程序使用的教师模型为深度学习模型 mobilenet，是由 Google 团队在 2017 年提出的，专注于边缘边缘设备中的轻量级 CNN 网络，能够在准确率小幅降低的前提下大大减少模型参数与运算量，减少设备计算负载。

dataset-type 表示训练使用的数据集类型，本案例中使用的是 VOC 格式的数据集结构，其结构包含 Annotations、JPEGImages 和 ImageSets 三个文件夹。

训练过程可在后台中查看。如图 8-24 所示，“Epoch”表示训练的轮次，每一个训练轮次都会将该轮次得到的模型进行保存，得到的模型文件为图中后缀为“.pth”的文件。本次任务中将对模型进行 30 轮训练，训练总时长在 10min 左右。

模型训练完成后，将在 retail 文件夹中生成 30 个模型文件，如图 8-25 所示。每个模型

```
2023-02-02 19:32:31 - Epoch: 28, Training Loss: 2.9150, Training Regression Loss
 0.8803, Training Classification Loss: 2.0347
2023-02-02 19:32:32 - Epoch: 28, Validation Loss: 1.6409, Validation Regression
Loss 0.4249, Validation Classification Loss: 1.2160
2023-02-02 19:32:33 - Saved model /home/tringai/jetson-inference/Transfer/retail
/mb1-ssd-Epoch-28-Loss-1.6408972144126892.pth
2023-02-02 19:32:38 - Epoch: 29, Training Loss: 2.2934, Training Regression Loss
```

图 8-24　训练过程的输出内容

文件名中均包含“Loss”值，“Loss”表示模型损失值，即使用测试集进行测试时，预测得到的目标类型与真实目标类型不一致的程度，该值越小，代表测试过程中模型表现的性能越好。

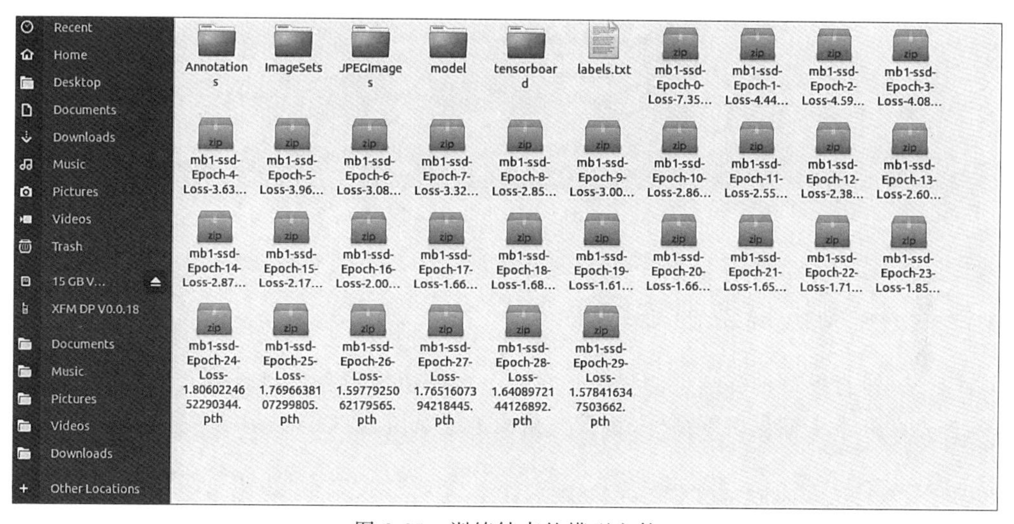

图 8-25　训练结束的模型文件

2. 模型导出

新建一个 model 文件，挑选 Loss 值最小的模型文件，与 labels.txt 文件一同存放至该文件夹。在 labels.txt 文件中加入一行“BACKGROUND”用于模型检测无目标物体时不错误显示。模型导出效果如图 8-26 所示。

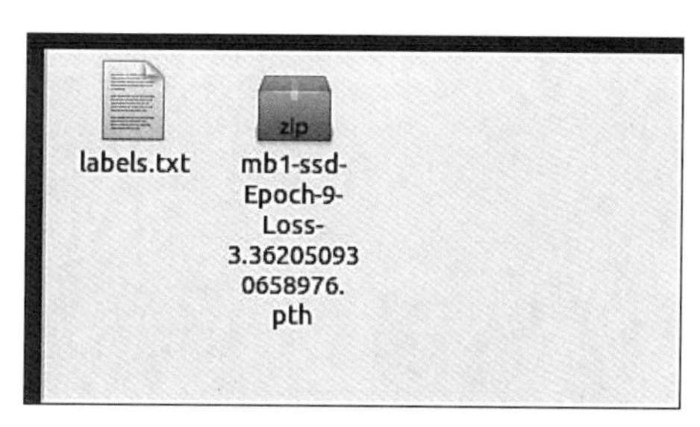

图 8-26　模型导出效果

接下来，需要将模型结合参数文件进行导出。人工智能边缘设备中预置了导出程序，通过以下命令进入该程序所在的文件路径中。

```
cd jetson-inference/python/training/detection/ssd
```

通过以下命令启动模型导出程序。

```
python3 onnx_export.py --model-dir=/home/tringai/Desktop/projects/char8/
retail/model
```

其中,onnx_export.py 为模型导出程序,model-dir 为模型导出存放的路径。

导出的结果如图 8-27 所示,其中新增的 ssd-mobilenet.onnx 为导出的模型文件。

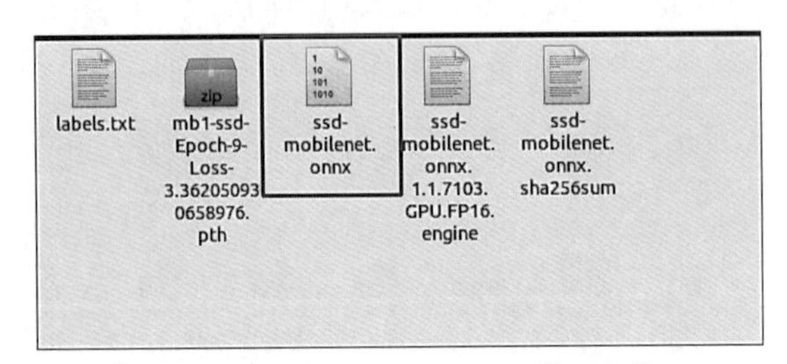

图 8-27　ssd-mobilenet.onnx 模型文件

任务 4：测试模型训练结果

接下来,进行模型训练结果的测试。在人工智能边缘设备中已经预置了模型调用测试程序,首先在终端中输入以下命令,将模型路径地址赋值为 NET。

```
NET=/home/tringai/Desktop/projects/char8/retail/model
```

接着通过以下命令,执行模型推理程序 detectnet。

```
detectnet --model=$NET/ssd-mobilenet.onnx --labels=$NET/labels.txt \
        --input-blob=input_0 --output-cvg=scores --output-bbox=boxes \
          /dev/video0
```

其中,"$NET"表示引用了 NET 的赋值;"\"表示在终端命令中进行换行。运行结果如图 8-28 所示。

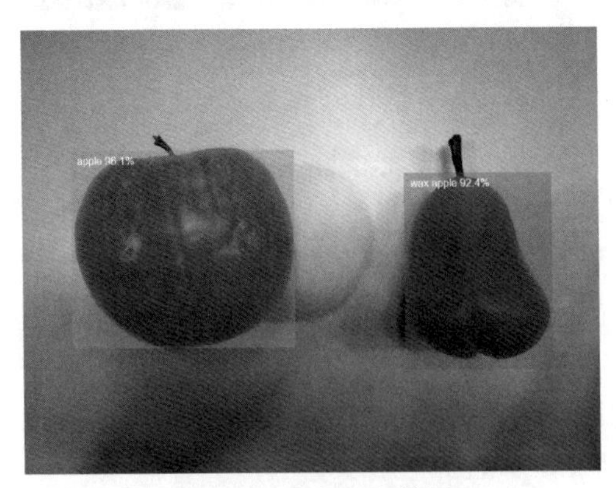

图 8-28　程序运行结果

该程序为实时检测，将视频流中的目标对象进行标记，标记结果中包含标注框、目标类别和预测为该目标类型的置信度。

【模块小结】

本模块首先介绍了在当今智能化时代到来时，生产制造业兴起的智慧革命，也即产品智能分拣系统的诞生，还阐述了该系统的特点以及对于其应用领域中相关行业发展的意义。还介绍了如今产品智能分拣系统的常用方法，如条形码识别、RFID射频识别、图像识别等，也通过某公司边缘设备的应用案例，来进一步加深对图像识别应用方法的掌握。然后进一步深入剖析目标检测的实现原理及逻辑，并基于所学知识去了解和掌握如何搭建一个产品智能分拣系统。

【知识拓展】　智能分拣系统助力物流体系建设

产品智能分拣系统不仅在生产制造业有着举足轻重的位置，而且在蓬勃发展的物流业也占据着难以估量的市场。《国家物流枢纽布局和建设规划》提出，到2025年，要“推动全社会物流总费用与GDP比率下降至12%左右”。经济转型升级阶段，仅依靠降低成本与扩大销售难以保持利润，物流逐渐成为“第三利润源”。通过使用机器视觉识别、物联网新技术等现代科技武装的智能分拣系统可降低物流边际成本，提高国民经济运行效率和质量，在我国经济转型升级阶段具有重大意义。

【课后实训】

（1）以下哪个不是智能分拣系统的优点？（　　）【单选题】

A. 高效率

B. 准确率高

C. 无人化

D. 增加作业人员数量

（2）以下哪些是智能分拣系统常用方法？（　　）【多选题】

A. 条形码识别

B. 目标检测识别

C. 射频技术识别

D. 人工挑拣

（3）智能分拣系统是人力资源密集型产业向自动化与智能化产业转型的重要标志。（　　）【判断题】

模块9 产品质量检测系统搭建

理论讲解

近年来，世界各国相继对制造业进行了产业升级，《"十四五"智能制造发展规划》提出推动智能制造在我国制造业的全方面应用，为传统制造业注入创新活力。制造业在我国既是国民社会经济中的支柱产业，也是我国推动创新以及产业升级的主战场。对于一个企业来说，产品质量是企业发展和竞争的基石，提高产品的质量对于企业十分重要。因此，在众多的工业领域，产品质量检测已经吸引了大量的研究人员对其进行深入的研究。

【模块描述】

在本模块中，将阐述产品质量检测系统的背景和意义，同时介绍产品质量检测系统的常用方法和边缘设备行业应用案例，加深读者对产品质量检测系统的了解。并且，基于计算机视觉的基本任务即目标检测，讲解产品质量检测系统的实现流程，在熟悉相关知识之后，将通过开展"基于目标检测的 PCB 缺陷检测系统"项目实训，进一步掌握目标检测的应用方法，并且学习应用在其他领域。

【学习目标】

知识目标	能力目标	素质目标
(1) 了解产品质量检测系统的背景及其意义。 (2) 了解产品质量检测的行业应用案例。 (3) 了解产品质量检测系统的常用方法。 (4) 熟悉目标检测的实现原理。	(1) 能够充分理解目标检测基本原理以及实现逻辑。 (2) 能够独立开发基于目标检测的 PCB 缺陷检测系统。 (3) 能够将此技术应用于不同行业领域。	(1) 通过基于目标检测的 PCB 缺陷检测系统案例，发扬科技创新精神，把握时代内涵。 (2) 通过本模块的学习，强调智能制造对经济发展的重要性。

【课程思政】

介绍相关技术在产品生产过程中的质量控制方面的应用时，可以突出技术对产品质量和安全的重要保障作用，引导学生思考技术应用的社会效益和公共利益。

【知识框架】

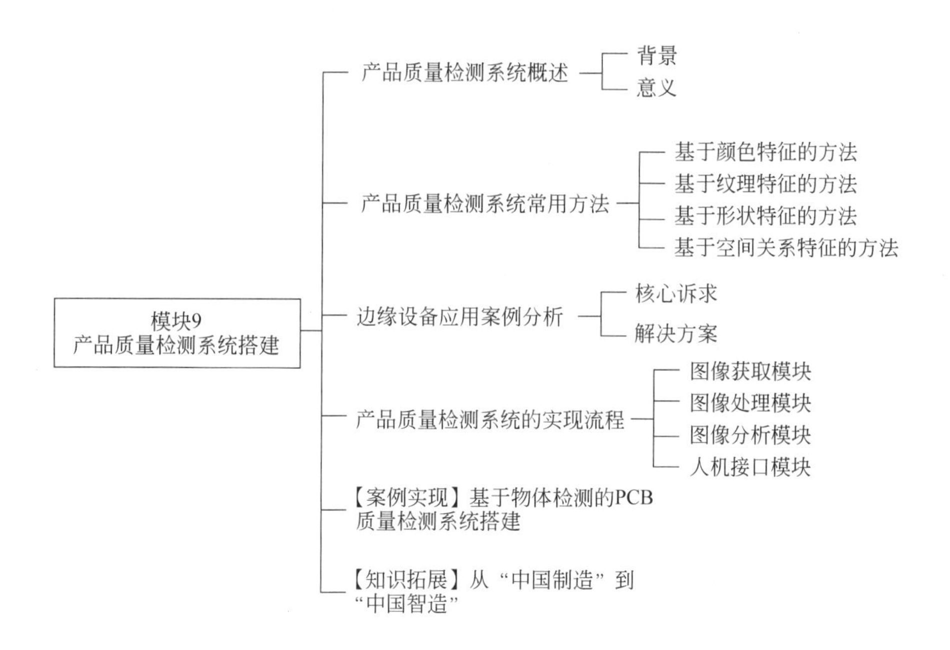

【知识准备】

9.1　产品质量检测系统概述

产品质量检测系统是一个基于机器视觉的现代智能检测系统，主要由目标检测装置组成。系统作业时，目标检测装置通过摄像头等传感器来检测运输链上产品表面的瑕疵。产品质量检测系统现已广泛地应用于各个行业的产品质量检测环节中，是产品瑕疵自动检测的重要组成部分。

9.1.1　背景

随着工业生产和工艺的进步，人们对产品的质量要求越来越高，目前，产品质量检测方法大多采用人工检测。由于人工质量检测工作难度大，容易产生漏检或误检。传统的人工检测方法已成为工业检测行业发展的一个关键性制约因素。为了进一步提升产品质量检测的自动化程度，研究人员使用机器学习或者深度学习算法来进行检测，这类方法已经成为新的发展方向。

近年来，迅速发展的机器视觉技术越来越广泛地应用于产品质量检测，检测速度和检测精度得到了飞速的提升。在工业生产过程中，由人工来做测量和判断会因为疲劳、操作人员个体差异等产生误差和错误，通过机器视觉来模拟人眼来进行产品的质量检测能够有效提高检测效率和准确率，能够很方便地区分出有缺陷的区域和没有缺陷的区域。因此，研究基于机器视觉的产品质量检测系统对发展智能生产线有着至关重要的作用，也是我国工业生产智能制造的关键一步。

9.1.2 意义

目前国内外工业领域生产线上产品的检测仍靠人工检测来完成,这极大地影响了产品的生产效率。传统的人工检测相对简单,但是在实际使用中存在很多无法控制的因素。首先,人工检测的判断标准受检测员工的主观影响较大,而产品的检测需要遵循统一的标准;其次,如果人眼长时间工作会产生疲劳则会造成错检漏检,从而导致产品缺陷检测的不可靠性增加;然后,对于微小的和区别不明显的缺陷或者复杂的图案,产品的缺陷检测或瑕疵的完全检测难以实现;另外,人眼无法适应高速生产产品质量检测的实时性,无法实现高效率大批量生产。

基于机器视觉的产品质量检测系统可以有效处理以上问题。如图 9-1 所示,基于机器视觉的产品质量检测系统具有非接触、高精度、自动化和智能化等特点。该系统中只有摄像头等机械装置暴露于工作环境中,不仅实现了高精度检测,还体现了保护工人的安全价值。例如,高温、多尘或者辐射强度大等比较恶劣的环境下,长时间在场工作有损工人的身体健康。而产品质量检测系统避免了工人直接进入检测环境的不利情况,使得在提高生产效率的前提下也保障了工作人员的人身安全。

图 9-1 产品质量检测系统作业

9.2 产品质量检测系统常用方法

基于机器视觉的产品质量检测方法在各个行业应用广泛。从特征提取层面对产品质量进行区分,根据特征的不同,主要分为 4 类:基于颜色特征的方法、基于纹理特征的方法、基于形状特征的方法和基于空间关系特征的方法。

9.2.1 基于颜色特征的方法

颜色特征是一种全局特征,描述了图像或图像区域所对应的物体的表面性质。一般来说,颜色特征是基于像素点的特征,此时所有属于图像或图像区域的像素都有各自的贡献。

颜色直方图是最常用的表达颜色特征的方法,如图 9-2 所示,其优点是不受图像旋转和平移变化的影响,进一步借助归一化还可不受图像尺度变化的影响。

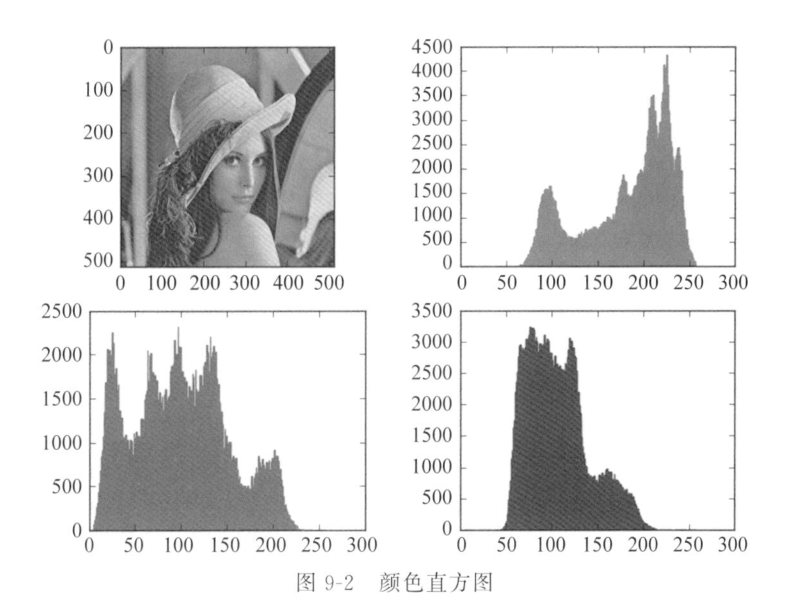

图 9-2　颜色直方图

但由于颜色对图像中目标的方向、大小等变化不敏感，所以基于颜色特征的方法不能很好地捕捉图像中对象的局部特征。

9.2.2　基于纹理特征的方法

纹理特征是一种全局特征，它描述了图像或图像区域所对应物体的表面性质，如图 9-3 所示。与颜色特征不同，纹理特征不是基于像素点的特征，它需要在包含多个像素点的区域中进行统计计算。在模式匹配(在目标中寻找一个给定的模式的过程)中，这种区域性的特征具有较大的优越性，不会由于局部的偏差而无法匹配成功。作为一种统计特征，纹理特征常具有旋转不变性，并且对于图像噪声有较强的抵抗能力。

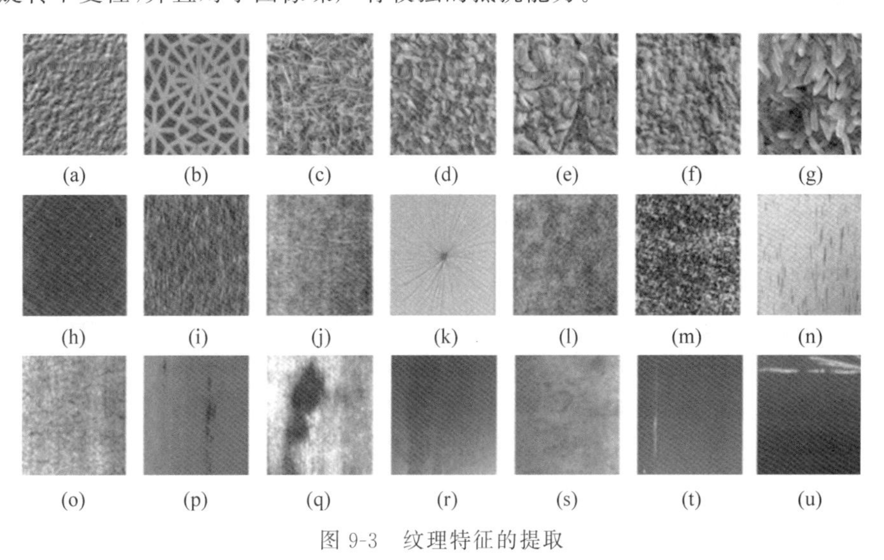

图 9-3　纹理特征的提取

但由于纹理只是一种产品表面的特性，并不能完全反映出物体的本质属性，所以基于纹理特征的产品质检方法也有其缺点,当图像的分辨率发生变化的时候,所计算出来的纹理可能会有较大偏差。另外,由于在产品质检的过程中,有可能受到环境因素的影响,如光照、反射等因素,使得从二维图像中反映出来的纹理不一定是三维物体表面真实的纹理。例如,水中的倒影、光滑的金属面互相反射造成的影响等都会导致纹理的变化。由于这些不是物体本身的特性,因而将纹理信息应用于检索时,有时这些虚假的纹理会对检索造成"误导"。

在分辨具有粗细、疏密等方面较大差别的纹理图像时,利用纹理特征是一种有效的方法。但当纹理之间的粗细、疏密等易于分辨的信息之间相差不大的时候,基于纹理特征的方法就很难准确地反映出不同纹理之间的差别。

9.2.3 基于形状特征的方法

形状通常与图像中的特定目标对象有关,是人们的视觉系统对目标的最初认识,有一定的语义信息,被认为是比颜色特征和纹理特征更高一层的特征。基于形状特征的方法有效地利用图像中感兴趣的目标进行检索,如图 9-4 所示。

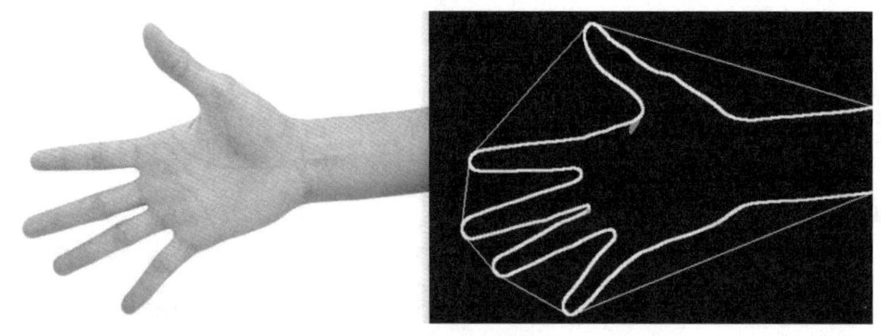

图 9-4 形状特征提取

形状特征也有其限制性。

(1) 目前基于形状的检索方法还缺乏比较完善的数学模型。

(2) 如果目标有变形时检索结果往往不太可靠。

(3) 许多形状特征仅描述了目标局部的性质,要全面描述目标常对计算时间和存储量有较高的要求。

(4) 许多形状特征所反映的目标形状信息与人的直观感觉不完全一致,或者说,特征空间的相似性与人视觉系统感受到的相似性有差别。

另外,从二维图像中表现的三维物体实际上只是物体在空间某一平面的投影,从二维图像中反映出来的形状常不是三维物体真实的形状,由于视点的变化,可能会产生各种失真。

9.2.4 基于空间关系特征的方法

空间关系,是指图像中分割出来的多个目标之间的相互的空间位置或相对方向关系,这些关系也可分为连接或邻接关系、交叠或重叠关系和包含/包容关系等,如图 9-5 所示。通常,空间位置信息可以分为两类:相对空间位置信息和绝对空间位置信息。前一种关系强调的是目标之间的相对情况,如上下左右关系等;后一种关系强调的是目标之间的距离大小以及方位。显而易见,由绝对空间位置可推出相对空间位置,但表达相对空间位置信息常比较简单。

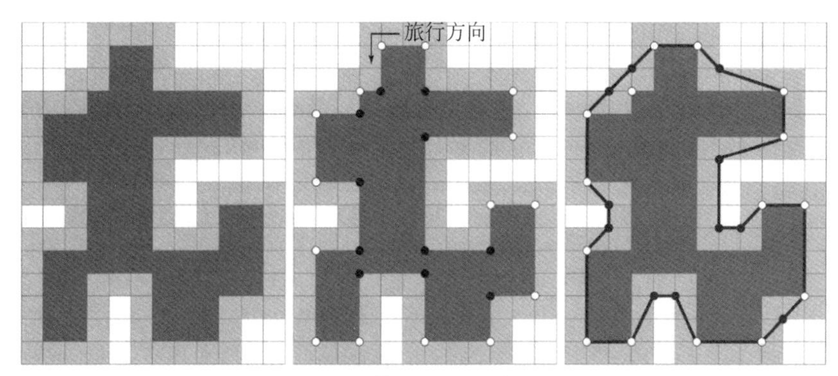

图 9-5 图像空间关系特征提取

提取图像空间关系特征可以有两种方法：一种方法是首先对图像进行自动分割，划分出图像中所包含的对象或颜色区域，然后根据这些区域提取图像特征，并建立索引；另一种方法则简单地将图像均匀地划分为若干规则子块，然后对每个图像子块提取特征，并建立索引。

基于空间关系特征的方法可以加强对图像内容的描述区分能力，但空间关系特征常对图像或目标的旋转、反转、尺度变化等比较敏感。另外，在实际应用中，仅利用空间信息往往是不够的，不能有效准确地表达场景信息。为了检索，除使用空间关系特征外，还需要其他特征来配合。

9.3 边缘设备应用案例分析

9.3.1 核心诉求

某生产公司的喷油器阀座瑕疵检测每日平均需求为4000～6000件，峰值为每日12 000件，目前只能通过肉眼来实现判断。目前，基于人工的产品质检工序需由熟练操作的工人付出4～7人每班的复核人力，如按每天3个班次计算，视觉判断工序人力成本将达到每年60万，是全公司投入产出比最低的工序。不仅如此，由于工人们经验的差异，检测出来的产品质量也良莠不齐。所以，该公司希望尽早借助人工智能技术释放一部分人力，以便提升质检的审核效率。

分析其核心诉求，该公司所需要解决的主要问题包括以下三点。

1. 人工检测成本高且效率低

该公司目前的质检方式是由工作人员通过肉眼对产品质量进行判断，这对质检人员的专业素质要求较高，需进行大量的人员岗前培训，这就使得公司需要付出更多的人力成本，间接导致了人力资源利用率降低。同时，由于工作人员无法长时间作业，质检效率也会随着时间的增长而降低。

2. 人工检测标准不一

通过人工长时间、大批量的流水检测来判断工业产品的质量,这样的方式受人工经验和主观因素的影响大,从而会出现判断结果不一样的情况,进而导致了产品质量标准并不统一。由于产品质量标准不统一,产品的相关信息不能十分完整,这将不利于后续产品销售等工作的开展。

3. 人工检测具有局限性

该公司有两道产品质检工序,若每个质检环节都需要大量人工参与,除劳动力成本的提高之外,还需要投入大量的人员管理成本和土地成本等,这显然不利于产业结构的优化。

9.3.2 解决方案

面对核心诉求,基于机器视觉的产品质量检测系统成为解决问题的关键。搭载目标检测装置的产品质量检测系统通过机器装载的摄像头实时捕捉样品的图像,并将待测样品图像传入系统中,再返回相应的处理结果,最后由自动化系统将样品进行分类流转。通过上述自动化检测流程识别出的喷油嘴阀座的相关问题:黑点(black)、瑕疵(defect)、划痕(scratch),如图 9-6 所示,这些缺陷就能够快速且准确地找到。

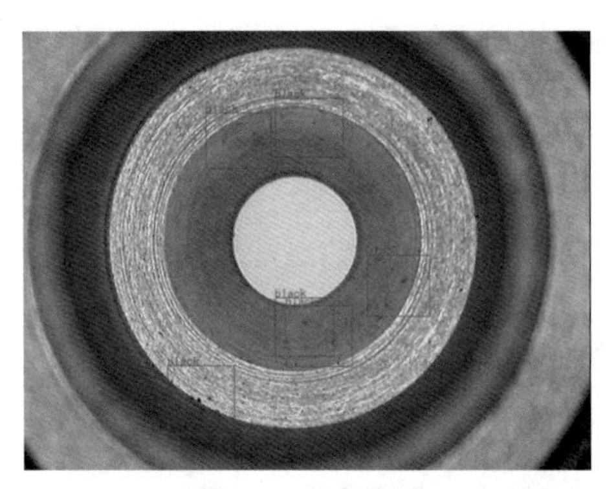

图 9-6 瑕疵检测

基于机器视觉的产品质量检测系统具有以下优点。

1. 成本低且效率高

产品质量检测系统有着独特于人工检测的特点,如自动化、效率高等,该系统的运用释放了大部分人工质检线上的人力,充分利用了人力资源,并且节约了每年近 60 万的劳动力成本,而且高效的目标检测装置将质检效率整体提高 30%,很大程度上缓解了人工质检效率低下的现状。

2. 统一质量合格标准

产品质量检测系统不再拥有人工质检的主观性,通过目标检测装置能够客观地检测出产品的瑕疵,排除了工作人员的疏忽或劳累等外界因素,还为产品的合格质量统一标准。

不仅如此，得益于精湛的目标检测算法，零件瑕疵的误检率降低了92%，因为机器视觉对于图片细粒性十分敏感，可以发现人眼所无法观测的微小瑕疵，这将极大程度地提高产品的优质率。

3. 部署方便

产品质量检测系统只需少量技术人员的操作即可快速地部署在质检流水线上而不需要占用过多的土地资源和人力资源。对于多道质检工序，也只需根据不同的任务需求部署不同的产品质量检测系统，充分体现了该系统的便捷性和即插即用的特点。

9.4 产品质量检测系统的实现流程

产品质量检测系统，如图9-7所示，主要包括图像获取模块、图像处理模块、图像分析模块、数据管理及人机接口模块。

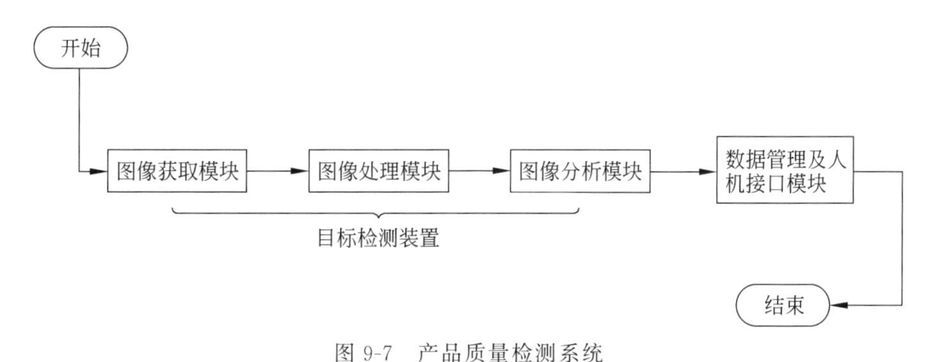

图9-7　产品质量检测系统

9.4.1 图像获取模块

图像获取模块由工业相机、光学镜头、光源及其夹持装置等组成，其功能是完成产品表面图像的采集。在光源的照明下，通过光学镜头将产品表面成像于相机传感器上，光信号先转换成电信号，进而转换成计算机能处理的数字信号。

9.4.2 图像处理模块

图像处理模块如图9-8所示，主要涉及图像去噪、图像增强与复原和缺陷检测。

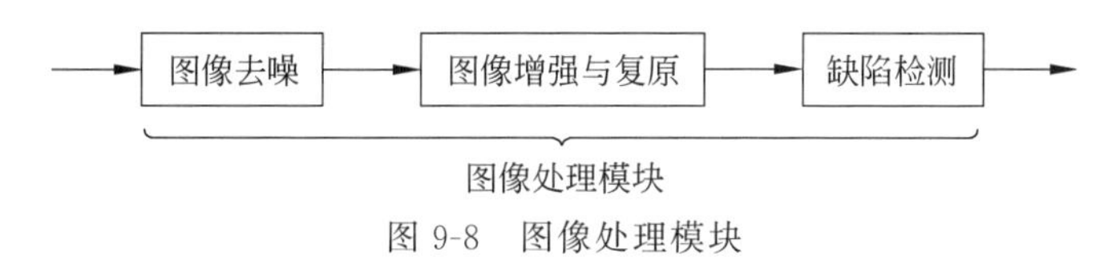

图9-8　图像处理模块

(1) 图像去噪是去除外界因素对图像的噪声影响，由于现场环境、传输电路及电子元件都会使图像产生噪声，这些噪声降低了图像的质量从而对图像的处理和分析带来不良影响，所以要对图像进行预处理以去噪。

(2) 图像增强与复原是针对给定图像的应用场合,有目的地增强图像的整体或局部特性,将原来不清晰的图像变得清晰或强调某些感兴趣的特征,扩大图像中不同物体特征之间的差别,抑制不感兴趣的特征,使之改善图像质量、丰富信息量,加强图像识别效果的图像处理方法。

(3) 图像复原是通过计算机处理,对质量下降的图像加以重建或复原的处理过程,如加性噪声的消除、运动模糊的复原等。

(4) 缺陷检测是通过目标检测算法将产品缺陷的位置进行具体的定位。

9.4.3 图像分析模块

图像分析模块,如图 9-9 所示,主要涉及特征提取、特征选择和图像识别。

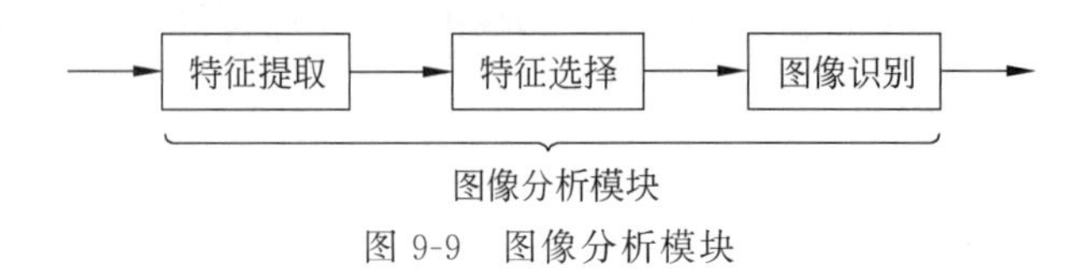

图 9-9 图像分析模块

(1) 特征提取的作用是从图像像素中提取可以描述目标特性的信息,把不同目标间的信息差异映射到低维的特征空间,从而有利于压缩数据量、提高识别率。

(2) 表面缺陷检测通常提取的特征有纹理特征、几何形状特征、颜色特征、变换系数特征等,用这些多信息融合的特征向量来可靠地区分不同类型的缺陷;这些特征之间一般存在冗余信息,即并不能保证特征集是最优的,好的特征集应具备简约性和鲁棒性,为此,还需要进一步从特征集中选择更有利于分类的特征,即特征的选择。

(3) 图像识别主要根据提取的特征集来训练分类器,使其对表面缺陷类型进行正确地分类识别。

9.4.4 人机接口模块

人机接口模块可在显示器上立即显示缺陷类型、位置、形状、大小,对图像进行存储、查询、统计等。

实操讲解

【案例实现】 基于物体检测的 PCB 质量检测系统搭建

基于模块描述与知识准备的内容,基本了解了产品质量检测系统的常用方法、边缘设备的相关应用案例及实现流程。为了能够在边缘计算设备中实现 PCB 质量检测系统的部署,需要在边缘设备中搭建相关环境,并通过相关代码对部署模型进行调用预测,实现对指定 PCB 图像的质量检测。

PCB 质量检测模型能够对 PCB 图像中产品质量问题进行检测,包括“missing_hole”“mouse_bite”“open_circuit”“short”“spur”“spurious_copper”6 种瑕疵类型,分别对应“缺失”“鼠咬”“开路”“短路”“毛刺”“假铜”。

接下来，将在边缘设备中搭建模型部署环境，并通过编写相关代码调用模型实现预测，最终实现启动程序，程序能够调用模型实现 PCB 质量检测，返回 PCB 质量检测的结果，包括检测出瑕疵类型、标签 ID、置信度以及检测框的坐标信息，并将检测结果进行保存和显示。

本次案例实训的思路如下。

（1）PCB 质量检测模型部署格式导出。连接边缘设备，进入指定文件夹，打开终端执行模型部署格式导出命令，将 PCB 质量检测模型转为部署格式，用于后续部署预测。

（2）PCB 质量检测模型部署环境编译。对相应的配置文件进行修改，并启动环境编译，获得模型预测可执行程序，用于后续执行预测。

（3）PCB 质量检测部署格式模型性能预测。编写代码调用导出的部署格式 PCB 质量检测模型，对 PCB 图像进行预测，检测模型的预测性能效果，并将检测结果进行输出和可视化。

（4）PCB 质量检测部署格式模型命令行部署预测。通过终端命令行调用导出的 PCB 质量检测部署格式模型，对指定 PCB 图像进行检测，并将检测结果进行保存。

任务 1：PCB 质量检测模型部署格式导出

接通边缘设备电源，通过本地连接或者远程连接的方式进入边缘设备的桌面，在边缘设备的桌面中单击右键，选择 Open Terminal 选项打开终端命令行，如图 9-10 所示。

图 9-10　打开终端命令行

在终端命令行中输入以下命令，切换到本次案例对应的文件夹。

```
cd Desktop/projects/char9/
```

切换到对应文件夹下，通过 ls 命令即可查看本次案例所需的文件，其中，data 文件夹下存放着用于预测的 PCB 图像，model 文件夹下存放着已经训练完成的 PCB 质量检测模型，

PaddleX 文件夹、fluid_inference.tar.gz 文件和 yaml-cpp.zip 为环境编译所需的文件，如图 9-11 所示。

```
tringai@tringai: ~/Desktop/projects/char9
tringai@tringai:~$ cd Desktop/projects/char9/
tringai@tringai:~/Desktop/projects/char9$ ls
data  fluid_inference.tar.gz  model  PaddleX  yaml-cpp.zip
tringai@tringai:~/Desktop/projects/char9$
```

图 9-11　查看案例所需文件

接下来，将 PCB 质量检测模型导出为部署格式，用于后续模型部署及预测。本次案例使用的 PCB 质量检测模型由 PaddleX 训练得到，因此可以直接在终端命令行中使用 PaddleX 相关命令将模型导出为部署格式，导出命令如下。

```
paddlex --export_inference --model_dir=./model --save_dir=./inference_model
```

其中，模型导出命令可选参数及说明如表 9-1 所示。

表 9-1　模型导出命令可选参数及说明

参　　数	说　　明
--export_inference	是否将模型导出为用于部署的 inference 格式，指定即为 True
--model_dir	待导出的模型路径
--save_dir	导出的模型存储路径
--fixed_input_shape	固定导出模型的输入大小，默认值为 None

在终端中输入上述命令并等待片刻后，即可看到如图 9-12 所示的输出，当出现“Model for inference deploy saved in ./inference_model”，即表示 PCB 质量检测模型已经导出为部署格式且保存至指定的 inference_model 文件夹下。

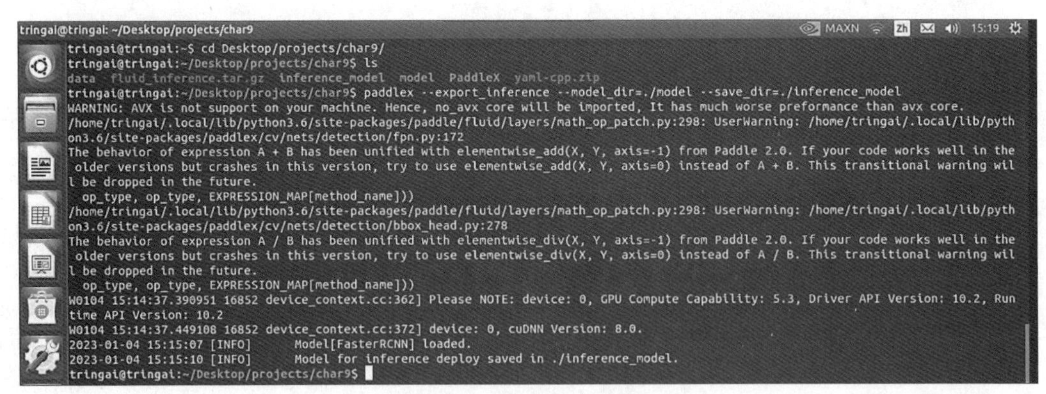

图 9-12　执行模型部署格式导出命令

部署格式模型导出完成后，即可在 inference_model 文件夹下生成“__model__”“__params__”“model.yml”三个文件，分别表示模型的网络结构、模型权重和模型的配置文件（包括数据预处理参数等）。此处导出的部署格式模型文件将用于后续模型的部署及预测。

任务 2：PCB 质量检测模型部署环境编译

部署格式在边缘设备中执行预测前，需要先对边缘设备的环境进行编译，所需编译的文件已全部存放在边缘设备指定文件夹中，接下来通过修改对应文件中的参数路径即可启动编译。

（1）首先将编译所需的 PaddlePaddle C++预测库 fluid_inference.tar.gz 压缩文件进行解压，在上一步骤中打开的终端命令行中输入以下命令解压文件。

```
tar -zxvf fluid_inference.tar.gz
```

等待解压完成后，即可在当前目录下查看解压的“fluid_inference_1.6.2_cuda10_cudnnv7.5_trt_jetson_sm53_62_72”文件夹，由于文件夹名字过长，后续修改配置文件填写路径时比较复杂，可通过以下命令将文件夹重命名为“paddle_inference”。

```
mv fluid_inference_1.6.2_cuda10_cudnnv7.5_trt_jetson_sm53_62_72 paddle_
inference
```

执行以上命令后即可将该预测库文件夹重命名为“paddle_inference”。

（2）对需要编译的 PaddleX 配置文件进行修改，在打开的终端命令行中输入以下命令，即可打开文本编辑器对配置文件进行修改。

```
gedit PaddleX/deploy/cpp/script/jetson_build.sh
```

执行上述命令后，在打开的文本编辑器中，主要对 Paddle 预测库的路径进行修改，将其修改为“paddle_inference”文件夹的路径即可，其余参数可根据具体需求进行修改，如图 9-13 所示。

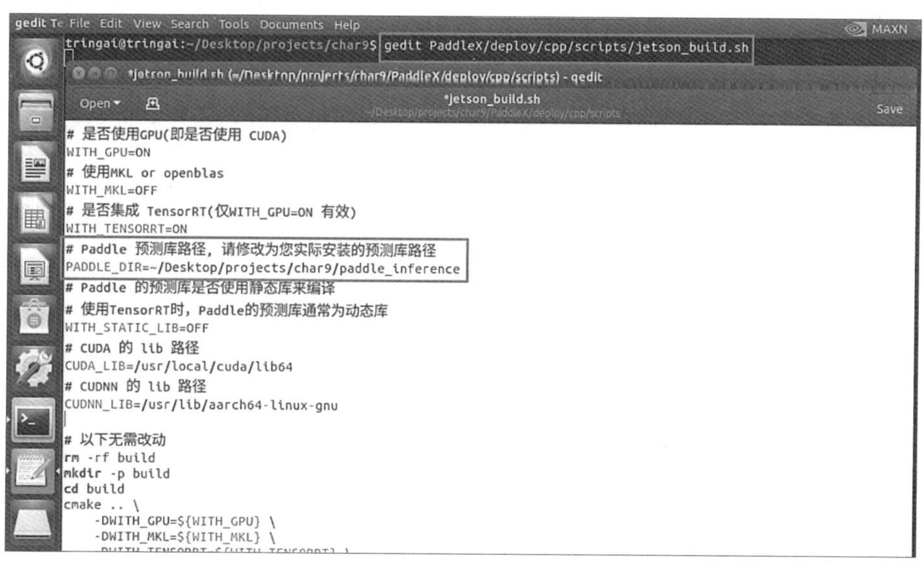

图 9-13　修改编译配置文件

修改完成后,按 Ctrl+S 组合键或单击 Save 按钮保存编辑完成的编译文件,接着单击关闭界面的按钮即可完成对编译配置文件的修改,如图 9-14 所示。

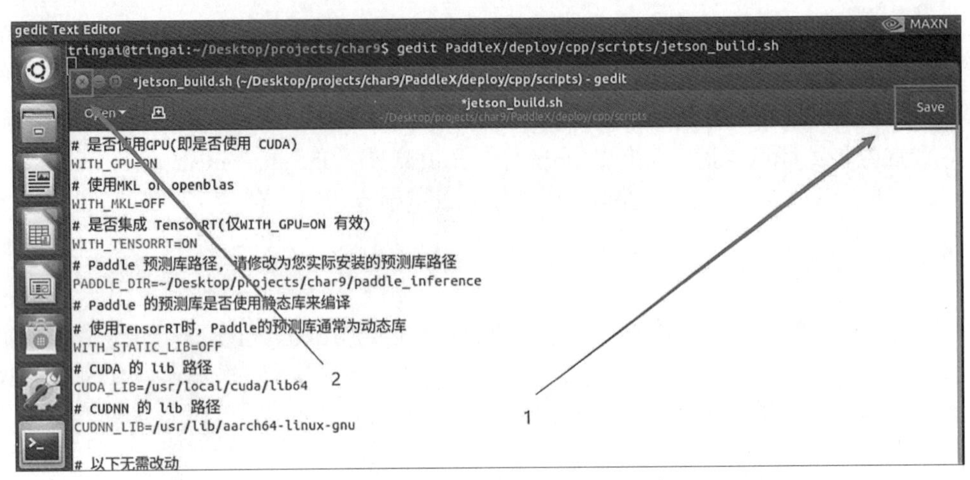

图 9-14 保存修改后的编译配置文件

(3) 需要注意的是,Linux 环境下编译会自动下载 YAML 文件,如果编译环境无法下载,则在边缘设备的当前目录下已经准备了一个文件名为“yaml-cpp.zip”的压缩文件,接着需要对“PaddleX/deploy/cpp/cmake”目录下的“yaml-cpp.cmake”文件中 URL 部分的参数进行修改,在打开的终端命令行中输入以下命令,即可对文件进行编译。

```
gedit PaddleX/deploy/cpp/cmake/yaml-cpp.cmake
```

执行上述命令后,在打开的文本编辑器中,将 URL 后的路径修改为 YAML 文件的存放路径,即修改为“~/Desktop/projects/char9/yaml-cpp.zip”,如图 9-15 所示,修改完成后按 Ctrl+S 组合键或单击 Save 按钮进行保存,随后单击关闭界面的按钮关闭窗口。

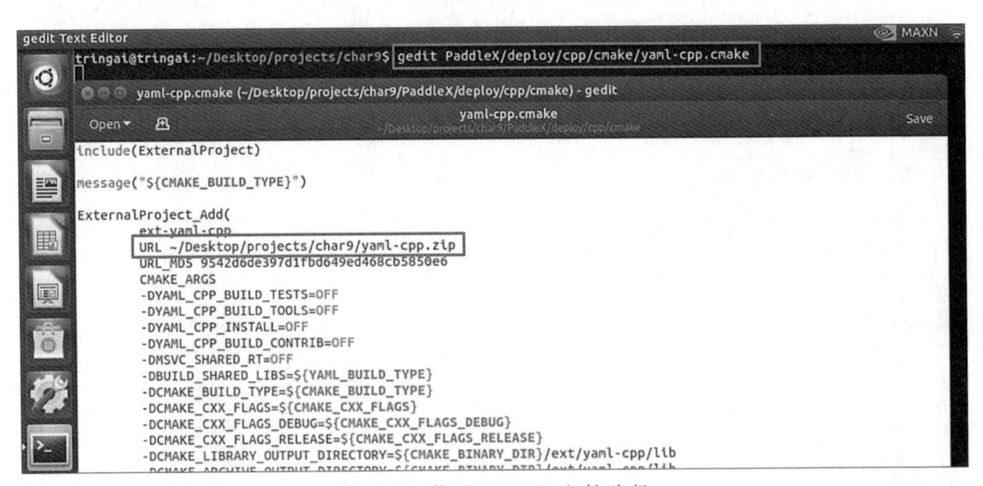

图 9-15 修改 YAML 文件路径

(4) 配置文件全部修改完成后,即可在打开的终端命令行中依次输入以下命令,执行“jetson_budil.sh”文件开始环境编译操作。

```
cd PaddleX/deploy/cpp/
sh scripts/jetson_build.sh
```

依次执行上述命令后，即可开始环境编译，如图 9-16 所示。

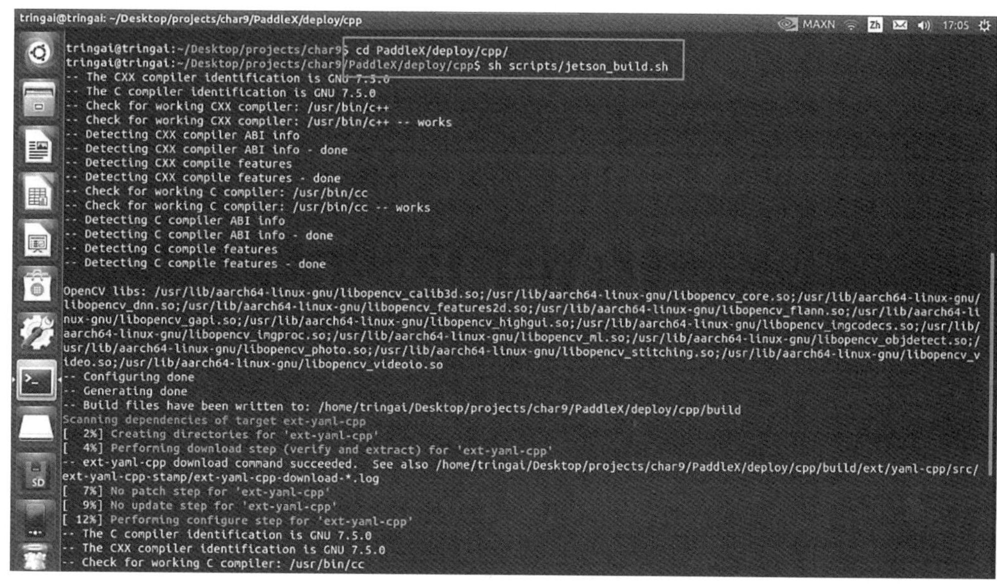

图 9-16　启动环境编译

等待配合后，即可看到编译进度为 100%，如图 9-17 所示，即表示环境编译完成。接下来即可在“PaddleX/deploy/cpp/build/demo/”目录下看到生成的可执行程序，包括图片类和视频类，后续即可使用生成的可执行程序进行模型的部署预测。

图 9-17　环境编译完成

任务3：PCB质量检测部署格式模型性能预测

环境编译完成后，接下来首先编写相关代码，调用导出的PCB质量检测部署格式模型对指定的PCB图像进行预测，以测试模型的性能。

(1) 在边缘设备的桌面上单击鼠标右键，单击Open Terminal选项打开一个新的终端，接着在终端命令行中依次输入以下命令，在对应文件夹下创建一个名为“predict.py”的Python文件用于代码编写。

```
cd Desktop/projects/char9/
gedit predict.py
```

在终端命令行中输入上述命令后，即可打开一个新的文本编辑器窗口用于代码编写，如图9-18所示，接下来将在编辑器中编写Python代码。

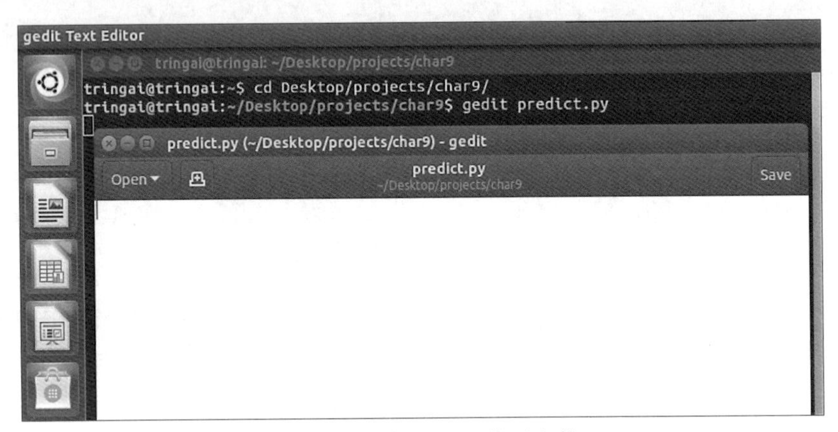

图9-18 新建Python代码文件

(2) 部署格式模型导出后，可以通过调用PaddleX相关接口对部署的模型进行预测，主要有单张图片预测和批量图片预测两种。单张图片预测和批量图片预测的主要区别在于使用批量预测时，需要将图片路径存放到列表，才能输入到接口中进行预测。具体的操作中，首先调用Predictor()类加载模型，接着使用predict()接口实现单张图片预测。

首先进行单张图片预测，使用Predictor()类加载部署格式模型后，使用predict()接口对data文件夹下的一张PCB图像进行预测，即可获取模型检测的结果，包括检测的瑕疵类别及检测框的位置坐标信息，接着通过OpenCV的rectangle()方法将返回的检测框绘制到原始图像上并显示，最后使用cv2.imwrite()方法保存检测结果图像，代码如下。

```
#引入库
import paddlex as pdx
import cv2
import matplotlib.pyplot as plt

#加载部署格式模型
predictor =pdx.deploy.Predictor('./inference_model')
```

```
#执行预测
data =predictor.predict('data/missing_hole.jpg')

#打印结果
print(data)

#读取预测的图片
img =cv2.imread('data/missing_hole.jpg')

#将检测结果绘制到预测图片上
for i in range(len(data)):
    #判断阈值大于 0.6
    if data[i]['score']>0.6:
        #获取坐标信息
        x1 =int(data[i]['bbox'][0])
        y1 =int(data[i]['bbox'][1])
        x2 =int(data[i]['bbox'][2])
        y2 =int(data[i]['bbox'][3])
        #设置字体
        font =cv2.FONT_HERSHEY_DUPLEX
        #绘制检测框
        cv2.rectangle(img,(x1, y1), (x1+x2, y1+y2), (0,0,255), 2)
        #写入检测结果
        cv2.putText(img, data[i]['category'], (x1, y1-50), font, 1.5, (0, 0,
255), 1,)

#关闭坐标
plt.axis('off')
#显示图像
plt.imshow(img[:,:,::-1])
plt.show()

#保存检测结果
cv2.imwrite('result.jpg', img)
```

将上述代码编写至 predict.py 的文本编辑器之后，单击 Save 按钮保存代码内容，接着单击关闭窗口按钮关闭编辑界面，如图 9-19 所示。

接着在终端命令行中输入以下命令运行 predict.py 代码文件，即可查看 PCB 质量检测模型输出的检测结果及绘制的检测结果图像。

```
python3 predict.py
```

运行上述命令后，即可在终端命令行中查看模型检测的结果，也可以看到弹出的检测结果图像，同时在当前目录下会生成一张“result.jpg”的 PCB 检测结果图像，如图 9-20 所示。

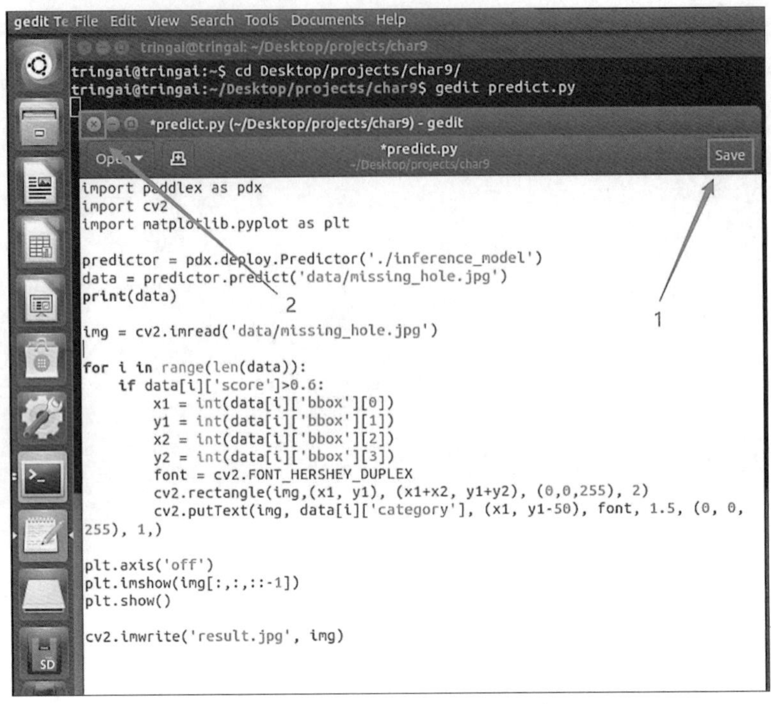

图 9-19　编写 predict.py 代码文件

图 9-20　模型检测结果

根据输出的检测结果可以看到,模型检测的最高置信度约为 0.9917,其中,置信度越接近 1 表示模型效果越好,此处可以判断该 PCB 质量检测模型的效果较好,符合真实场景下的部署应用。

任务 4：PCB 质量检测部署格式模型命令行部署预测

环境编译完成后，在“PaddleX/deploy/cpp/build/demo/”目录下已经生成了相关可执行程序，包括图片类和视频类。其中，图片预测 demo 的可执行程序包括用于图像检测的“detector”，用于图像分类的“classifier”以及用于图像分割的“segmenter”。可根据对应的模型类型选择相应的可执行程序进行预测，可执行程序命令主要参数说明如表 9-2 所示。

表 9-2 图片预测可执行程序命令主要参数说明

参 数	说 明
model_dir	导出的预测模型所在路径
image	要预测的图片文件路径
image_list	按行存储图片路径的 TXT 文件
use_gpu	是否使用 GPU 预测，支持值为 0 或 1(默认值为 0)
use_trt	是否使用 TensorRT 预测，支持值为 0 或 1(默认值为 0)
gpu_id	GPU 设备 ID，默认值为 0
save_dir	保存可视化结果的路径，默认值为“output”，classifier 无该参数
batch_size	预测的批量大小，默认为 1
thread_num	预测的线程数，默认为 CPU 处理器个数

视频预测 demo 的可执行程序包括用于视频检测的“video_detector”，用于视频分类的“video_classifier”以及用于视频分割的“video_segmenter”。可根据对应的模型类型选择相应的可执行程序进行预测，可执行程序命令主要参数说明如表 9-3 所示。

表 9-3 视频预测可执行程序命令主要参数说明

参 数	说 明
model_dir	导出的预测模型所在路径
use_camera	是否使用摄像头预测，支持值为 0 或 1(默认值为 0)
camera_id	摄像头设备 ID，默认值为 0
video_path	视频文件的路径
use_gpu	是否使用 GPU 预测，支持值为 0 或 1(默认值为 0)
use_trt	是否使用 TensorRT 预测，支持值为 0 或 1(默认值为 0)
gpu_id	GPU 设备 ID，默认值为 0
show_result	对视频文件做预测时，是否在屏幕上实时显示预测可视化结果(因为加入了延迟处理，所以显示结果不能反映真实的帧率)，支持值为 0 或 1(默认值为 0)
save_result	是否将每帧的预测可视结果保存为视频文件，支持值为 0 或 1(默认值为 1)
save_dir	保存可视化结果的路径，默认值为“output”

接下来，可以在终端命令行中输入以下命令，实现调用 PCB 质量检测部署格式模型对

单张 PCB 图像进行预测,并将检测 PCB 图像结果保存到指定路径下,注意以下命令需要在“Desktop/projects/char9/”目录下运行。

```
Paddlex/deploy/cpp/build/demo/detector --model_dir=inference_model --image=
data/missing_hole.jpg --save_dir=output
```

在终端命令行中输入以上命令后,可在终端命令行中查看输出的 PCB 图像检测结果,包括检测出的瑕疵类型、标签 ID、置信度以及检测框的坐标信息,如图 9-21 所示。

```
--- Running analysis [ir_graph_to_program_pass]
I0106 09:59:18.815819  4788 analysis_predictor.cc:474] ======= optimize end =======
I0106 09:59:18.816090  4788 naive_executor.cc:105] ---  skip [feed], feed -> im_shape
I0106 09:59:18.816131  4788 naive_executor.cc:105] ---  skip [feed], feed -> im_info
I0106 09:59:18.816149  4788 naive_executor.cc:105] ---  skip [feed], feed -> image
I0106 09:59:18.826248  4788 naive_executor.cc:105] ---  skip [roi_align_2.tmp_0], fetch -> fetch
image file: data/missing_hole.jpg
 Software Updater missing_hole, label_id:1, score: 0.991763, box(xmin, ymin, w, h):(2353.4, 798.124, 55.4849, 70.1122)
/missing_hole.jpg
, predict label: missing_hole, label_id:1, score: 0.981622, box(xmin, ymin, w, h):(2584.81, 238.602, 66.2261, 52.6301)
image file: data/missing_hole.jpg
, predict label: missing_hole, label_id:1, score: 0.963257, box(xmin, ymin, w, h):(1507.26, 797.531, 59.3547, 64.3479)
image file: data/missing_hole.jpg
, predict label: missing_hole, label_id:1, score: 0.0544407, box(xmin, ymin, w, h):(2548.84, 242.217, 128.175, 39.8165)
image file: data/missing_hole.jpg
, predict label: missing_hole, label_id:1, score: 0.0838665, box(xmin, ymin, w, h):(2568.43, 226.777, 94.5405, 74.6862)
Visualized output saved as output/missing_hole.jpg
tringai@tringai:~/Desktop/projects/char9$
```

图 9-21　命令行执行预测结果输出

与此同时,可以在“Desktop/projects/char9/output/”文件夹下看到保存的 PCB 检测结果图像,如图 9-22 所示,检测结果图像中已将对应的瑕疵类型检测出来并通过方框标注出来。

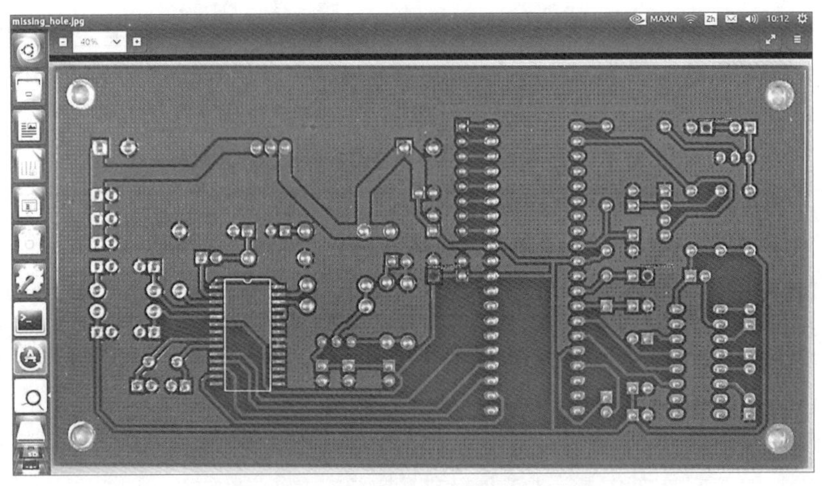

图 9-22　保存的 PCB 检测结果图像

至此,PCB 质量检测模型已部署到边缘设备并进行应用,在 data 文件夹下还有其他不同瑕疵类型的 PCB 图像,在上述步骤中可更换其他数据进行检测并查看相关结果。

【模块小结】

本模块首先进行产品质量检测系统的概述,阐述了该系统的特点以及对于其应用领域中相关行业发展的意义。还介绍了如今产品质量检测系统基于不同特征的常用方法，如纹理、颜色和形状等，也通过某公司边缘设备的应用案例，来进一步加深对目标检测应用方法的掌握，然后进一步深入剖析目标检测的实现原理及逻辑，并基于所学知识去了解和掌握如何搭建一个基于目标检测的PCB缺陷检测系统。

【知识拓展】 从“中国制造”到“中国智造”

智能质检是工业互联网应用的一大典型场景。在工业质检领域，全球权威咨询机构IDC发布的《2021中国AI赋能的工业质检解决方案市场分析》报告显示，2020年，中国工业质检市场规模达到1.42亿美元，百度智能云则以14.6%的市场份额继续位列第一。针对智能质检场景，百度进行了丰富的专利布局，涉及钢铁制造业、轻工业、电子产业、新能源产业、机械制造业等十余个行业，现已落地服务于首钢、宝武、恒逸、一汽等知名企业客户。其中，借助深度学习、主流机器视觉技术，百度在工业质检方向的大量专利布局实现了对产品缺陷的智能识别及分类，可广泛应用于工业产品的外观表面细粒度质检，提升钢铁、化纤等行业质检准确率，赋能行业智能化。

例如，在化纤行业，质检一直是个难做的细致工作，过往产品主要依靠“人眼＋放大镜”逐一进行，速度慢、效率低，质量也难保万全。百度智能云开物的智能质检方案解决了这一难题。原来的普检变成了机器筛查后的复检，单个丝锭的检验时间可以缩短到2.5s，检验效率相比人工质检提高70%。原本的质检女工则“变身”为AI数据标注师，在产品图片上标注出各类缺陷，将质检员的工作经验转换成数据，让智能质检设备学会辨别产品缺陷。百度AI与工业互联网平台的落地应用，在提升工业生产效率与质量水平的同时，也凝聚了普通工人的智慧与经验，凸显了其尊严与价值。

除智能质检外，工业智能安全生产也是百度智能云开物发力攻坚的一个重要方向。通过计算机视觉技术，开物工业互联网平台可抓取设备结构、操作过程、人员行为等音视频多模态数据，智能化地对人的不安全行为、设备的不安全状态、环境的不安全因素进行实时诊断和监控；当发生设备异常或者人员操作失误时，及时发出响应预警，大大缩短事故发生时的人员响应时间。

【课后实训】

(1) 产品质量检测系统是基于(　　)进行搭建的。【单选题】

A. 目标检测

B. 图像分类

C. 语音识别

D. 目标分割

(2) 以下哪个不是产品质量检测系统的优点？(　　)【单选题】

A. 实时性

B. 非接触

C. 劳动力成本高

D. 无人化

（3）以下哪些是产品质量检测系统常用方法？（　　）【多选题】

A. 基于纹理特征的方法

B. 基于颜色特征的方法

C. 基于音色特征的方法

D. 基于形状特征的方法

（4）合理地利用人工智能是各个行业发展的关键。（　　）【判断题】

（5）产品质量检测系统的基本实现流程主要包括________、________、________和________4个部分。【填空题】

（6）请列举三个生活中应用目标检测的例子。【简答题】

模块10 生产安全监控系统搭建

理论讲解

安全是企业生存之本,生产安全更是保障从业人员的人身安全与健康、设备设施免受损坏、生产经营活动得以顺利进行的必要条件。伴随着国家对于"和谐社会""平安工程"等建设需求的提出,已经有越来越多的城市、园区及企业构建起现代化的智能监控系统。尤其像钢铁、石油、化工、电力等易发事故行业的生产安全问题特别受到政府和企业的重视。

【模块描述】

在本模块中,将阐述生产安全监控系统的背景和意义,同时介绍生产安全监控系统的常用方法和边缘设备行业应用案例,加深对生产安全监控系统的了解。并且,基于计算机视觉的基本任务——目标检测,讲解危险行为识别的实现流程,在熟悉相关知识之后,将通过开展"基于目标检测的跌倒识别系统"案例项目实训,进一步掌握目标检测的应用方法,并且学习应用在其他领域。

【学习目标】

知识目标	能力目标	素质目标
(1)了解生产安全监控系统的概念、背景及其意义。 (2)了解产品质量检测系统的构成及应用场景。 (3)了解相关行业应用案例。 (4)熟悉危险行为识别的实现流程。	(1)能够了解生产安全对于企业发展的重要性。 (2)能够充分理解生产安全监控系统的基本概念及实现原理。 (3)能够独立开发基于目标检测的跌倒识别系统。	(1)通过基于目标检测的跌倒识别系统案例,学习科技强国、惠民精神。 (2)通过本模块的学习,强化关于生产安全对行业发展的重要性的理解。

【课程思政】

选取一个典型的生产安全事故案例,让学生分析事故原因、后果以及如何采取措施避免类似事故的发生。通过案例分析,让学生深刻认识到生产安全的重要性,并培养其分析问题和解决问题的能力。在讲授生产安全系统案例的过程中,组织学生进行互动讨论,鼓励学生提出自己的看法和解决方案。通过互动讨论,培养学生的创新思维和团队协作能力,同时也能让学生更加深入地了解生产安全系统的相关知识。

【知识框架】

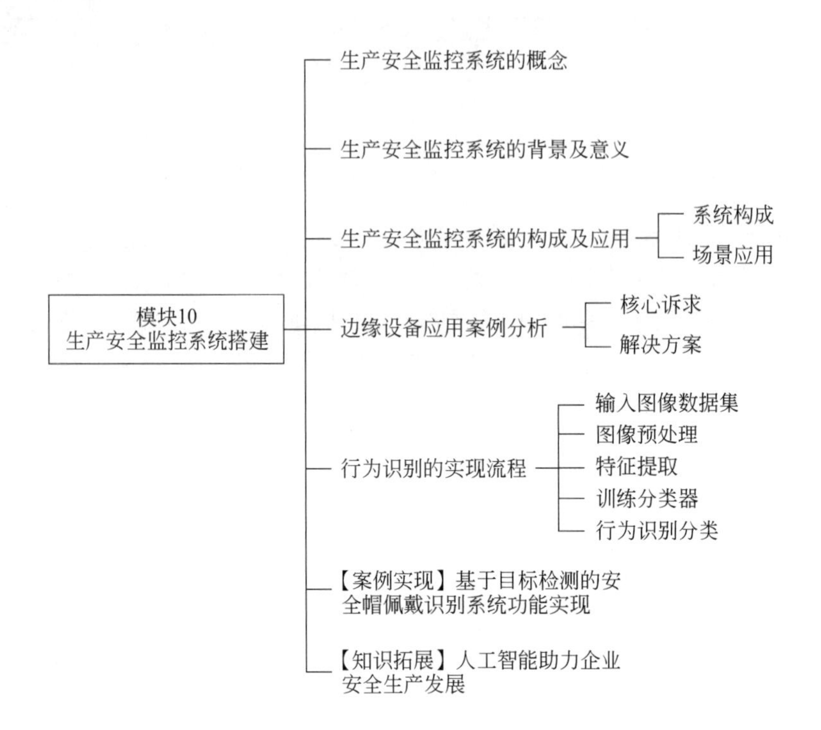

【知识准备】

10.1 生产安全监控系统的概念

生产安全监控系统是一个基于机器视觉的现代智能监控系统,其主要由视频监控系统、智能分析设备、人机交互系统组成。系统作业时,视频监控系统通过摄像头等传感器来监控施工现场,并将监控画面传入智能分析设备,待智能分析设备对画面进行分析后再将信息后反馈给人机交互系统,人机交互系统根据信息发出相应的警报。生产安全监控系统现已广泛地应用于易发事故行业如钢铁、石油行业等的施工现场中,是保证行业生产安全的重要设备之一。

10.2 生产安全监控系统的背景及意义

长期以来,工业生产事故的预防基本上依赖于企业的管理水平,包括健全规章制度,重视消防与安全防护设施的完善,教育工人严格遵守操作规程,提高其素质和应急处置能力等。然而,国际职业安全与事故预防理论和实践的发展历史表明:完全依赖人的警惕性来保障生产安全并非万全之策，因为人可能受到生理、心理以及社会等诸多因素的干扰而出现失误；还有一些事故致因属于人的智力和能力难以感知和有效抑制的范畴。纵观近年来发生的多起重大事故，虽然在调查事故原因时主要归咎于违章、渎职等人为责任，但深入分析就会发现，也与缺乏先进、可靠、全方位的安全监控技术设施不无关系。此外，对各种事故所采取的预防措施的有效性也在不断发生变化，如何构建企业生产安全智能监控系统已经成为工业领域内备受关注的焦点问题。

针对生产安全的现状，物联网、边缘计算、大数据和人工智能等新兴技术是当下企业实现安全生产管理的得力助手，不少企业通过监控系统的改造、结合人工智能技术来提升自动化监察管理能力。由此，生产安全智能监控系统得到了广泛应用。如图 10-1 所示。

图 10-1　生产安全智能监控系统

生产安全智能监控系统具有如图 10-2 所示的特点。

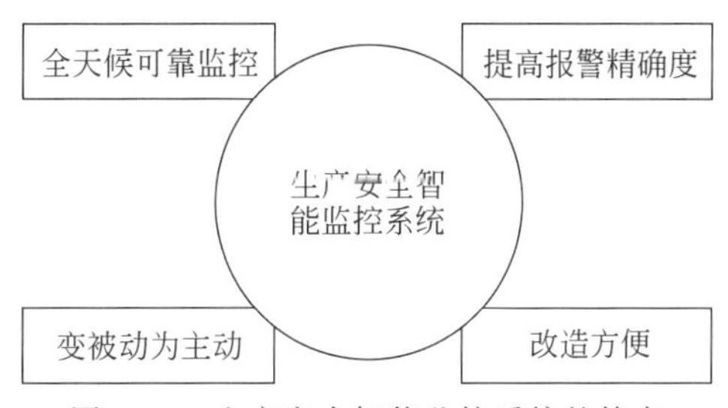

图 10-2　生产安全智能监控系统的特点

（1）全天候可靠监控。彻底改变以往完全由安全工作人员对监控画面进行监视和分析的模式，通过智能监控系统对所监控的画面进行不间断分析。

（2）提高报警精确度。运行高级智能算法，可以根据实际需求定义多种安全防范类型，使用户可以更加精确地定义安全威胁的特征，有效降低误报和漏报现象，减少无用数据量。

（3）变被动为主动。传统的视频监控只能作为事后查询的证据，而智能分析设备可起到提前预警的作用，例如，有人在公共场所遗留了可疑物体，或者有人在敏感区域停留的时间过长，在安全威胁发生之前就能够提示安全人员关注相关监控画面以提前做好准备，有效防止安全事故的发生。

(4) 改造方便。系统充分利用原有的视频监控系统设备,只需加入智能视频分析器后即可进行机器视觉智能化升级,达到检测目的。

10.3 生产安全监控系统的构成及应用

基于机器视觉的生产安全监控系统由视频监控系统、视频分析设备和人机交互系统三个模块组成。得益于其优秀的生产安全监控能力,生产安全监控系统已广泛地应用在各个场景,如图 10-3 所示。

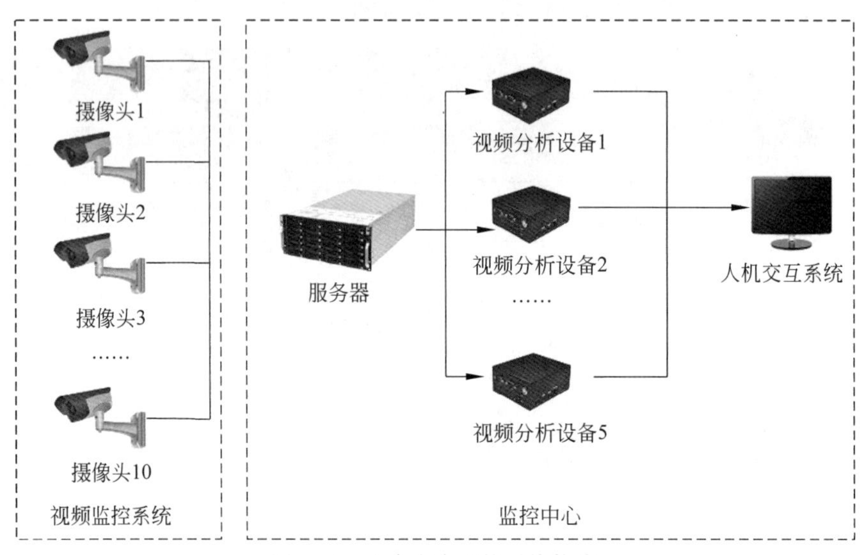

图 10-3 生产安全监控系统构成

10.3.1 系统构成

1. 视频监控系统

视频监控系统主要通过调用摄像头群对特定场景,如施工现场进行图像收集,并将图像实时上传至监控中心,具体完成的功能如下。

(1) 对图像进行实时收集,主要通过调用摄像头内部的命令进行视频帧的实时截取。

(2) 对截取的图像进行图像压缩,以减轻传输设备的压力,提高传输效率。

2. 视频分析设备

视频分析设备接收到视频监控系统收集的压缩图像后,对图像进行分析并将信息传递到人机交互系统。

3. 人机交互系统

人机交互系统通过一系列人机交互与监控员共同完成生产安全管理,具体完成的功能如下。

(1) 对视频分析设备所分析的信息做出相应的处理，若有危险行为则发出警报向监控员预警。

(2) 显示监控内容，同时还要对系统进行视频存储、报警事件查询等人机互动操作。

在已建成的摄像头群中选取部分有需要的摄像头点位设置视频监控系统，系统针对不同现场情况收集视频流并传入系统后台服务器，视频分析设备根据现场视频实时分析并做出判断，帮助监控中心及时发现异常，当有异常行为时，立即采集报警信息、报警图片和报警视频，以声光等报警方式通过人机交互系统和监控员进行信息交互给出警报信息，以此来达成监控生产安全的效果。

10.3.2　场景应用

根据各种特定场景的特点，这里总结了各种场景的智慧化应用，如表10-1所示。

表10-1　生产安全监控系统应用场景

区　　域	分析技术	功能描述
生产区、仓库、围墙	入侵检测	检测围墙、危险区域、物品堆放区域的进入
门禁、危险区域	人数统计	检测是否有他人尾随进入
	人脸检测/人脸识别	检测是否为合法人员进入
生产现场	行为异常检测	检测跑动、倒地等异常情况
	安全帽检测	检测不戴安全帽的人员
	物品滞留/盗移	检测物品违规放置和违规挪用
	离岗检测	检测私自离岗现象
控制室	疲劳检测	检测当班人员是否有睡觉的情况

10.4　边缘设备应用案例分析

10.4.1　核心诉求

某公司是一家集探、采、选、售为一体，证照齐全的矿业公司，矿区面积达$9km^2$，经营范围包括金银矿地下开采、金银矿石浮选、冶炼、矿产品购销等业务。公司下辖8个部门，职工百余人。

由于传统安全生产管理方式单一，企业信息化、智能化程度较低，且受限于纯人工抽查的方式，工作效率及精细化管理水平有限，因人员懈怠或疏忽导致的安全生产事故时有发生，且无法及时上报。该矿业公司迫切希望建立一套能够全面覆盖主要生产风险点、提升企业管理能力的智能化安全生产风险监控系统。

针对核心诉求，所需要解决的主要问题包括以下两点。

(1) 经营范围广,监控力度不到位。

该矿业公司职工达百余人,且作业范围广,传统安全生产管理方式无法有效地管理到位,因人员懈怠或疏忽导致的生产安全事故时有发生,而且无法及时地通知安全部门对事故进行处理。

(2) 安全生产管理方式单一。

由于企业信息化、智能化程度较低,使得目前的安全生产管理方式单一,只能通过纯人工抽查的方法进行生产安全管理,这导致了工作效率及精细化管理水平受限。

10.4.2 解决方案

针对该矿业公司实际业务中的安全生产管理要求,应用生产安全监控系统,集成多项已有技能,如安全帽佩戴合规检测、人员脱岗检测等,并制定了安全事件分级管控规则及事件通知规则。当选矿厂的监控视频出现对应的安全隐患事件时,如人员私自离岗、机器空转等,将会及时报警通知相应管理人员,有效预防了安全事故的发生并降低了管理成本,如图 10-4 所示。

图 10-4 生产安全监控系统的检测功能

基于机器视觉的生产安全监控系统具有以下特点。

(1) 作用范围广、实时性强。

生产安全监控系统通过摄像头群覆盖了主要生产风险点,对施工现场进行全方位的实时监控,能够有效地督促工作人员遵守生产安全要求,加强安全生产监控力度,并且,在生产安全事故发生时,能够通过系统警报,及时通知安全部门前往现场处理事故。

(2) 信息化、智能化。

通过生产安全监控系统实现了企业安全生产管理方式的信息化、智能化,该系统能够预警并存储相关安全事件的信息,使管理人员既能对安全事件进行有效防范,也可以对事故发生的原因进行分析,从而提高工作效率和精细化管理水平,如图 10-5 所示。

各部门事件发生数量统计

全部事件

序号	部门	事件总数	A级事件	B级事件	C级事件	D级事件
1	浮选车间	6180	6180	0	0	0
2	原矿场	2	2	0	0	0
3	精粉车间	7	7	0	0	0
4	破碎车间	1288	1288	0	0	0
5	压滤车间	106	106	0	0	0
6	球磨车间	413	413	0	0	0
7	药剂车间	34	34	0	0	0

显示第1到第7条记录，总共7条记录 每页显示 10 条记录 刷新 ‹ 1 ›

近十条事件 更多>>

序号	编码	事件名称	事件类型	事件等级	预警区域	设备名称	事件发生时间	最后一次处理时间	最后一次处理人	操作
1	EVENT_20191229005966	A-口罩佩戴-浮选车间入口	口罩佩戴	A	浮选车间入口	浮选车间入口处	2019-12-29 13:59:13	--	--	处理
2	EVENT_20191229005965	A-口罩佩戴-浮选车间入口	口罩佩戴	A	浮选车间入口	浮选车间入口处	2019-12-29 13:59:12	--	--	处理
3	EVENT_20191229005964	A-下料口堵塞-一破下料口	下料口堵塞	A	一破下料口	一破下料口	2019-12-29 13:59:10	--	--	处理
4	EVENT_20191229005963	A-安全帽佩戴-浮选车间...	安全帽佩戴	A	浮选车间入口	浮选车间入口处	2019-12-29 13:59:10	--	--	处理
5	EVENT_20191229005962	A-安全帽佩戴-浮选车间...	安全帽佩戴	A	浮选车间入口	浮选车间入口处	2019-12-29 13:59:08	--	--	处理
6	EVENT_20191229005961	A-口罩佩戴-浮选车间入口	口罩佩戴	A	浮选车间入口	浮选车间入口处	2019-12-29 13:59:06	--	--	处理

图 10-5 生产安全监控系统后台安全信息存储

10.5 行为识别的实现流程

行为识别的基本步骤分为以下 5 步，如图 10-6 所示。

（1）输入图像数据集。

（2）图像预处理。

（3）特征提取。

（4）训练分类器。

（5）行为识别分类。

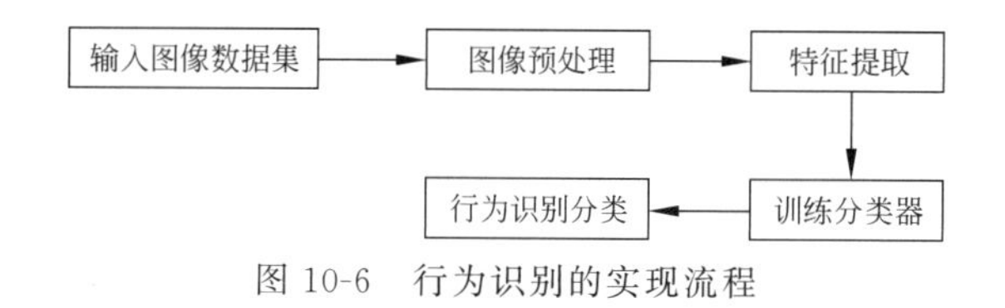

图 10-6 行为识别的实现流程

10.5.1 输入图像数据集

首先，数据集分为两类：训练集和验证集。训练集，顾名思义，就是训练计算机去学习数据的特征，在训练集中，图像是已经分类好且标注了标签的数据集；验证集，就是验证计算机训练效果的优秀与否，而在验证集中，是包含各类图像的。

10.5.2 图像预处理

制作好数据集之后，需要对数据进行预处理，其中包括图像归一化、调整图像尺寸、图像去噪等一系列的可以增强图像质量的一些图像处理操作，这些预处理同样是为了让计算机能够更好地学习数据的特征,从而不被一些不必要的干扰模糊。

10.5.3 特征提取

计算机并不能像人眼一样直接读取图片内容,为了使计算机能够“理解”图像,需要从图像中提取有用的数据或信息,得到图像的“非图像”的表示或描述,如数值、向量和符号等,这一过程就是特征提取,而提取出来的这些“非图像”的表示或描述就是特征。

10.5.4 训练分类器

分类问题是根据待分类的事物所呈现出来的一些特征,将它归到与其特征相似的种类中,具体实现过程如下。

(1) 创建训练数据集,并且要知道训练集中每个数据的分类标签。

(2) 根据已知的这些前提,寻找相应的函数或者准则来判断,并设计该判决函数模型。

(3) 对于函数模型中的参数应由训练集中的数据通过训练来确定。

(4) 模型确定好之后,利用相应的函数或准则判定待分类的数据属于哪一类。

简单来说就是将提取到的数据集的特征送入分类器中去学习,得到所需要的模型。而分类器性能的好坏便取决于该分类器在验证集上的表现。

10.5.5 行为识别分类

当分类器训练完成之后,就可以对待分类的数据进行识别了,此时只需传入具有行为信息的图像或视频,便能识别出该图像或视频内的行为类别了。

实操讲解

【案例实现】 基于目标检测的安全帽佩戴识别系统功能实现

基于模块描述与知识准备的内容,了解生产安全监控系统的基本概念和行为识别的实现流程。为了能够在边缘计算设备中实现工地安全帽佩戴识别系统的部署,需要将安全帽佩戴识别模型进行部署,并以边缘设备作为服务端,对图像中的人物是否佩戴安全帽进行检测,使边缘设备具有能够对工地中的工人安全帽佩戴情况进行推理的能力。

安全帽佩戴识别模型具有对图像中的人物是否佩戴有安全帽的检测能力,能够返回图像中人物佩戴有安全帽和无佩戴安全帽,对应的标签为“helmet”和“head”,检测框的坐标数据、检测的置信度以及分类 ID 等数据。

接下来,将在边缘设备中对安全帽佩戴识别模型进行转换,将模型以边缘设备为服务端启动服务,接着将图像数据和视频数据分别输入服务接口进行预测,最终实现启动程序,程序能够调用指定数据,输入边缘设备启动的安全帽佩戴识别模型服务接口中进行预测,将识别结果进行输出和展示。

本次案例的实训思路如下。

(1) 安全帽佩戴识别模型性能预测。连接边缘设备,进入指定文件夹,创建代码文件并编写相关代码,将图片输入模型进行预测,查看检测结果的准确性。

（2）安全帽佩戴识别模型转换部署。通过相关命令将安全帽佩戴识别模型转换为服务端可部署的格式，用于后续启动模型服务。

（3）安全帽佩戴识别模型服务应用。创建代码文件并编写相关代码，向模型服务接口发送请求进行预测，将安全帽佩戴的识别结果进行打印和保存，实现安全帽佩戴识别的应用。

任务1：安全帽佩戴识别模型性能预测

接通边缘设备电源，通过本地连接或者远程连接的方式进入边缘设备的桌面，在边缘设备的桌面中单击右键，选择 Open Terminal 选项打开终端命令行，如图 10-7 所示。

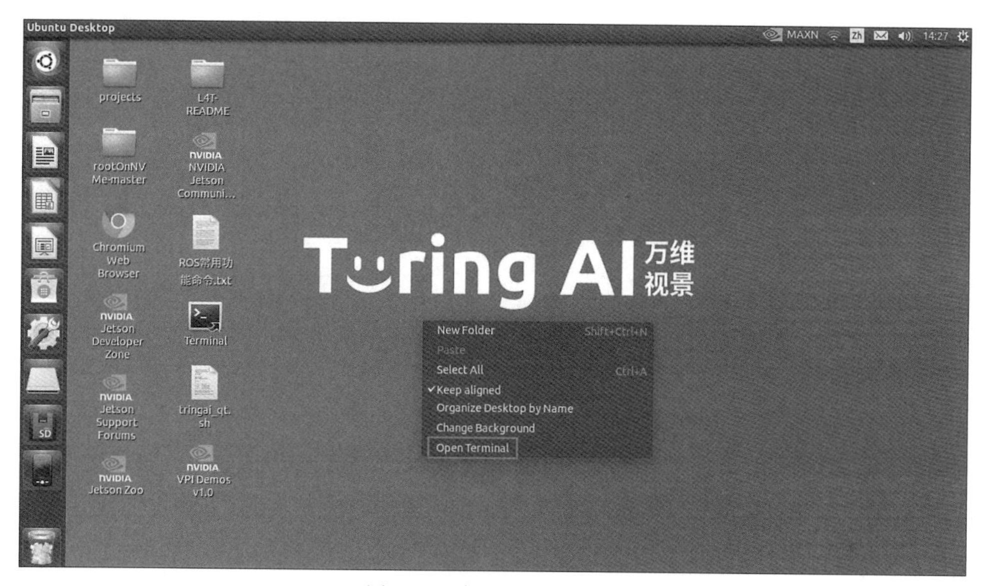

图 10-7 打开终端命令行

在终端命令行中输入以下命令，切换到本次案例对应的文件夹。

```
cd Desktop/projects/char10/
```

在本次案例对应的文件夹中，已经将安全帽佩戴识别模型存放在 yolov3_darknet53 文件夹下，接下来继续在终端命令行输入以下命令，创建并打开一个名为 model_test.py 的代码文件，编写相关代码调用该模型进行性能的预测。

```
gedit model_test.py
```

在终端命令行输入上述命令后，即可创建并打开一个名为 model_test.py 的文本编辑窗口，如图 10-8 所示，后续模型性能相关代码将全部在该窗口中编写。

本次使用安全帽检测模型由 PaddleX 工具训练得到，模型相应文件全部存放在 yolov3_darknet53 文件夹下，在加载模型进行预测时，需要使用 PaddleX 中的 load_model()函数加载模型，此处将模型加载至 model 变量，代码如下。

图 10-8 创建 model_test.py 文件

```
#引入所需实验库
import paddlex as pdx
import cv2

#加载预测模型
model =pdx.load_model('yolov3_darknet53')
```

安全帽佩戴模型加载完成后,接下来使用 OpenCV 中的 imread()函数,读取 data 文件夹下的一张待预测图片到 img 变量中,并调用已加载的安全帽佩戴识别模型中的 predict()函数,将读取的图像 img 输入模型进行预测,最后输出识别结果,代码如下。

```
#待预测图片路径
image_name ='data/test.jpg'
#读取图片
img =cv2.imread(image_name)
#模型预测
result =model.predict(img)
#结果输出
print(result)
```

根据输出结果就可以对模型性能进行判断,若想对模型识别结果进行保存,则可调用 PaddleX 中的 det.visualize()函数,将模型的图像识别结果保存到本地,在此函数中只需传入原始图像路径 image_name、模型识别结果 result、图像识别结果置信度最低阈值 threshold 以及结果保存路径 save_dir,代码如下。

```
#识别结果可视化保存
pdx.det.visualize('test.jpg', result, threshold=0.5, save_dir='./output')
```

模型性能预测代码编写完成后,按 Ctrl+S 组合键或单击 Save 按钮保存 model_test.py 文件,接着单击关闭界面的按钮即可完成对模型性能预测代码文件的编写,如图 10-9 所示。

模型性能预测代码保存完成后,接下来在终端命令行中输入以下命令,执行该代码文件,查看模型识别结果。

```
python3 model_test.py
```

在终端命令行输入上述命令并运行后,可在终端命令行中查看输出的模型识别结果,同时在与代码文件相同目录下的 output 文件夹中,可以看到保存的识别结果图像,如图 10-10 所示。

图 10-9　保存 model_test.py 文件

图 10-10　安全帽佩戴识别结果

根据识别的可视化结果可以看到，模型识别最高的置信度高达 0.96 且检测结果正确，基本可满足生产环境应用的需求，接下来的任务将对模型进行部署格式的转换以及服务端的部署。

任务 2：安全帽佩戴识别模型转换部署

验证完安全帽佩戴识别模型的性能满足部署要求后，接下来将模型部署至边缘设备服务端。在部署至服务端之前，首先需要通过 PaddleX 相关命令将模型转换为 inference 部署格式，接着再通过 PaddleHub 相关命令，将模型转换为可部署至服务端的预训练模型，转换完成后将模型安装至边缘设备中，随后即可通过 hub serving 命令实现安全帽佩戴识别模型的服务端部署，即在边缘设备启动安全帽佩戴识别检测的服务，可以通过向该接口发送请求获取返回的识别结果，实现安全帽佩戴识别功能，接下来将通过以下步骤完成模型服务端部署。

(1) 首先在终端命令行中通过 PaddleX 相关命令将安全帽佩戴识别模型导出为部署格式模型,其中,PaddleX 相关命令已在模块 9 中学习过,此处不做过多赘述,命令如下。

```
paddlex --export_inference --model_dir=yolov3_darknet53 --save_dir=inference_model
```

在终端命令行中输入上述命令并执行后,即可将存放在 yolov3_darknet53 文件夹中的安全帽佩戴识别模型导出到 inference_model 的部署格式文件夹中。

(2) 接下来就可以将部署格式的模型转换为 PaddleHub 的预训练模型,其相关命令如下。

```
hub convert --model_dir XXXX --module_name XXXX --module_version XXXX --output_dir XXXX
```

PaddleHub 模型转换命令中各参数的说明如表 10-2 所示。

表 10-2 PaddleHub 模型转换命令中各参数的说明

参　数	用　途
--model_dir	PaddleX Inference Model 所在的目录
--module_name	生成预训练模型的名称
--module_version	生成预训练模型的版本,默认为 1.0.0
--output_dir	生成预训练模型的存放位置,默认为{module_name}_{timestamp}

了解了 PaddleHub 模型转换命令中各参数的含义后,接下来在终端命令行中输入以下命令,将安全帽佩戴识别部署格式模型转换为 PaddleHub 预训练模型,并存放到 hub_model 文件夹中,同时指定模型名称为 yolov3_darknet53。

```
hub convert --model_dir inference_model --module_name yolov3_darknet53 --output_dir hub_model
```

在终端命令行中输入上述命令并执行后,可以在终端看到"The converted module is stored in hub_model"的提示信息,即表示安全帽佩戴检测的部署格式模型已经转换为 PaddleHub 预训练模型并保存在 hub_model 文件夹中,其中预训练模型文件名为 yolov3_darknet53.tar.gz。

(3) 接着即可继续在终端命令行中输入以下命令,将该预训练模型安装至边缘设备,用于启动模型的服务端部署。

```
hub install hub_model/yolov3_darknet53.tar.gz
```

在终端命令行中输入以上命令并执行后,就可以将安全帽佩戴识别预训练模型安装至边缘设备,安装成功会出现"Successfully installed yolov3_darknet53-1.0.0",即表示该模型已成功安装至边缘设备。

(4) 安全帽佩戴识别预训练模型安装完成之后,接下来即可通过 hub serving 命令完成模型的一键服务端部署，相关命令如下。

```
hub serving start --modules [Module1==Version1, Module2==Version2, …] --port
XXXX --config XXXX
```

其中，hub serving 命令中各参数说明如表 10-3 所示。

表 10-3 hub serving 命令中各参数说明

参 数	用 途
--modules	PaddleHub Serving 预安装模型，以多个 Module==Version 键值对的形式列出（当不指定 Version 时，默认选择最新版本）
--port	服务端口，默认为 8866
--config	使用配置文件配置模型

了解了 hub serving 命令的相关参数后，接下来在终端命令行中输入以下命令，启动安全帽佩戴识别模型服务，后续即可向模型服务接口发送请求进行预测。

```
hub serving start --modules yolov3_darknet53
```

在终端命令行中输入上述命令并执行，等待片刻后可以看到“Running on http://xxx:8866/”，其中，xxx 为 IP 地址。

至此，便完成了安全帽佩戴识别模型转换及服务端部署，接下来可以将图片或视频文件数据输入模型进行预测，实现安全帽佩戴识别的功能。

任务 3：安全帽佩戴识别模型服务应用

安全帽佩戴识别模型服务启动后，接下来需要在边缘设备的桌面重新打开一个新的终端，并依次输入以下命令，进入本次案例对应的文件夹，同时创建一个文件名为 server_test.py 的代码文件，用于编写安全帽佩戴识别模型服务应用的相关代码。

```
cd Desktop/projects/char10/
gedit server_test.py
```

在终端命令行中输入上述命令并执行后，即可打开一个名为 server_test.py 的文本编辑窗口，如图 10-11 所示，接下来的模型服务应用代码将全部在该窗口中编写完成。

图 10-11 创建 server_test.py 文件

首先引入本次案例所需的实验库，包括发送请求模块 requests、加载返回数据模块

json、图像显示模块 matplotlib、图片读取模块 cv2 以及图片编码模块 base64,代码如下。

```
import requests
import json
import matplotlib.pyplot as plt
import cv2
import base64
```

发送图片到安全帽佩戴识别服务接口时,需要将图片数据进行 Base64 编码,才能将数据输入模型进行预测,此处定义一个 cv2_to_base64()函数用于对图片数据进行编码处理,其中使用 cv2.imencode()函数将图片格式转换成数据流,用于图像数据格式压缩,方便网络传输,同时通过 base64.b64encode()函数将图片数据进行 Base64 编码处理,最终将编码后的数据进行返回,代码如下。

```
def cv2_to_base64(image):
    data =cv2.imencode('.jpg', image)[1]
    return base64.b64encode(data.tostring()).decode('utf8')
```

接着调用定义好的图像编码函数 cv2_to_base64()对待预测图像进行编码,存储到 data 变量中,同时定义“content-type”的类型为“application/json”,接着定义模型服务预测地址 URL,此处安全帽佩戴识别服务地址为“http://127.0.0.1:8866/predict/yolov3_darknet53”,其中,“http://127.0.0.1:8866/”为模型的服务地址,“predict”代表执行预测,“yolov3_darknet53”代表预测的模型名称,最后即可通过 requests 的 post()函数将请求体发送至服务接口进行预测,并将结果进行加载和输出,代码如下。

```
if __name__=='__main__':
    img1 =cv2_to_base64(cv2.imread("data/test.jpg"))
    data ={'images': [img1]}
    headers ={"Content-type": "application/json"}
    url ="http://127.0.0.1:8866/predict/yolov3_darknet53"
    r =requests.post(url=url, headers=headers, data=json.dumps(data))
    print(r.json()["results"])
```

若想要将识别结果可视化,可以提取返回识别结果中的检测框坐标信息及识别结果等数据,通过 OpenCV 中的 rectangle()画框函数和 putText()文本写入函数将识别结果绘制到原始图像上,最后通过 Matplotlib 将识别结果进行呈现,代码如下。

```
if __name__=='__main__':
    img1 =cv2_to_base64(cv2.imread("data/test.jpg"))
    data ={'images': [img1]}
    headers ={"Content-type": "application/json"}
    url ="http://127.0.0.1:8866/predict/yolov3_darknet53"
    r =requests.post(url=url, headers=headers, data=json.dumps(data))
    print(r.json()["results"])
```

```
    result =r.json()["results"][0]
    img =cv2.imread("data/test.jpg")
    for i in range(len(result)):
        if 0.6 <=result[i]['score']:
            x1 =result[i]['bbox'][0]
            y1 =result[i]['bbox'][1]
            x2 =x1 +result[i]['bbox'][2]
            y2 =y1 +result[i]['bbox'][3]
            font =cv2.FONT_HERSHEY_DUPLEX
            cv2.rectangle(img,(int(x1), int(y1)), (int(x2), int(y2)), (0,0,255), 2)
             cv2.putText(img, result[i]['category'], (int(x1), int(y1)-20),
font, 0.8, (0, 0, 255), 1,)
    plt.imshow(img[:,:,::-1])
    plt.show()
```

安全帽佩戴识别模型服务应用代码编写完成后，按 Ctrl＋S 组合键或单击 Save 按钮保存 server_test.py 文件，接着单击关闭界面的按钮即可完成对模型服务应用代码文件的编写，如图 10-12 所示。

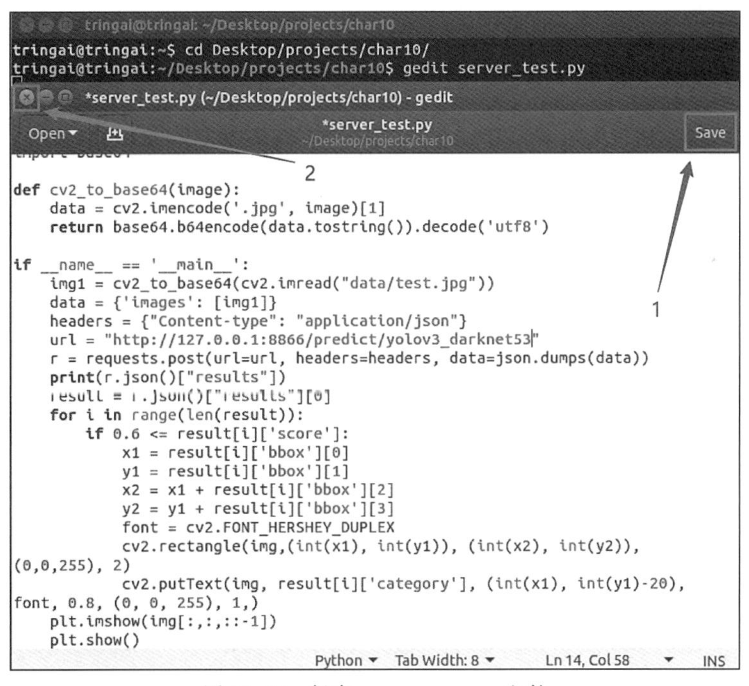

图 10-12　保存 server_test.py 文件

模型服务应用代码保存完成后，接下来在终端命令行输入以下命令，执行该代码文件，查看安全帽佩戴识别模型服务的识别结果。

```
python3 server_test.py
```

在终端命令行输入上述命令并运行后，可在终端命令行中查看安全帽佩戴识别模型服务输出的识别结果,同时查看模型识别结果的可视化图像,如图 10-13 所示。

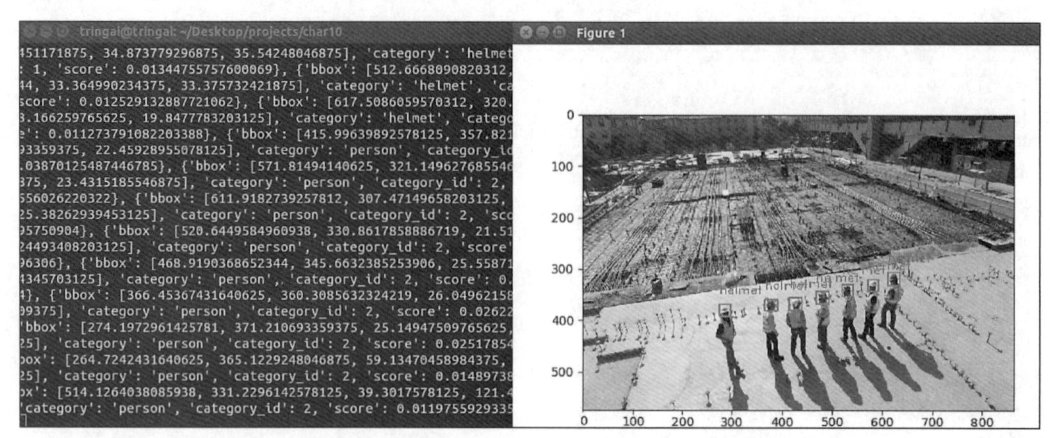

图 10-13 安全帽识别佩戴模型服务识别结果

通过识别结果可以看到,安全帽佩戴识别模型服务的识别结果准确,可满足实际工地安全帽的安全预警。

本次案例将安全帽佩戴识别模型部署服务端,若边缘设备连接网络,则可通过局域网 IP 的方式在其他设备向边缘设备发送预测请求,具体为在发送请求时将请求地址中的 IP 修改为边缘设备的 IP 地址,实现一台设备部署多端应用的效果。

【模块小结】

本模块首先介绍生产安全监控系统的概念,然后阐述了该系统的背景以及针对生产安全现状发展的意义及特点。还介绍了如今生产安全监控系统的构成和对于不同特定场景的应用,也通过某矿业公司边缘设备的应用案例,来进一步加深读者对生产安全监控系统实现方法的掌握,然后进一步深入剖析危险行为识别的实现原理及逻辑,并基于所学知识去了解和掌握如何搭建一个基于目标检测的安全帽佩戴识别系统。

【知识拓展】 人工智能助力企业安全生产发展

我国每年都会发生一些安全生产事故,安全生产事故对个人、企业和国家意味着巨大的损失或伤害,某些安全事故中的损失和伤害是不可逆的。提高安全生产水平是现代社会发展的必然趋势与根本要求,也是社会文明发展程度的体现。

在国家层面,政府也颁发了相关法律文件,《中共中央国务院关于推进安全生产领域改革发展的意见》指出,安全产业是为安全生产、防灾减灾、应急救援等安全保障活动提供专用技术、产品和服务的产业,是国家重点支持的战略产业。并提出面向生产安全和城市公共安全的保障需求,通过制定目录、清单,优化产品结构,引导产业发展,创新服务业态。

2018 年,《人工智能标准化助力产业发展》提到,在信息化背景下,企业安全生产与监控中充分应用电子信息工程技术,能有效提高安全生产管理与监控水平,为企业安全生产保驾护航。发展安全产业对于落实安全发展理念、提升全社会安全保障能力和保障安全水平、推动经济高质量发展、培育新经济增长点具有重要意义。

【课后实训】

(1) 以下哪个不是生产安全事故易发行业？(　　)【单选题】

A. 石油

B. 化工

C. 煤矿

D. 计算机

(2) 以下哪些是生产安全监控系统的特点？(　　)【多选题】

A. 全天候可靠监控

B. 提高报警精确度

C. 变被动为主动

D. 改造方便

(3) 以下哪些是生产安全监控系统应用场景？(　　)【多选题】

A. 危险区域

B. 控制室

C. 生产现场

D. 休息室

(4) 生产安全是保障从业人员的人身安全与健康、设备设施免受损坏、生产经营活动得以顺利进行的必要条件。(　　)【判断题】

(5) 生产安全监控系统的基本构成主要包括________、________和________三个部分。【填空题】

产品票务管理系统搭建

票务管理系统是利用高科技产品条形码作为通行电子门票，结合电子技术、条形码记录技术、单片机技术、自动控制技术、无线传输技术、精密机械加工技术及计算机网络技术、加密技术等诸多高科技技术，从而实现了计算机售票、检票、查询、汇总、统计等各种门票通道门禁控制管理功能，具有全方位的实时监控和管理功能，对于提高各旅游景区的现代化管理水平有着显著的经济效益和社会效益。

【模块描述】

本模块涉及人工智能文字识别领域以及人工智能边缘设备领域，通过人工智能算法实现票据的文字识别，同时了解其中所使用的人工智能领域中常见的算法。并且，通过开展基于文字识别的票据文字识别提取的案例任务，实现针对票据的文字提取与识别应用，从而进一步了解边缘设备中文字识别算法的应用方法。

【学习目标】

知识目标	能力目标	素质目标
(1) 了解文字识别的意义。 (2) 了解文字识别的行业应用案例。 (3) 熟悉文字识别的实现原理。 (4) 掌握基于文字识别的系统的实现方法。	(1) 能够充分理解文字识别算法的实现逻辑。 (2) 能够通过文字识别算法实现对票据进行分类应用。 (3) 能通过文字识别算法，将人工智能技术应用在其他领域。	从生活中的应用与行业的实施报告进行引入，讨论票据文字识别算法的应用场景与方向，思考文字识别的重要性与意义。

【课程思政】

从实际问题出发，提出需要提取和识别文字的需求，例如，从一份纸质文档中提取特定信息、从一张图片中识别文字等。让学生了解文字提取和识别技术在日常生活和工作中的重要性，并激发他们的学习兴趣；也可选取几个典型的文字提取或识别案例，例如，公司使用 OCR 技术从客户发票中提取信息，公安部门使用人脸识别技术从监控视频中识别嫌疑人等。让学生了解文字提取和识别技术在不同领域的应用情况，并分析不同案例的优缺点和适用场景。

【知识框架】

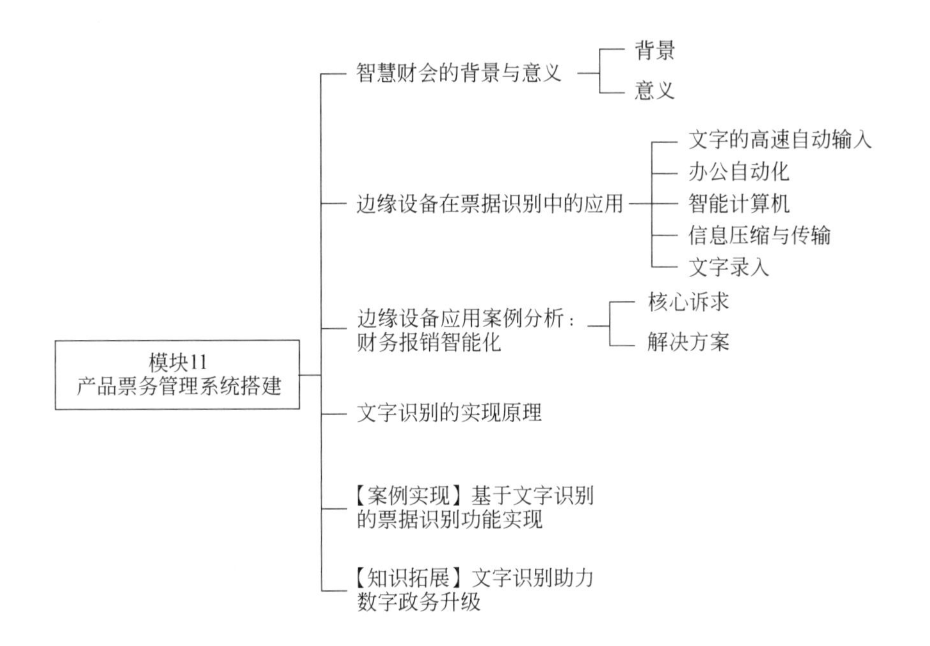

【知识准备】

11.1 智慧财会的背景与意义

11.1.1 背景

在经济全球化和未来不确定的环境下，企业产生了大量非结构化数据(数据结构不规则或不完整，没有预定义的数据模型，不方便用数据库二维逻辑表来表现的数据，包括所有格式的办公文档、文本、图片、各类报表、图像和音频和视频信息等)。而非结构化数据对企业决策甚为关键，以往的财务工作却无法获取并处理这些数据。新技术的不断涌现不仅改变着企业的商业模式和市场竞争模式，也推动着财务管理模式的变革，让财务工作更加简洁高效。

例如，智联网技术能收集汇总海量数据；大数据和云计算技术能从海量数据中提取稀疏的高价值信息，从而进行数据挖掘与模型分析；人工智能技术以海量数据为基础进行反复深度学习，为企业提供更好的财务服务和决策支持；人机交互让复杂的财务数据以自然语言等形式随时随地展现；区块链技术能解决数据存储不安全等问题。在新技术的支撑下，未来的财务工作将达到“智慧”的高度，即采取智慧财务模式，而不是简单的自动化流程或者智能化流程。如图 11-1 所示为电子门票管理系统。

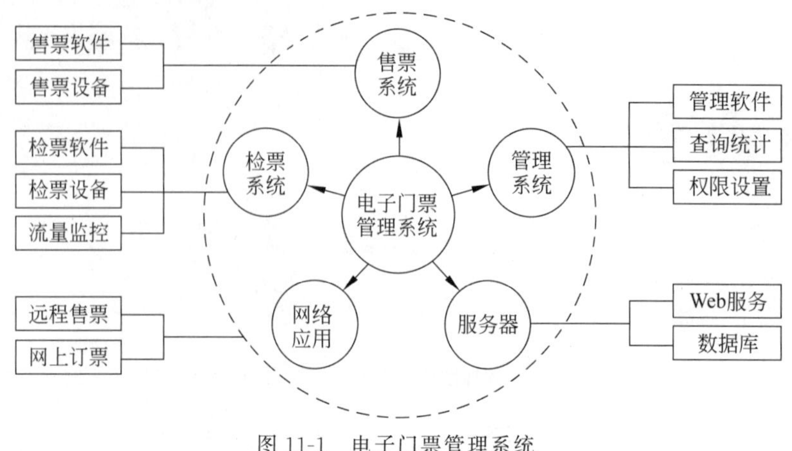

图 11-1 电子门票管理系统

11.1.2 意义

智慧财务系统,如图 11-2 所示,是在传统财务数字化的基础上发展出的,应用新技术为企业赋能,以改善会计信息质量,提高会计工作效率,降低会计工作成本,提升会计合规能力和价值创造能力,促进企业财务在管理控制和决策支持方面为目标的新型财务管理体系。在经济全球化和未来不确定的环境下,企业产生了大量非结构化数据,而非结构化数据对企业决策甚为关键,以往的财务工作却无法获取并处理这些数据。新技术的不断涌现不仅改变着企业的商业模式和市场竞争模式,也推动着财务管理模式的变革,让财务工作更加简洁高效。例如,智联网技术能收集汇总海量数据;大数据和云计算技术能从海量数据中提取稀疏的高价值信息,从而进行数据挖掘与模型分析;人工智能技术以海量数据为基础进行反复深度学习,为企业提供更好的财务服务和决策支持;人机交互让复杂的财务数据以自然语言等形式随时随地展现;区块链技术能解决数据存储不安全等问题。在新技术的支撑下,未来的财务工作将达到"智慧"的高度即采取智慧财务模式,而不是简单的自动化流程或者智能化流程。智慧财务颠覆了传统业务和财务流程,打破了企业间的物理壁垒,从而打造出有利于价值提升的一体化模式,并将适应新的商业模式和市场竞争模式,为企业的创新变革提供新的动能,满足企业各种管理需求。

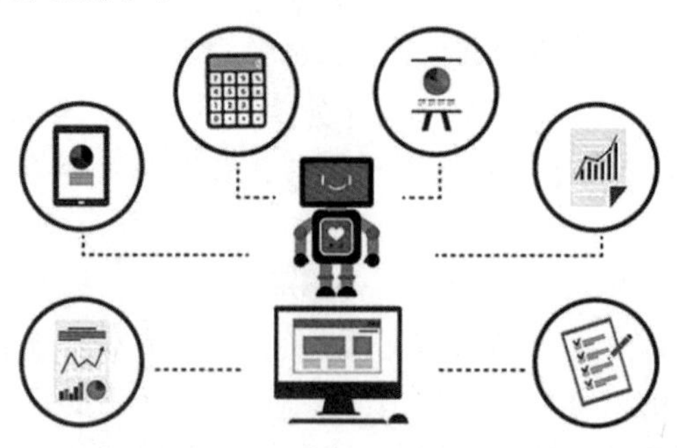

图 11-2 智慧财务系统

智慧财务系统包括6个特征：海量数据、人类思维、高速精准、人机交互、场景化、颠覆性。

1. 海量数据

由于大数据具有体量大、类型多、处理速度快、应用价值高等优势，在社会各领域得到广泛应用，尤其对企业财务管理工作来说，企业在经营发展过程中将产生大量的财务数据。人工智能边缘计算技术对这些数据进行分析和处理，既能够提高工作效率，也能够为企业的正确决策提供确凿的参考数据。近年来，随着大数据管理方式的日渐成熟，企业财务管理逐步向标准化、智能化方向过渡，并且搭建了一个以大数据为核心技术的智慧财务管理平台，财务数据的应用价值逐步浮出水面，企业的财务管理水平迈向了新的高度。因此，本文将围绕大数据技术在财务管理工作中的应用优势，以及基于大数据的智慧财务管理的有效策略予以全面阐述。

2. 人类思维

在未来，智慧财务将充分发挥财务机器人的作用，如图11-3所示，财务机器人基于算法和大数据，以智联网采集的数据为基础进行深度学习，了解人类采集、处理、分析、预测和决策的逻辑思维，根据企业提出的需求，自我修改原有的分析模型，模仿财务人员进行财务预测、管理和决策，为企业提供更好的财务服务和决策支持。

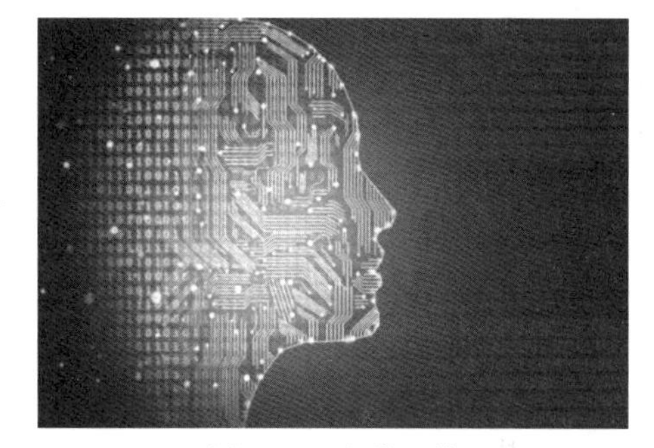

图11-3　人类思维

3. 高速精准

在智慧财务时代，智联网的智能终端根据管理需求实时采集和处理所需数据，云平台提供数据的存储和高速计算功能，人工智能基于算法和大数据精准提供管理决策所需的方案，运用这些技术，财务人员能快速汇总、处理和分析财务数据，非财务人员能迅速针对财务部门提供的管理决策报告做出反馈。

4. 人机交互

财务人员与财务机器人，如图11-4所示，采用表情、自然语言和肢体动作等随时随地交互，让会计语言和机器人的交流更为便捷、准确和有效，将信息呈现在三维立体界面中，使企业的对外报表和对内报表更加逼真、多维和形象，极大地降低了对财务报表使用者财务知识的要求，使其决策速度及准确性得到有效提升。

5. 场景化

采用虚拟现实和增强现实技术以及人机自然交互技术，为财务人员和管理人员提供预测、管理和决策的各类虚拟场景。人机交互技术的使用使得管理人员能够进入虚拟场景中使用财务数据，财务数据将以极其丰富的形式呈现，包括视频、虚拟成像、虚拟场景等。财务

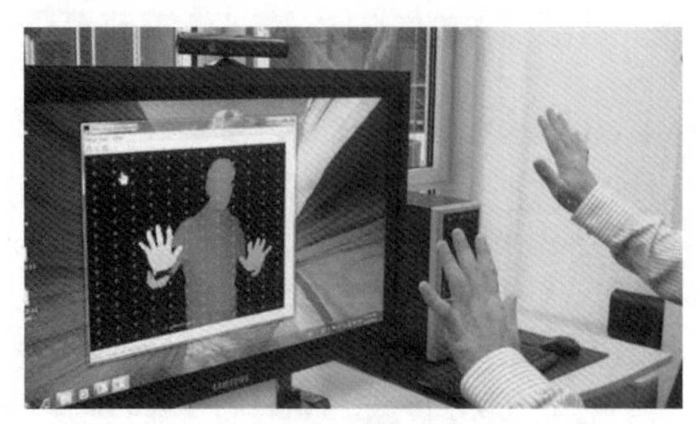

图 11-4 人机交互

人员与业务人员的沟通交流也能通过虚拟场景实现,通过可视化、触觉、听觉、味觉等虚拟和体验各种可能的结果。

6. 颠覆性

智慧财务基于人工智能、大数据、智联网等新技术和新工具,全面变革复式记账法,修改会计准则和会计制度,为会计信息的生成提供新的路径,为财务的管理和决策提供实时、动态和虚拟的场景,为企业的战略提供海量数据的支撑,为财务工作的有效性提供有力保证,为企业创造更多价值,推动财务人员转型,颠覆了现有的财务模式。

11.2 边缘设备在票据识别中的应用

11.2.1 文字的高速自动输入

使文字高速自动输入计算机,解决了文字信息处理中手动输入效率低这一关键问题。随着计算机技术的发展,文字信息处理系统处理和输出文字的高速度,越来越和使用手工输入方式的低速产生矛盾,使得文字输入计算机成为整个系统效率的瓶颈。代替手工自动输入文字的自动输入方法,虽然有文字字符识别和文字语音识别两种,但是,使文字高速输入计算机,在原理上能与文字输出速度相匹配。从目前看,文字字符识别是唯一的方法。

11.2.2 办公自动化

文字识别是办公自动化和建立语言语料库不可缺少的文字自动输入设备的基础和便于输入的手段,也是建立在自然语言理解基础上的自动翻译的理想输入方法。因此,办公自动化在一定程度上提高了工作者的办公效率,从而帮助企业节约了时间成本。

11.2.3 智能计算机

文字识别是智能计算机智能接口的组成部分。智能计算机是在更高程度上,更完善地模拟和取代人类部分脑力劳动的全新一代计算机。智能计算机能识别文字、图形和景物,能听懂语言,能理解文章。视觉是智能计算机接受外界信息的重要手段。随着文献、资料、统计报表等逐年增加,对文字信息识别的智能接口也日渐重要。

11.2.4　信息压缩与传输

文字字符是关于信息压缩与传输的典型例子。文字字符点阵图像经计算机识别后形成的字符代码,信息容量不到原来图像的百分之一,这不但节约了硬件设备的存储空间,还提高了传输速度。因此,文字字符识别对文字信息压缩和传输有重要意义。

11.2.5　文字录入

联机手写体文字字符识别是一种很方便的文字输入方法,是在各种自动识别输入的方法中,能够完全代替或部分代替人工编码输入的唯一可能的方法。笔迹鉴别仪器以及利用文字识别技术制成的自动阅读机等,对扩大计算机在国民经济各部门的应用具有实际意义。

11.3　边缘设备应用案例分析:财务报销智能化

11.3.1　核心诉求

企业员工在日常差旅报销时,需要手动将火车票、住宿费发票中的金额、座席等信息录入系统中,会计再根据员工录入的信息,核验员工职级与报销标准是否匹配。以往手动录入信息的方式需要员工反复核对信息的准确性及完整性,同时审核人员也需要花费大量的时间进行人工校对,极大影响了工作效率。因此,移动设计院希望借助 AI 技术,减少日常报销中手动录入准确率低、完整性差、校对耗时的问题。

11.3.2　解决方案

移动设计院通过将百度大脑 iOCR 文字识别财会版整合至报账系统中,如图 11-5 所示,让企业员工在填报账单时,仅需将火车票、住宿费发票拍照上传至系统中,即可自动生成行程信息、住宿信息,系统将自动校验员工职级与报销标准是否符合规定,并在会计审批时进行系统提示。将以往需要 20min 的人工填报缩短至 1min,报销人员只需核查票据信息便可,显著提升了工作效率。

图 11-5　文字识别

主要拥有以下4个优势。

1. 全场景适配

如图11-6所示,支持任意固定版式卡证、票据的模板制作,实现结构化识别,应用场景广泛。

图11-6 全场景适配

2. 操作简单

仅需提供一张模板图片,即可在5min内完成自定义模板制作,实现对相同版式图片的结构化识别。

3. 自动分类

仅需提供30张相同版式图片,即可自助定制分类器,节省人工分类的成本。同时,也预置了大量常用票据训练集,供用户直接训练使用。

4. 准确率高

针对各类票据的打印字体和样式、套打偏移情况进行专项优化,识别准确率可达95%,卡证、票据分类准确率为99%以上。

11.4 文字识别的实现原理

文字识别系统本质上是一种图像识别系统,原理就是根据文字图像的特征实现文字图像区域的定位和分割,将真正的文字图形分割出来,以便后续进行识别。识别与处理部分的功能是将已分割出的文字图形信息加以区分,去除信号中的污点、空白等噪声,增强文字图像的信息。并根据一定的准则除掉一些非本质信号,对文字的大小、位置和笔画粗细等进行规范化,以便简化判断部分的复杂性。特征提取部分是从整形和规范化的信号中抽取反映字符本身的有用信息,供识别部分进行识别。作为特征提取的内容是比较多的,可以是几何特征,如文字线条的端点、折点和交点等。识别判断部分则是根据抽取的特征,运用一定的识别原理,对文字进行分类,确定其属性,达到识别的目的,实际上判断部分就是一个分离器。

文字识别实现可以分为以下三个步骤。

1. 图文输入

如图 11-7 所示，是指通过输入设备将文档输入计算机中，也就是实现原稿的数字化。现在用得比较普遍的设备是扫描仪。文档图像的扫描质量是文字识别软件正确识别的前提条件。恰当地选择扫描分辨率及相关参数，是保证文字清楚、特征不丢失的关键。此外，文档应尽可能地放置端正，以保证预处理检测的倾斜角小，在进行倾斜校正后，文字图像的变形就小。这些简单的操作，会使系统的识别正确率有所提高。反之，由于扫描设置不当，文字的断笔过多可能会分检出半个文字的图像。文字断笔和笔画粘连会造成有些特征丢失，在将其特征与特征库比较时，会使其特征距离加大，识别错误率上升。

2. 预处理

如图 11-8 所示，扫描一幅简单的印刷文档的图像，将每一个文字图像分检出来交给识别模块识别，这一过程称为图像预处理。预处理是指在进行文字识别之前的一些准备工作，包括图像净化处理，去掉原始图像中的显见噪声（干扰）。主要任务是测量文档放置的倾斜角，对文档进行版面分析，对选出的文字域进行排版确认，对横、竖排版的文字行进行切分，每一行的文字图像的分离，标点符号的判别等。这一阶段的工作非常重要，处理的效果直接影响到文字识别的准确率。版面分析是对文本图像的总体分析，是将文档中的文字内容按不同类型（如文本、图形、公式、表格等）划分出来，区分出文本段落及排版顺序，以及图像、表格的区域。将各文字块的域界（域在图像中的始点、终点坐标），域内的属性（横、竖排版方式）以及各文字块的连接关系作为一种数据结构，提供给识别模块自动识别。对于文本区域直接进行识别处理，对于表格区域进行专用的表格分析及识别处理，对于图像区域进行压缩或简单存储。行字切分是将大幅的图像先切割为行，再从图像行中分离出单个字符的过程。

图 11-7　图文输入

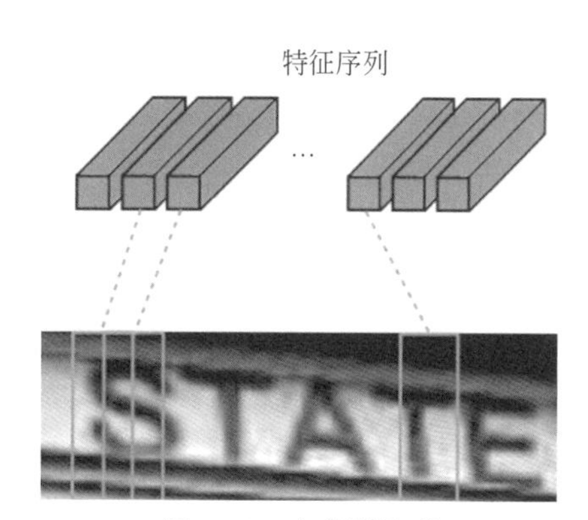

图 11-8　文字预处理

3. 单字识别

单字识别是体现文字识别的核心技术。从扫描文本中分拣出的文字图像，由计算机将其图形、图像转变成文字的标准代码，是让计算机“认字”的关键，也就是所谓的识别技术。

就像人脑认识文字是因为在人脑中已经保存了文字的各种特征，如文字的结构、文字的笔画等。要想让计算机来识别文字，也需要先将文字的特征等信息存储到计算机里，但要存储什么样的信息以及怎样获取这些信息是一个很复杂的过程，而且要达到非常高的识别率才能符合要求。通常采用的做法是根据文字的笔画、特征点、投影信息、点的区域分布等进行分析。

实操讲解

【案例实现】 基于文字识别的票据识别功能实现

基于模块描述与知识准备的内容，基本了解了票据识别系统的搭建过程。为了能够实现票据识别系统在智能边缘设备上的使用，可以尝试编写并运行代码，调用已经在边缘设备部署好的模型，实现票据中的文字识别。

票据识别模型能够实现对票据中的文字进行检测和识别，实现图片转文字的功能。接下来将基于在智能边缘设备部署的票据识别模型，通过在边缘设备中编写相关程序并启动程序，程序能够实现对指定票据图片进行文字识别，展示票据图片的检测框并输出票据文字的识别结果。

本次案例实训的思路如下。

(1) 加载文字识别模型。通过 PaddleHub 库的相关命令加载文字识别模型到本地，用于调用识别票据图像。

(2) 单张票据文件识别。编写相关代码调用文字识别模型，对单张票据图像进行识别，展示检测结果并输出票据文字识别结果。

(3) 多张票据文件识别。编写相关代码调用文字识别模型，读取存放票据图像路径的文件，实现对多张不同类型的票据图像进行识别，并输出票据文字识别结果。

任务 1：加载文字识别模型

接通边缘设备电源，通过本地连接或者远程连接的方式进入边缘设备的桌面，在边缘设备的桌面中单击右键，选择 Open Terminal 选项打开终端命令行，如图 11-9 所示。

在终端命令行中输入以下命令，切换到本次案例对应的文件夹。

```
cd Desktop/projects/char11/
```

PaddleHub 中包含多个开源的 OCR 文字识别模型，包含适用于移动端的超轻量模型“chinese_ocr_db_crnn_mobile”、适用于服务端的高精度模型“chinese_ocr_db_crnn_server”等。在本次案例中，将选择“chinese_ocr_db_crnn_mobile”进行部署应用。在终端命令行中输入以下命令，即可加载指定模型到本地。

```
hub install chinese_ocr_db_crnn_mobile
```

在终端命令行输入上述命令并执行后，可以看到“Module chinese_ocr_db_crnn_mobile already installed”，表示模型已经加载至本地，可以通过以下命令查看已经加载在本地的模型。

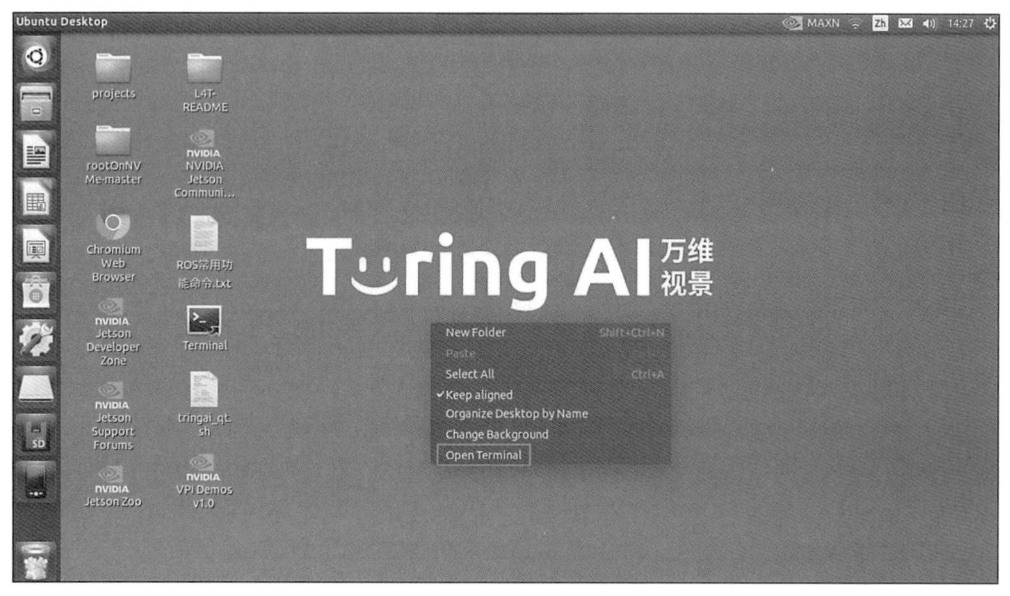

图 11-9　打开终端命令行

```
hub list
```

在终端命令行输入上述命令并执行后，可以看到如图 11-10 所示的输出，可以看到本次案例所使用的"chinese_ocr_db_crnn_mobile"已经加载至本地，后续可编写代码对模型进行调用识别。

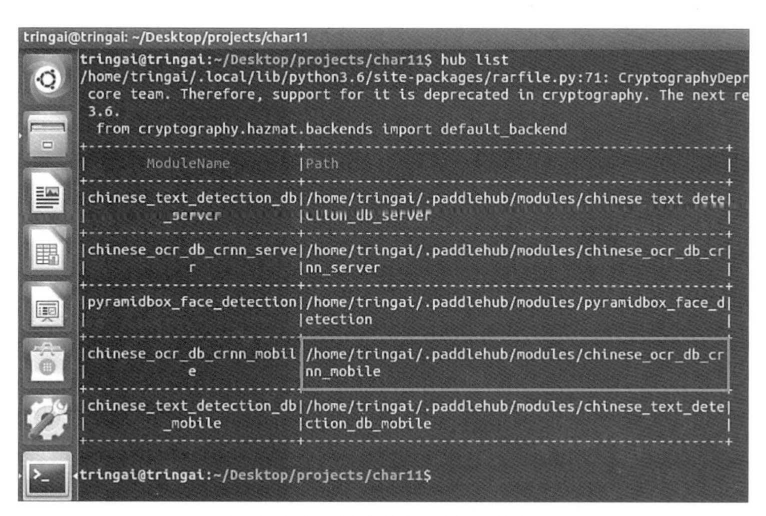

图 11-10　查看本地已加载模型

任务 2：单张票据文件识别

文字识别模型加载完成后，接下来编写相关代码对模型进行调用，实现单张票据文件的识别。

在打开的终端命令行中输入以下命令，新建一个名为 single_ocr.py 的代码文件，用于编写代码实现单张票据文件的识别与结果输出展示。

```
gedit single_ocr.py
```

在终端命令行中输入上述命令后，即可打开一个名为 single_ocr.py 的文本编辑器窗口，如图 11-11 所示。接下来就可以在文本编辑器中编写相关代码进行单张票据文件的识别。

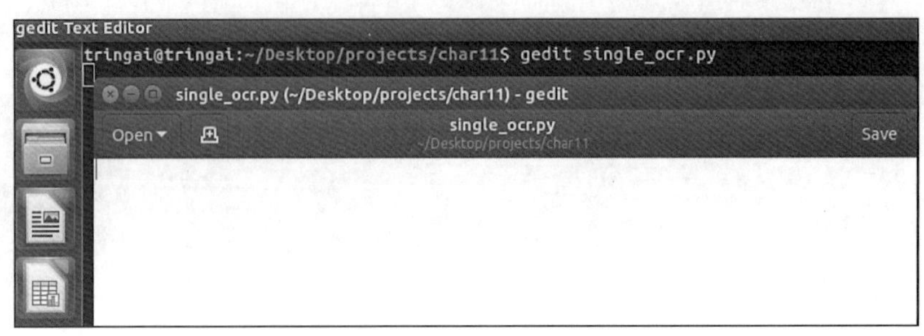

图 11-11　新建 single_ocr.py 文件

首先引入调用模型所需的 PaddleHub 库、图片读取所需的 OpenCV 库以及图片显示所需的 Matplotlib 库，代码如下。

```
import paddlehub as hub
import cv2
import matplotlib.pyplot as plt
```

接着使用 OpenCV 中的 imread()函数将待识别的票据图像读取加载到 img 变量中，代码如下。

```
img = [cv2.imread('1.png')]
```

随后即可创建 OCR 对象，通过使用 PaddleHub 中的 Module()方法加载文字识别模型用于后续进行票据图像的识别，其中，name 参数为加载指定名称的模型，代码如下。

```
ocr =hub.Module(name='chinese_ocr_db_crnn_mobile')
```

创建完对象后，即可使用 recognize_text()方法将读取的待识别票据图像传入 images 参数中，并将检测结果保存到 result 变量中，最后将文字识别结果进行输出，代码如下。

```
result =ocr.recognize_text(images=img)
print(result)
```

获取到文字识别结果后，接着将返回的结果中检测框的坐标进行数据提取，接着根据检测框的坐标数据绘制检测框到票据图片上进行展示。

首先将返回结果使用 dict()方法转为字典类型，接着将识别部分的数据提取到 words 变量中，并定义 rects 列表用于存放检测框坐标数据，代码如下。

```
result_dict =dict(result[0])
words =result_dict['data']
rects =[]
```

获取识别结果数据 words 后，依次遍历数据，并将数据中的文字数据提取进行输出，将检测框坐标数据提取到 points 变量中，最后将其添加到用于存放检测框坐标的 rects 列表中，代码如下。

```
for word in words:
    print(word['text'])
    points =word['text_box_position']
    rects.append(points)
```

获取相关数据后，接下来即可根据检测框的坐标数据，在原图上绘制检测框的线条，并将绘制的结果使用 OpenCV 的 imwrite()函数进行保存，最后将绘制结果进行展示，代码如下。

```
img =cv2.imread('1.png',1)
for rect in rects:
    p1 =(rect[0][0],rect[0][1])
    p2 =(rect[1][0],rect[1][1])
    p3 =(rect[2][0],rect[2][1])
    p4 =(rect[3][0],rect[3][1])
    cv2.line(img,p1,p2,(0,0,255),2)
    cv2.line(img,p2,p3,(0,0,255),2)
    cv2.line(img,p3,p4,(0,0,255),2)
    cv2.line(img,p4,p1,(0,0,255),2)
cv2.imwrite('ocr_result.png',img)
plt.imshow(img)
plt.show()
```

在文本编辑框中编写完成上述代码后，按 Ctrl+S 组合键或单击 Save 按钮保存，接着单击关闭界面的按钮即可完成对 single_ocr.py 代码文件的编写，如图 11-12 所示。

代码文件保存完成后，在终端命令行中输入以下命令，即可运行 single_ocr.py 代码文件，实现单张票据文件的识别与展示。

```
python3 single_ocr.py
```

在终端命令行中输入上述命令并执行后，即可在终端命令行中看到输出的单张票据文字识别结果和弹出的文件识别检测框图像，如图 11-13 所示。

以上便是单张票据文件识别的步骤，可以尝试更换不同的票据进行识别。

任务 3：多张票据文件识别

PaddleHub 的文字识别模型支持多张票据图片的识别，现有一个存放票据图片文件路

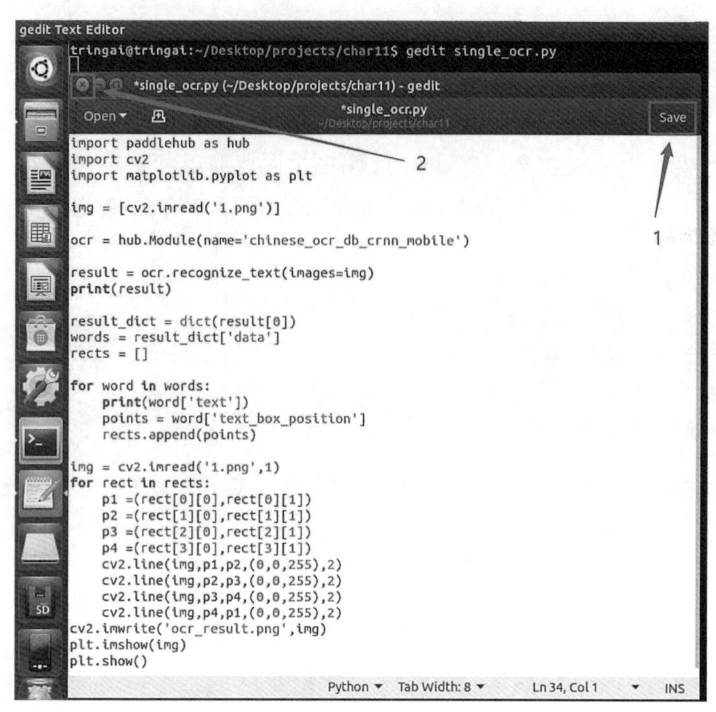

图 11-12　保存 single_ocr.py 代码文件

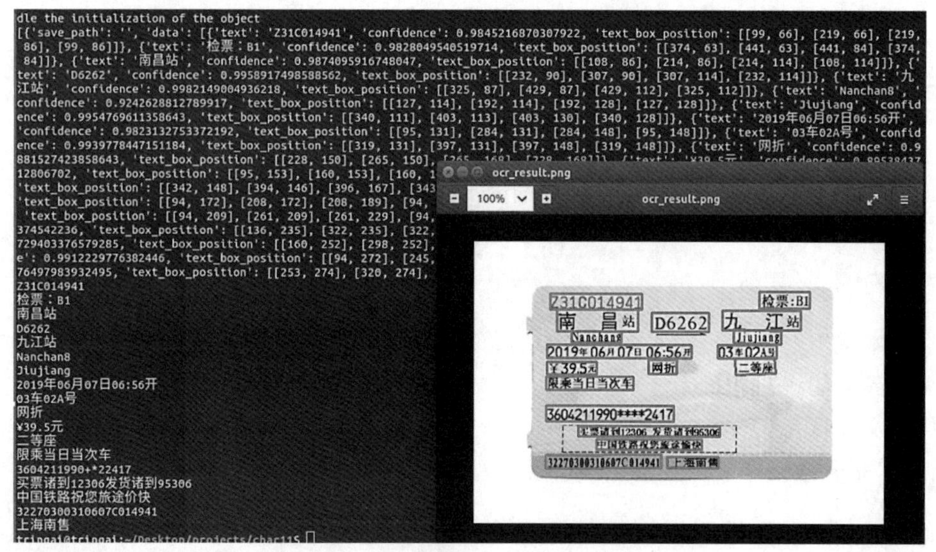

图 11-13　单张票据文件识别效果

径的 TXT 文件，可以读取该文件中的票据图片文件路径，并调用文字识别模型对多张票据图片进行识别，最终输出结果。

首先在终端命令行中输入以下命令，新建一个文件名为 mult_ocr.py 的代码文件，用于编写代码实现多张票据图片文件的识别与结果输出。

```
gedit mult_ocr.py
```

在终端命令行中输入上述命令并执行后，即可打开一个名为 mult_ocr.py 的文本编辑器窗口，如图 11-14 所示。接下来就可以在文本编辑器中编写相关代码进行多张票据文件的识别。

图 11-14　新建 mult_ocr.py

与任务 2 相似，首先引入所需的 PaddleHub 和 OpenCV 库，并定义 img_list 列表用于存放读取票据图像数据，代码如下。

```
import paddlehub as hub
import cv2

img_list = []
```

接着读取存放多张票据图片文件路径的 ocr_img.txt 文件，并通过 OpenCV 的 imread()函数读取票据图片，最后将读取的图片数据添加到 img_list 列表中，用于后续传入模型进行识别，代码如下。

```
with open ('./ocr_img.txt', 'r') as f:
    img_path = f.read().split('\n')
    for path in img_path:
        img = cv2.imread(path)
        img_list.append(img)
```

多张票据图片文件数据读取完成后，接下来就可以通过 PaddleHub 中的 Module()方法创建 OCR 文字识别对象，并将读取到的票据图像数据依次传入模型进行识别，将文字识别结果提取出来后进行输出，最后将绘制检测框的结果保存到本地，代码如下。

```
ocr = hub.Module(name='chinese_ocr_db_crnn_mobile')

results = ocr.recognize_text(images=img_list)
print(results)

for i in range(len(results)):
    print('----------result----------')
    result_dict = dict(results[i])
    words = result_dict['data']
```

```
    rects = []

    for word in words:
        print(word['text'])
        points =word['text_box_position']
        rects.append(points)

    img =cv2.imread(img_path[i],1)
    for rect in rects:
        p1 =(rect[0][0],rect[0][1])
        p2 =(rect[1][0],rect[1][1])
        p3 =(rect[2][0],rect[2][1])
        p4 =(rect[3][0],rect[3][1])
        cv2.line(img,p1,p2,(0,0,255),2)
        cv2.line(img,p2,p3,(0,0,255),2)
        cv2.line(img,p3,p4,(0,0,255),2)
        cv2.line(img,p4,p1,(0,0,255),2)
    cv2.imwrite(f'{str(i+1)}_result.png',img)
```

上述代码在文本编辑框中编写完成后,按 Ctrl+S 组合键或单击 Save 按钮保存编辑完成的代码文件,接着单击关闭界面的按钮即可完成对 mult_ocr.py 代码文件的编写,如图 11-15 所示。

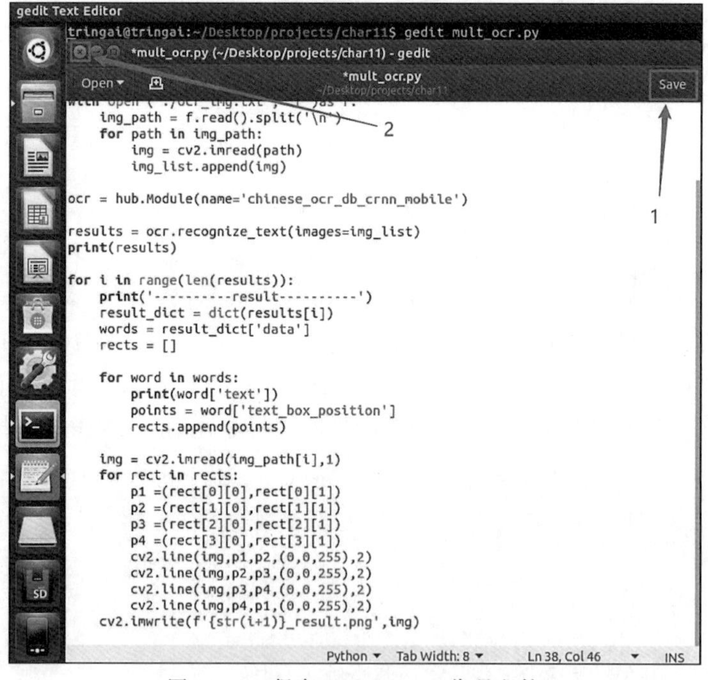

图 11-15 保存 mult_ocr.py 代码文件

代码文件保存完成后,在终端命令行中输入以下命令,即可运行 mult_ocr.py 代码文件，实现多张票据文件的识别。

```
python3 mult_ocr.py
```

在终端命令行中输入上述命令并执行后，即可在终端命令行中看到输出的多张票据文字识别结果，如图 11-16 所示，并且在与代码文件同一目录下保存了绘制有检测框的结果图像。

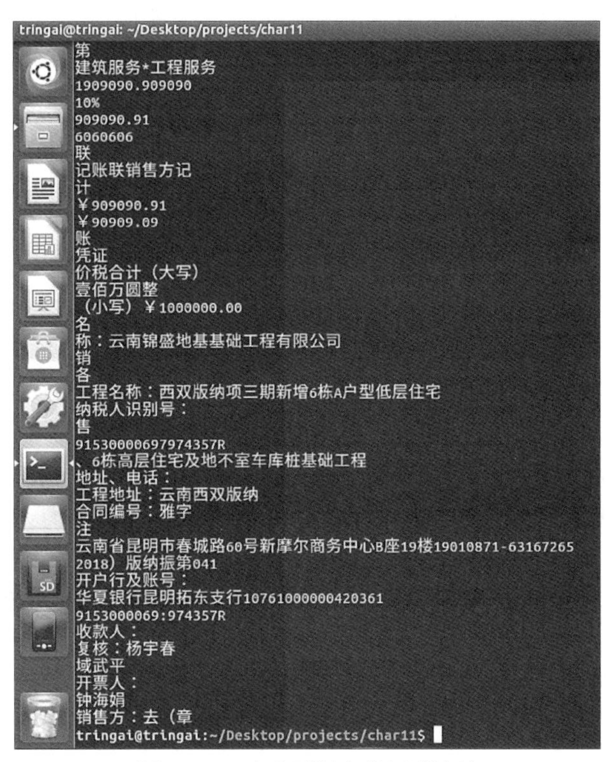

图 11-16　多张票据文件识别效果

以上便是多张票据文件识别的步骤，可以尝试更换不同的文字识别模型对票据图像进行识别。

【模块小结】

本模块首先介绍智慧财会的背景与意义，阐述了智慧财会系统的 6 大特征，还介绍了边缘设备在财会领域的核心诉求及解决方案，最后介绍文字识别的实现原理，并基于所学知识展开基于文字识别的票据识别功能案例实现，掌握如何使用边缘设备实现财会领域的票据识别应用。

【知识拓展】　文字识别助力数字政务升级

2022 年 3 月 5 日，《政府工作报告》提出加强数字政府建设，推动政务数据共享。智慧政务旨在助力政务决策、业务流程优化,提升利企便民的服务体验,是提升政府监管效能和公共服务能力的关键之举,是智慧城市的重中之重。

政务治理主要指智慧城市中与政府公务相关的场景,包括信息采集、审核与服务等。良好的政务治理水平能够为民生服务提供便捷高效的办理体验,增加民政沟通互动,对政务信息的数字化建设也可以方便查询与检索。

随着中国各行业数字化转型速度的加快,越来越多的民众已经体验到数字化给生活带来的便捷,文字识别技术作为政务治理智慧化转型中的关键技术,拥有多种应用场景。

例如,在疫情防控、人口普查、客流抽样调查时,各职能部门需要批量采集民众身份证或户口本信息并进行管理,此时可以通过文字识别技术将民众身份证或户口本中的信息进行提取并存储,能够完美解决过去手工逐一登记的方式人力投入大、耗时长、效率无法满足紧急事务等问题,大幅提升政务工作的效率,并确保录入信息的准确性,同时让政务人员摆脱简单、枯燥的机械化材料采集、核对工作。

【课后实训】

(1) 文字识别系统本质上是一种(　　)系统。【单选题】

A. 图像识别

B. 语音识别

C. 信号处理

D. 语音解码

(2) 文字字符点阵图像经计算机识别后形成的字符代码,信息容量不到原来图像的(　　)。【单选题】

A. 十万分之一

B. 万分之一

C. 千分之一

D. 百分之一

(3) 文字断笔和笔画粘连会造成有些特征丢失,在将其特征与特征库比较时,会使其识别错误率(　　)。【单选题】

A. 下降

B. 不变

C. 上升

D. 减少一半

(4) 文字识别实现可以分为以下三个步骤,分别是________、________和________。【填空题】

(5) 单字识别是体现文字识别的核心技术。(　　)【判断题】

(6) 根据你的生活经验和查询的网络资源,请列举边缘设备在文字识别中的应用。【简答题】

模块12 智能客户服务系统搭建

理论讲解

智能客服系统是在大规模知识处理基础上发展起来的一项面向行业应用的，适用大规模语音识别、语音合成、知识管理、自动问答系统、推理等技术的垂直领域，智能客服系统不仅为企业提供了细粒度知识管理技术，还为企业与海量用户之间的沟通建立了一种基于语音识别的快捷有效的技术手段，能够为企业提供精细化管理所需的统计分析信息。

【模块描述】

本模块涉及智能客服领域，将阐述智能客服的背景与意义，同时介绍人工智能边缘设备在智能客服领域中的应用，并分析人工智能边缘设备的具体应用案例。在本模块的案例实现中，将使用人工智能边缘设备调用基于百度 AI 开放平台的语音识别 API，从而进一步理解语音识别用途和使用方法。

【学习目标】

知识目标	能力目标	素质目标
(1) 了解智能客户服务系统的意义。 (2) 了解语音识别的行业应用案例。 (3) 熟悉语音识别的实现原理。 (4) 掌握基于语音识别的人机对话系统的实现方法。	(1) 能够充分理解语音识别算法的实现逻辑。 (2) 能够通过语音识别算法实现电子产品分类应用。 (3) 能够通过语音识别算法，将人工智能技术应用在其他领域。	从智能客服的应用与行业的研究报告进行引入，讨论语音识别算法的应用场景与方向，发散思考客服智能中心化技术的发展前景。

【课程思政】

智能客服系统基于 NLP、ML 和 KG 等核心技术，具有许优点，例如，实现自动处理、成本低。智能客服系统的应用范围也非常广泛，例如，在电商、金融、旅游和教育等领域，都可以使用智能客服系统提供更好的客户服务。这些技术的应用使得系统可以更准确、更快速、更高效地响应和处理用户问题，提高了客户服务质量和效率。通过分析这些技术的应用,可以了解到智能客服系统是如何帮助企业提高客户服务质量并降低成本的,从而提高学生分析问题的能力以及AI赋能行业带来的深远影响。

【知识框架】

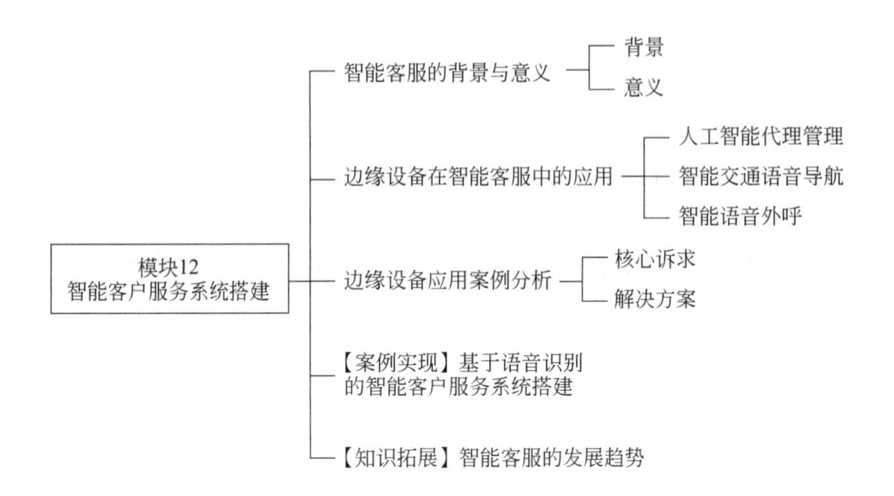

【知识准备】

12.1 智能客服的背景与意义

12.1.1 背景

随着互联网时代的到来,人们使用的终端设备从传统的PC、电视、电话转到了智能手机、智能穿戴等设备上,网络信息也呈现出共享化、个性化、实时化、大数据化等特点。

人们生活节奏的加快,使人们追求更高质量的生活,对服务也提出了更高的要求,能否及时、准确地解决生活中遇到的问题是人们评价提供的服务好坏的重要指标。

然而面对大数据化的信息,仅依靠传统的人工客服解决用户问题已经无法满足用户的需求。人工智能技术的进步,语音识别技术、自然语言处理等技术的成熟,智能客服的发展很好地承接了当下传统人工客服所面临的挑战。智能客服能够24h在线为不同用户同时解决问题,工作效率高等特点,是传统人工客服不能替代的,它能为公司节省大量的人工客服成本。

12.1.2 意义

目前智能客服应用场景比较广泛,涉及金融、房地产、教育等行业,主要有智能外呼、在线客服等应用场景。在线客服中,主要是通过语音助手等形式,用户和机器人进行交互,机器人会根据用户的问题,通过自然语言处理,解析用户的问题,反馈给用户相关的答案,如阿里小蜜、百度智能语音等。外呼场景里主要用在贷款催收、房屋销售、活动邀约等，通过机器的话术引导与用户对话，筛选出意向用户，对用户进行分类。

智能客服系统具有4个主要功能：多客服接待、快捷回复、聊天记录长久保存、机器人客服。

1. 多客服接待

支持多个客服同时在线，并为访客智能分配专属客服，避免客服接待混乱的问题。

很多公司的宣传渠道都比较广泛，如官网、App、微信、微博等平台，多平台客服运营一直是企业客服流程的痛点。在线客服支持公司的多个渠道接入，并能在后台统一管理消息，坐席也不再需要分别在不同渠道回复访客、在系统及时同步更新所有消息进行回复，缩短了访客等待时间，提高了客服工作效率。

2. 快捷回复

强大的知识库功能为客服沟通效率提供了有力保障，支持一键快捷回复。

在以往的问题总结中，访客问的基本上是重复度很高的问题，无外乎产品功能、产品特点或者其他常见服务，例如，查件取件，这导致客服工作量增加且效率降低。

在线客服提供智能客服机器人，在访客咨询时，可及时回复，通过识别访客问题关键词，然后快捷回复，或者引导访客自助查询。另外，当机器人回答不了时可以转到人工坐席，这样可以节省时间让客服优先处理更为重要的问题，提高客户满意度。

3. 聊天记录长久保存

可以将聊天记录长久存储，随时抽调客户的营销状态，掌握客服人员的话术情况。

客服管理在客服工作的每个环节都有涉及，例如，访客分配、会话质检、客服绩效管理等。客服管理是客服运营的核心部分，智能客服管理就是将人工智能技术应用到以上客服管理工作中，在访客分配环节，可以实时查看坐席工作状态，发现异常及时调整；在会话质检方面，通过语音、语义识别技术对会话详情进行质检，发现敏感词或者关键词时提醒管理人员，及时解决问题。

4. 机器人客服

智能AI机器人客服每时每刻都在线，解决常见问题。

智能客服对用户来说，可以直接为用户提供优质的服务质量，标准化的服务流程，高效的工作效率，为客户第一时间解答困惑，提供服务。对于企业来说，智能客服系统能帮助企业提高客户满意度，降低企业成本。

12.2 边缘设备在智能客服中的应用

12.2.1 人工智能代理管理

人工智能代理是一种实体软件，主要是以各知识库作为依据，及时完成相关任务，分析、处理信息数据。人工智能代理由各领域知识库、数据库、解释推理路、相关通信部分组成。在用户自定义的基础上,人工智能代理管理能够将信息传输到指定位置上,对信息进行搜索,为用户提供更加人性化、智能化的服务。例如,通过分析、处理信息的方式,人工智能代理管理技术向用户传递有效的信息,用户可以通过计算查找到所需的信息,能够为用户节省大量的查找时间。

12.2.2 智慧交通语音导航

智慧交通语音导航是结合人工智能领域的自动语音识别技术、自然语言处理技术以及语音合成技术形成的综合应用,智慧交通语音导航通过对接传统车载系统,形成了扁平化的业务语音导航菜单服务模式。允许电话呼入的用户以开放的方式表述业务需求,也就是说,用户可以直接说出自己想要的服务诉求,系统识别用户语音信息,分析用户诉求并联动其他车载系统进服务。

12.2.3 智能语音外呼

伴随着运营成本的不断提高,电话客服中心也在顺应着从"成本中心向利润中心转移"的大趋势。在这个趋势下,最主要的变化体现在客服在原先的服务职能上,增加了营销职能,智能语音外呼机器人系统提高了智能服务水平,系统针对电话销售、电话营销为主要目的业务流程而量身定制。通过预先设定的语音外呼流程,系统可以实现用户进行身份确认、营销引导、营销信息确认等营销流程。智能营销外呼机器人系统自然流畅的声音、规范统一的标准、热情礼貌的沟通,让对话如同真实的营销人员一样,能轻松完成原来由人工承担的大部分的重复外呼工作,并且可以实时与人工外呼进行切换互补,实现"智能营销外呼机器人+人工外呼坐席"结合的模式,准确把握每个高价值客户的销售机会,极大降低营销成本,提高营销效率。

目前,搭载了人工智能边缘设备的智能外呼机器人系统除了应用在以营销为目的的外呼领域之外,还可以在催收账款、潜客激活和客户回访等多业务层面展开应用。

12.3 边缘设备应用案例分析

12.3.1 核心诉求

某房地产集团产业庞大,楼盘种类丰富,长期以来依赖传统人工呼叫与人工客服通知开盘、邀约看房交房等。随着用人成本的持续上涨,伴随人员流失严重、新员工培训难度大等困扰,希望引入智能外呼释放重复人力劳动,让员工把时间和精力投入到客户二次跟进与更复杂的需求满足上。

核心诉求主要包括以下 3 个问题。

1. 语音转写问题

首先是语音转写,这是最基础的,也是决定用户问题能否解决的关键。但语音转写过程也会存在转写漏字、多字、错字的问题，这也就导致机器在解析用户问句的时候存在问题。目前主要解决的方法就是通过语料训练语音识别的模型，对于敏感的、容易出错的字着重训练，模型最好具备一定的纠错功能，这样才能更好地为后面的语义解析服务。

2. 模型训练和数据准备问题

忽略语音转写的问题，语义解析的好坏主要与模型和训练的数据有关。目前训练模型主要是用机器的深度学习来完成，主要有卷积神经网络(CNN)、循环神经网络(RNN)以及深度置信网络(DBN)。CNN 和 RNN 是监督学习下的机器学习模型，DBN 是一种无监督学习下的机器学习模型。其中，RNN 模型是语音识别领域中最常用的模型，不同的学习模型出来的结果也是不一样的。另一个因素就是训练的数据，保证训练数据尽可能地都是良性的数据，而且训练数据知识覆盖面的程度越广，能解析的知识点就会越多。

3. 用户问句存在上下文问题

用户对问题描述如果存在上下文的句子，也会影响解析的效果。如果用户对一个问题的描述只有一半，就不知道用户具体想要表达什么，解析的效果会大打折扣，这时就需要配置上下文的服务，通过引导反问用户，来达到解决用户问题的效果。这里也可以延伸出利用知识图谱来完成对用户问句的解决。

12.3.2 解决方案

某 AI 公司使用百度 AI 语音识别技术、理解与交互技术 UNIT 打造了一款智能客服系统，用以解决该房地产集团的多种业务诉求，包括轻松筛选海量意向客户，快速通知并与客户交流现场看房和开盘活动预热暖场等，使智能客服系统具备智慧大脑，可以顺畅达成外呼任务。

该系统主要拥有以下 4 个优势。

(1) 发音流畅，拟人度高。采用基于拼接和神经网络声码器相结合的技术方案，合成的语音听起来情感丰富，高度拟人，流畅自然，适合客服场景。

(2) 更高识别准确率。采用呼叫中心专属语音模型，为智能客服、营销助手等场景提供比普通语音识别更高的识别准确率。

(3) 语速、音调可调节。支持多种参数配置，可根据场景需求对语速、音调、音量进行灵活设置，满足个性化需求。

(4) 语音实时识别。采用针对呼叫中心场景专门训练的语音识别模型，将电话语音实时精准识别为文字。

【案例实现】 基于语音识别的智能客户服务系统搭建

实操讲解

基于模块描述与知识准备的内容，基本了解智能客服系统的常用方法、边缘设备的相关应用案例及实现流程。而在前面的课程中已经学习了如何将模型进行本地部署、调用和测试，本模块将学习使用 API 调用的方式实现语音识别功能。

接下来，将在边缘设备中编写相关代码，向创建好的语音识别 API 发送请求实现语音识别,最终实现启动程序,程序能够调用麦克风录制音频,接着将音频数据发送至语音识别的 API 中进行识别,最后将识别结果输出并保存到指定的 TXT 文档中。

本次案例实训的思路如下。

(1) 创建语音识别应用。创建用于识别音频文件的语音识别应用,后续可将音频文件发送到该应用中进行识别。

(2) 编写语音输入函数。编写相关代码调用麦克风设备,实时录制音频文件,并将文件进行保存。

(3) 编写语音识别函数。编写相关代码将语音识别应用所需的音频文件、API 等参数封装请求体,用于后续发送请求。

(4) 语音识别测试应用。编写相关代码将定义好的请求体发送到语音识别 API 中进行识别,并将结果进行输出和指定文件写入保存。

任务 1:创建语音识别应用

接通边缘设备电源,通过本地连接或者远程连接的方式进入边缘设备的桌面,在边缘设备的桌面中找到 Chromium Web Browser 的浏览器图标,双击图标打开浏览器,如图 12-1 所示。

图 12-1 双击浏览器图标

双击浏览器图标后,若弹出解锁对话框,如图 12-2 所示,则在输入框中输入“dongguan”,单击 Unlock 按钮解锁,即可打开浏览器。

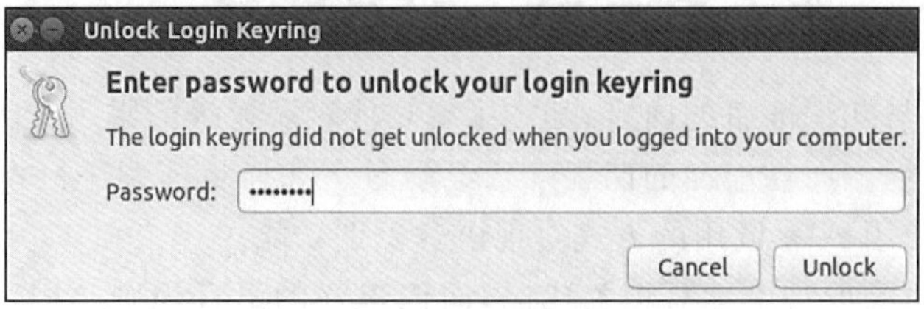

Unlock Login Keyring
Enter password to unlock your login keyring
The login keyring did not get unlocked when you logged into your computer.
Password:
Cancel Unlock

图 12-2 解锁

打开浏览器后，在输入框中输入百度网址进入搜索界面，接着即可在搜索页面中搜索并进入百度智能数据服务平台，进行语音识别应用的创建。

在开始使用百度智能数据服务平台之前，需要先注册百度账号。通过以下步骤注册百度账号，与百度 App、百度贴吧、百度云盘、百度知道等产品通用。若已有百度账号，则可忽略此步。当账号注册完成则使用百度账号登录“百度 AI 开放平台”进行语音识别的应用创建。

1. 注册百度账号

（1）百度搜索“注册百度账号”，单击“注册百度账号”链接，进入网页，如图 12-3 所示。

图 12-3　百度搜索界面

（2）进入账号注册界面后，按照提示填写相关信息，如图 12-4 所示。

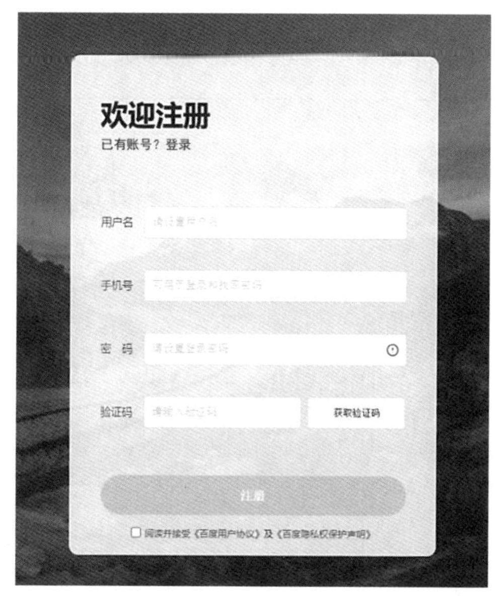

图 12-4　百度账号注册界面

① 用户名：设置后不可更改，中英文均可，最长 14 个英文或 7 个汉字。

② 手机号：用于登录或找回密码。

③ 密码：长度为 8～14 个字符，至少包含字母、数字或标点符号中的两种，不允许有空格、中文。

(3) 相关信息填写完成后，单击“获取验证码”按钮，接收手机短信，将验证码输入对应的输入框中。

(4) 勾选页面下方的“阅读并接受《百度用户协议》及《百度隐私保护声明》”复选框，单击“注册”按钮即可完成注册。

(5) 若在注册或登录过程中遇到问题，可以搜索并进入百度账号系统帮助中心，查看对应的问题及解决方案，如图 12-5 所示。

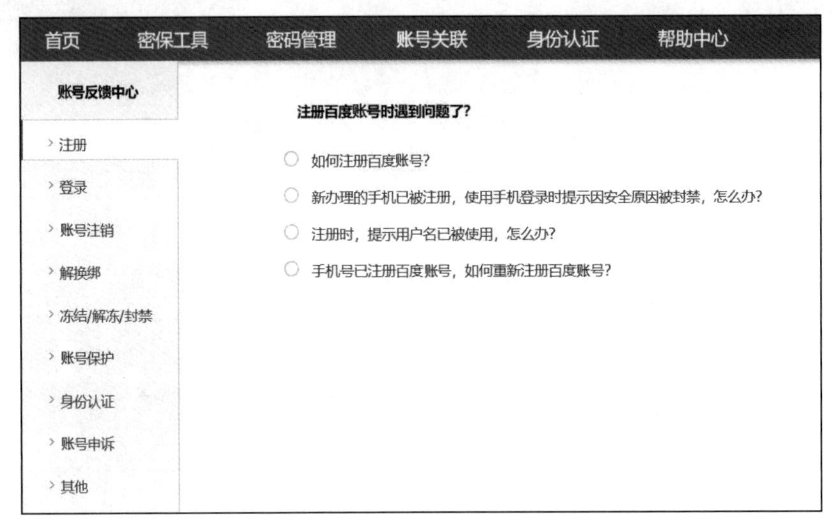

图 12-5 账号帮助中心

(6) 若问题依旧无法解决，则可以单击页面右下角的信封图标，通过咨询在线客服或提供意见反馈的方式寻求百度技术服务人员的帮助，如图 12-6 所示。

图 12-6 百度售后中心

2. 完成开发者认证

百度账号注册完成后，再次登录后将会进入开发者认证页面，可通过以下步骤填写相关信息完成开发者认证。若已经是百度云用户或百度开发者中心用户,则可忽略此步。

(1) 按照提示填写相关信息,如图 12-7 所示。

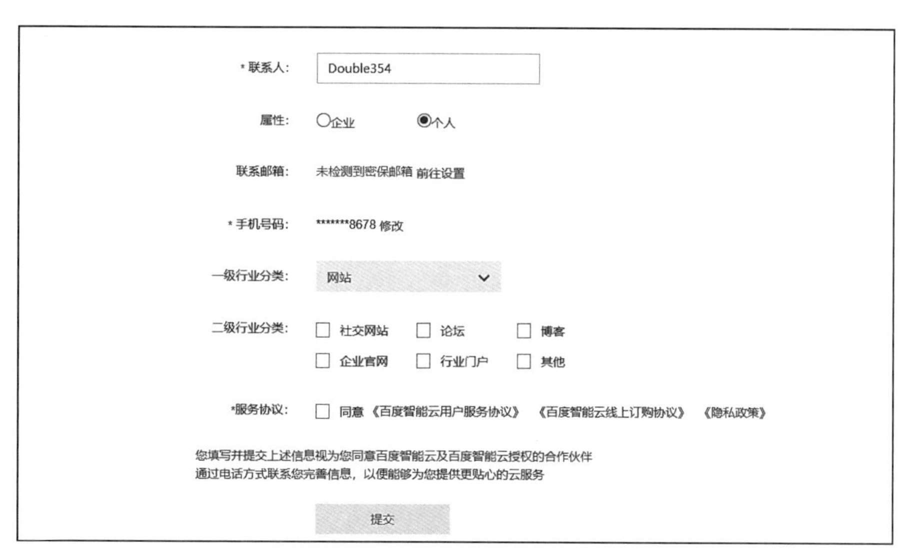

图 12-7　开发者认证中心

① 联系人:注册时使用的用户名。

② 属性:根据个人实际情况选择,一般情况下选择"个人"选项。

③ 联系邮箱:可用于修改密码。若没有设置,可以单击"前往设置"链接进入设置界面。

④ 手机号码:注册时使用的手机号码。

⑤ 一级/二级行业分类:属于非必填项,可根据个人实际情况选择。

(2) 勾选"同意《百度智能云用户服务协议》《百度智能云线上订购协议》《隐私政策》"复选框,单击"提交"按钮即可完成百度开发者认证。

(3) 完成开发者认证后即可进入控制台标签页,在控制台的总览界面可以查看已开通的服务、消费订单、工单等情况,如图 12-8 所示。

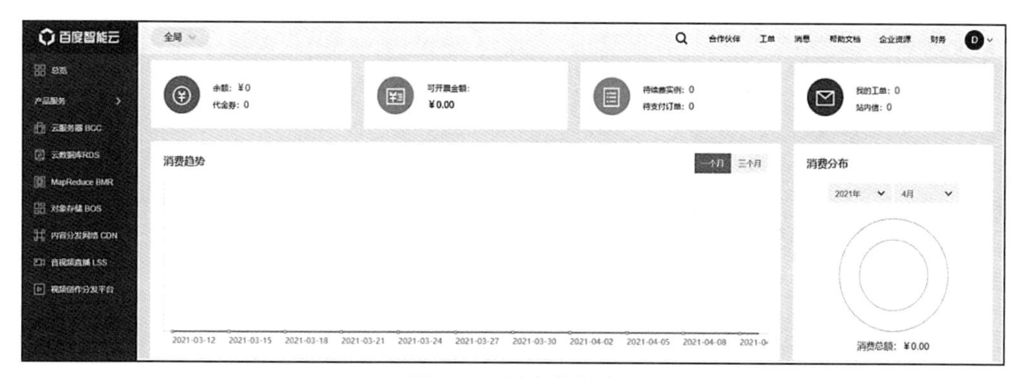

图 12-8　百度控制台

(4) 若需要修改开发者认证信息,则可单击右上角的账号头像图标,在弹出来的对话框中单击"用户中心"按钮,即可进入账号信息界面,如图 12-9 所示。

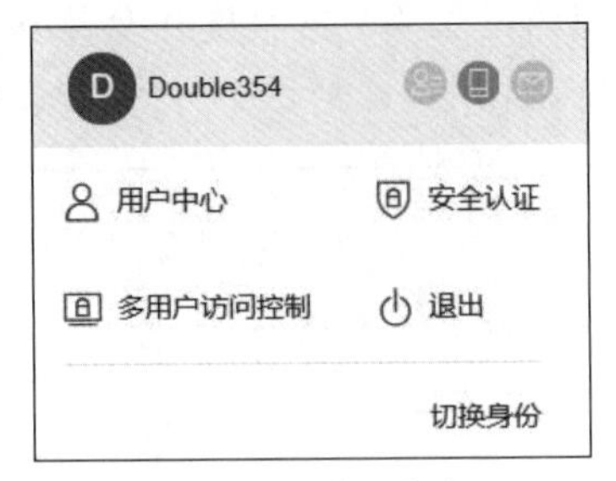

图 12-9 账号用户中心

(5) 在界面最上方的"基本信息"一栏，即可查看开发者认证信息，如图 12-10 所示。单击该栏右侧的"编辑"链接，即可重新选择认证属性及行业分类。

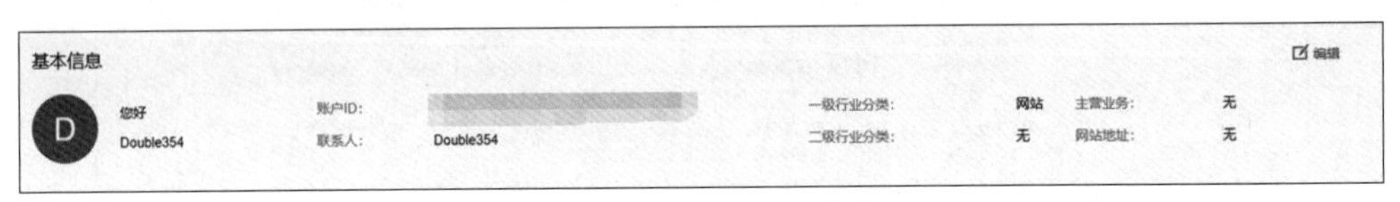

图 12-10 开发者认证信息

3. 登录"百度 AI 开放平台"

完成开发者认证后，即可使用百度 AI 大脑平台上的各种工程工具和开发平台，包括智能数据服务平台。接下来，通过以下步骤进入百度 AI 开放平台，熟悉平台的基本操作。

(1) 打开浏览器，在搜索框中输入"百度 AI 开放平台"并搜索，在搜索结果中找到目标链接，单击链接进入该平台，如图 12-11 所示。

图 12-11 百度 AI 开放平台主页

(2) 单击平台界面右上角的"控制台"，使用百度账号进行登录，进入控制台界面。控制台界面包括账户的各种信息。注意：控制台界面分为旧版和新版，如图 12-12 所示为控制台的新版界面。

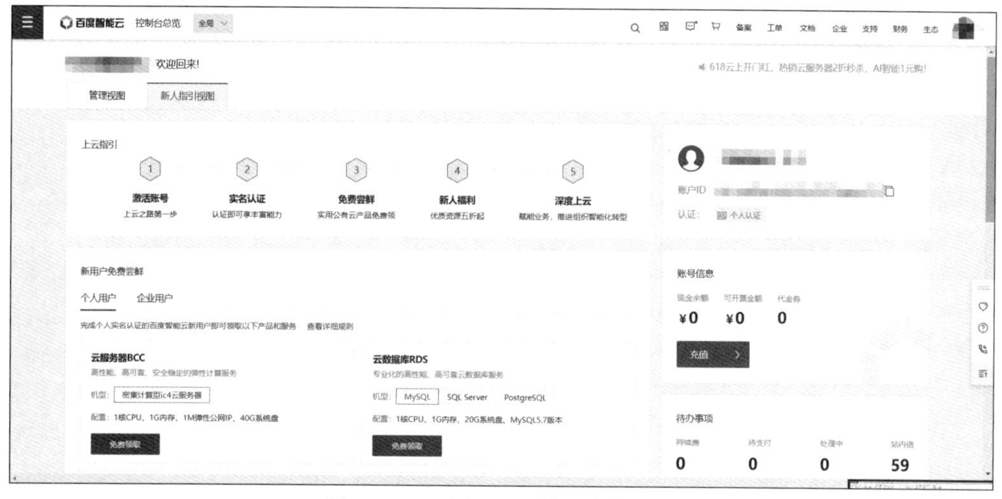

图 12-12　百度 AI 开放平台控制台

（3）单击左侧的导航栏，浏览对应的页面内容，了解平台的基本功能，如图 12-13 所示。

图 12-13　百度 AI 开放平台功能导航栏

4. 领取免费资源

在控制台左侧的导航栏中，单击“产品服务”→“语音技术”按钮，进入语音技术的概览界面，如图 12-14 所示。在概览界面单击“免费尝鲜”可以领取免费资源。

将语音识别、呼叫中心语音、语音合成的全部接口进行免费领取，领取后等待一段时间即可使用。

5. 创建语音识别应用

完成免费资源的领取，重新回到语音技术的概览界面，完成语音识别应用的创建。

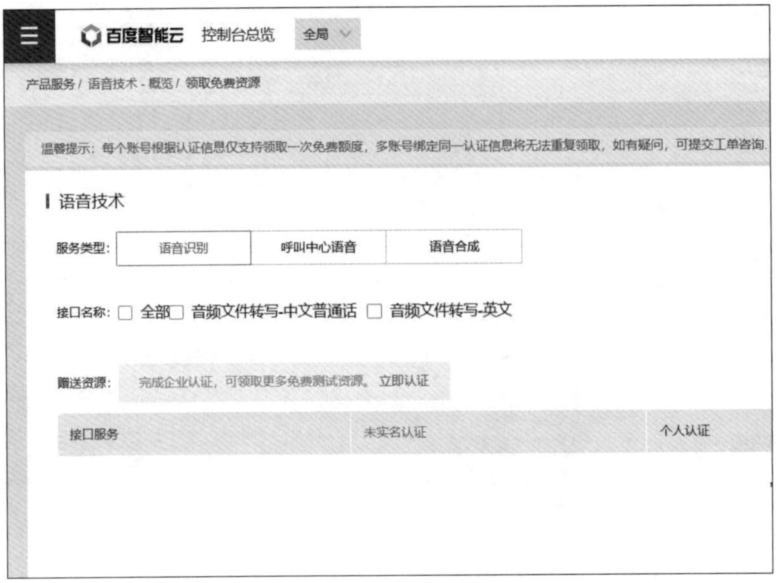

百度智能云 控制台总览 全局

产品服务 / 语音技术 - 概览 / 领取免费资源

温馨提示:每个账号根据认证信息仅支持领取一次免费额度,多账号绑定同一认证信息将无法重复领取,如有疑问,可提交工单咨询

语音技术

服务类型: 语音识别 呼叫中心语音 语音合成

接口名称: 全部 音频文件转写-中文普通话 音频文件转写-英文

赠送资源: 完成企业认证,可领取更多免费测试资源。立即认证

接口服务 未实名认证 个人认证

图 12-14 领取免费资源界面

(1) 单击“创建应用”进入应用创建界面,如图 12-15 所示。

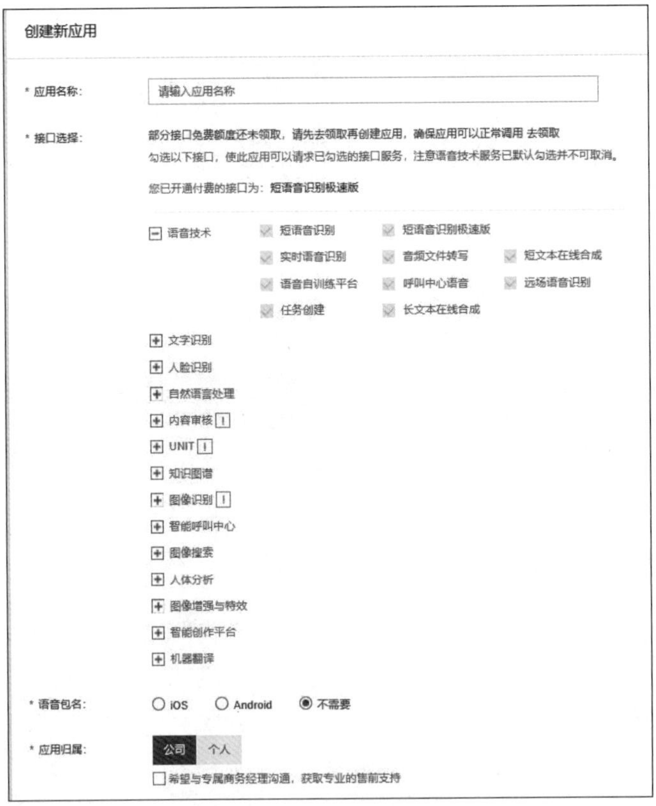

创建新应用

* 应用名称: 请输入应用名称

* 接口选择: 部分接口免费额度还未领取,请先去领取再创建应用,确保应用可以正常调用 去领取

勾选以下接口,使此应用可以请求已勾选的接口服务,注意语音技术服务已默认勾选并不可取消。

您已开通付费的接口为: 短语音识别极速版

语音技术: 短语音识别 短语音识别极速版 实时语音识别 音频文件转写 短文本在线合成 语音自训练平台 呼叫中心语音 远场语音识别 任务创建 长文本在线合成

文字识别

人脸识别

自然语言处理

内容审核

UNIT

知识图谱

图像识别

智能呼叫中心

图像搜索

人体分析

图像增强与特效

智能创作平台

机器翻译

* 语音包名: iOS Android 不需要

* 应用归属: 公司 个人

希望与专属商务经理沟通,获取专业的售前支持

图 12-15 应用创建界面

在“创建新应用”界面填写信息，在“应用名称”一栏中输入自定义名称，如“智能语音输入”，“接口选择”一栏无须修改，在“应用归属”一栏选择“个人”选项，在“应用描述”一栏输入简单介绍。信息填写完成后，单击“立即创建”按钮。

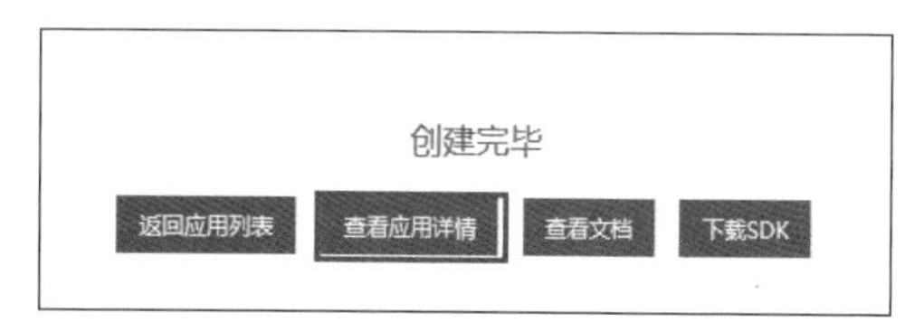

图 12-16　应用创建完毕界面

（2）创建完成后，平台将会分配该应用的相关凭证，主要包括 AppID、API Key、Secret Key。以上三个信息是该应用实际开发的主要凭证，每个应用之间各不相同。在本次项目实训中，需要在程序中填写 API Key 和 Secret Key，因此需要查看该应用的相关凭证。单击“查看应用详情”按钮，进入“应用详情”界面，如图 12-16 所示。

（3）进入“应用详情”界面后，单击 Secret Key 一栏下的“显示”按钮，获取密钥，记录并保存该应用的 API Key 和 Secret Key，如图 12-17 所示。

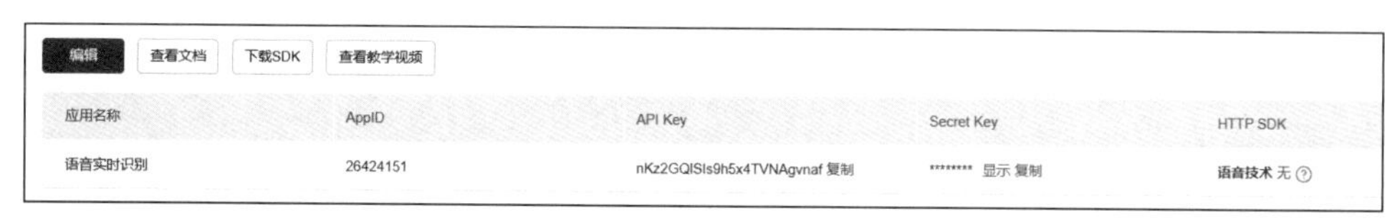
编辑　查看文档　下载SDK　查看教学视频

应用名称	AppID	API Key	Secret Key	HTTP SDK
语音实时识别	26424151	nKz2GQISls9h5x4TVNAgvnaf 复制	******** 显示 复制	语音技术 无

图 12-17　应用详情界面

任务 2：编写语音输入函数

语音识别的应用创建完成后，接下来编写语音输入函数，利用麦克风设备进行音频文件的录制，用于后续发送到语音识别应用中进行识别。在边缘设备的桌面中单击右键，选择 Open Terminal 选项打开终端命令行，如图 12-18 所示。

图 12-18　打开终端命令行

打开终端命令行后,在命令行中依次输入以下命令,切换到本次案例的文件夹并创建voice.py代码文件用于编写实现语音识别功能的代码。

```
cd Desktop/projects/char12/
gedit voice.py
```

在终端命令行中输入上述命令后,即可打开一个名为voice.py的文本编辑窗口,如图12-19所示。接下来即可编写相关代码,实现音频文件的录制。

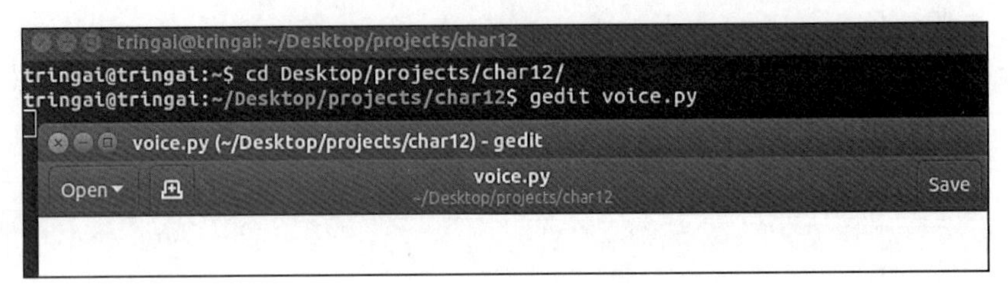

图12-19 创建voice.py文件

1. 导入库函数

在语音识别的过程中需要对数据进行编码和解码,以及调用百度API进行语音识别等操作,导入相关的库函数有助于功能的实现,代码如下。

```
import json
from urllib.request import urlopen
from urllib.request import Request
from urllib.parse import urlencode
from utils import fetch_token
from utils import my_record
```

导入的函数作用说明如表12-1所示。

表12-1 函数作用说明

函数名	函数的作用
json	用于将数据格式转换为JSON格式
urlopen	对目标网址进行访问
Request	用于发送网络请求
urlencode	将信息转换为可用于访问的网址
fetch_token	获取访问令牌token
my_record	录制标准音频

2. 录制标准音频

对于音频文件的准备,使用my_record()函数录制标准的音频。首先指定需要识别音频文件名称，设置音频的标准采样率为 16 000Hz，音频录制的时长为 3s，最后调用 my_record()函数进行音频的录制。代码如下。

```
#需要识别的文件路径,支持 PCM/WAV/AMR 格式
AUDIO_FILE ='16k.wav'
#音频采样率,音频格式必须满足采样率
RATE =16000
#音频时长
time =3
my_record(audio_name=AUDIO_FILE,time=time,framerate=RATE)
```

以上代码便完成了语音输入函数的编写，后续执行程序时即可调用麦克风设备进行音频文件的录制，运行期间终端中会有"开始录制"和"录制结束"的字样输出，同时可以在代码文件相同目录下看到录制的音频文件 16k.wav，该音频文件将后续输入语音识别接口进行识别。

任务3：编写语音识别函数

语音输入函数编写完成后，接下来继续编写语音识别函数，根据语音识别 API 结果的要求，将所需的参数和音频文件封装进请求体，以便后续将请求体发送到接口中进行识别。接下来通过以下步骤编写语音识别函数的代码。

1. 配置语音识别参数

录制了标准的音频后，需要对语音识别的相关参数进行配置。首先获取音频的格式，其中音频的格式支持 PCM、WAV、AMR 格式。设置唯一标识，唯一标识统一设置为"123456PYTHON"。然后设置语音识别的语言以及对应的模型，默认设置为普通话以及语音近场识别模型。最后通过官方文档设置语音识别的地址和语音识别功能的功能名称。代码如下。

```
#文件格式
FORMAT =AUDIO_FILE[-3:]
#唯一标识符
CUID ='123456PYTHON'
#1537 表示识别普通话
DEV_PID =1537
#语音识别地址
ASR_URL ='http://vop.baidu.com/server_api'
#设置语音识别功能的功能名称
SCOPE ='audio_voice_assistant_get'
```

除了使用普通话，还可以识别英语、粤语、四川话等。不同的语言对应的模型也不一样，通过设置 DEV_PID 参数进行选择，参数的选择如表 12-2 所示

表 12-2 语音识别参数选择

DEV_PID	语 言	模 型	是否有标点	备 注
1537	普通话(纯中文识别)	语音近场识别模型	有标点	支持自定义词库
1737	英语	英语模型	无标点	不支持自定义词库
1637	粤语	粤语模型	有标点	不支持自定义词库

2. 获取访问令牌

在调用 API 时,需要进行授权认证,即 Token 认证。Token 在计算机系统中代表访问令牌(临时)的意思,拥有 Token 就代表拥有某种权限。为了获取令牌,调用获取令牌函数 fetch_token(),利用 API Key 和 Secret Key 两个信息来获取访问令牌。

首先设置 API Key 和 Secret Key 两个信息,以下代码中 API_KEY 和 SECRET_KEY 的值为空,需要填写为任务 1 中获取到的应用信息,接着调用函数获取访问令牌,代码如下。

```
#设置 API Key 和 Secret Key
API_KEY = ''
SECRET_KEY = ''
#设置用于请求 TOKEN 的请求地址
TOKEN_URL = 'http://aip.baidubce.com/oauth/2.0/token'
token = fetch_token(API_KEY, SECRET_KEY, TOKEN_URL)
```

此时 token 返回的是访问令牌,使用 token 即可完成语音识别等工作。

任务 4:语音识别测试应用

语音识别函数编写完成后,接下来继续在文本编辑框中编写发送请求获取返回结果的代码,相关步骤如下。

1. 读取音频

根据音频文件的地址,利用 Python 对音频文件进行读取。为了防止音频不存在或者音频没有语音信息的情况,通过统计读取音频的长度进行判断,如果可以正常读取音频文件,则程序会顺利执行,获取音频的信息,反之会打印出错误信息,代码如下。

```
#定义空列表存储读取的音频信息
speech_data = []
#读取音频
with open(AUDIO_FILE, 'rb') as speech_file:
    speech_data = speech_file.read()
#统计读取的音频的长度
length = len(speech_data)
#如果读取的音频长度为 0,说明音频信息不存在,打印出错误信息
if length == 0:
    raise DemoError('file % s length read 0 bytes' %  AUDIO_FILE)
```

2. 语音识别

利用获得的访问令牌和读取的音频信息对音频进行识别，将识别的结果打印在屏幕中。语音识别的流程图如图 12-20 所示。

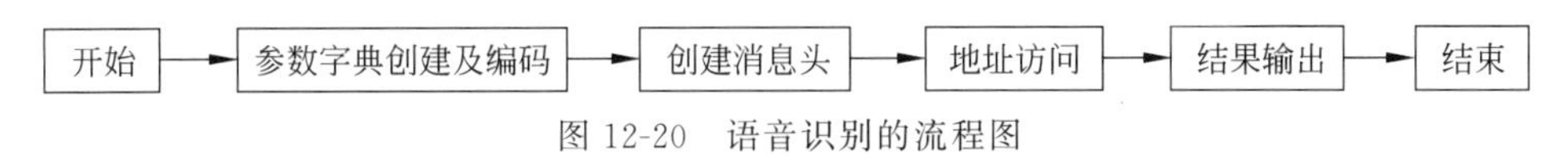

图 12-20 语音识别的流程图

(1) 参数字典创建及编码。创建字典存储用于语音识别的所有参数，包括唯一标识、访问令牌和识别的语言类型。利用 urlencode 函数对创建的参数字典进行编码。

(2) 创建消息头。创建字典用于存储消息头的相关信息，包括读取音频的类别和音频的长度。

(3) 地址访问。通过语音识别的地址和参数字典的编码信息获取访问的地址，利用 request 对地址进行访问获得语音识别的结果。

(4) 结果输出。将语音识别的结果进行读取，打印出识别的信息，并将结果保存在 TXT 文件中。

了解完语音识别的流程后，接下来进行代码编写，代码如下。

```
#创建字典参数
params ={'cuid': CUID, 'token': token, 'dev_pid': DEV_PID}
#对参数进行编码
params_query =urlencode(params)
#创建消息头字典
headers ={
    'Content-Type': 'audio/' +FORMAT +'; rate=' +str(RATE),
    'Content-Length': length
}
#获取访问的地址
url =ASR_URL +"?" +params_query

#对地址进行访问
req =Request(ASR_URL +"?" +params_query, speech_data, headers)
f =urlopen(req)
#获得语音识别的结果
result_str =f.read()
#将结果转换为 UTF-8 格式
result_str =str(result_str, 'utf-8')
#打印结果
print(result_str)
#将语音识别结果保存在 TXT 文件中
with open("result.txt", "w") as of:
    of.write(result_str)
```

上述代码在 voice.py 文件中编写完成后，按 Ctrl+S 组合键或单击 Save 按钮保存代码文件，接着单击关闭界面的按钮，即可完成对语音识别代码文件的编写，如图 12-21 所示。

语音识别代码文件 voice.py 保存完成后，接着在终端命令行中输入以下命令，运行

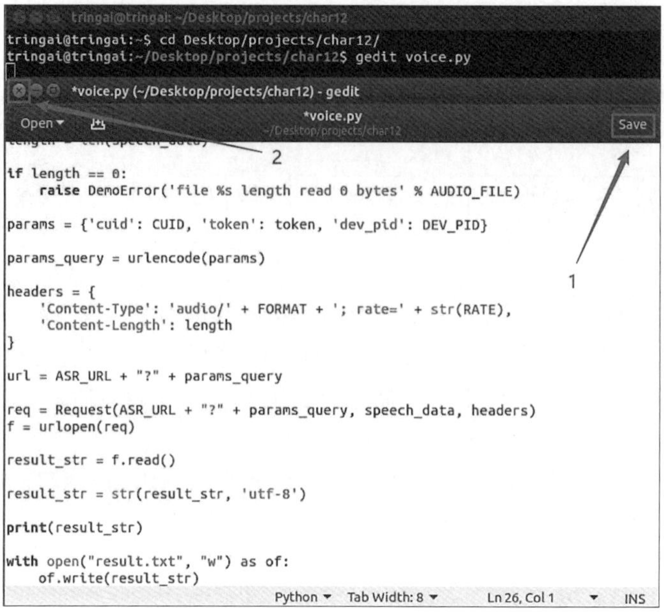
tringai@tringai: ~/Desktop/projects/char12
tringai@tringai:~$ cd Desktop/projects/char12/
tringai@tringai:~/Desktop/projects/char12$ gedit voice.py
*voice.py (~/Desktop/projects/char12) - gedit
Open
*voice.py
~/Desktop/projects/char12
Save
2
if length == 0:
raise DemoError('file %s length read 0 bytes' % AUDIO_FILE)
params = {'cuid': CUID, 'token': token, 'dev_pid': DEV_PID}
params_query = urlencode(params)
headers = {
'Content-Type': 'audio/' + FORMAT + '; rate=' + str(RATE),
'Content-Length': length
}
1
url = ASR_URL + "?" + params_query
req = Request(ASR_URL + "?" + params_query, speech_data, headers)
f = urlopen(req)
result_str = f.read()
result_str = str(result_str, 'utf-8')
print(result_str)
with open("result.txt", "w") as of:
of.write(result_str)
Python Tab Width: 8 Ln 26, Col 1 INS

图 12-21　保存 voice.py 文件

voice.py 代码文件,实现调用麦克风录制音频文件,并向语音识别 API 发送请求,识别音频文件中的语音,最终将识别结果进行输出和保存到 TXT 文件。

```
python3 voice.py
```

在终端命令行输入上述命令后,即可在终端中看到如图 12-22 所示的输出,此处录制的语音为"广州天气怎么样",可以看到识别结果一致,同时可打开生成的 result.txt 结果文件,其结果与录制的语音结果一致。

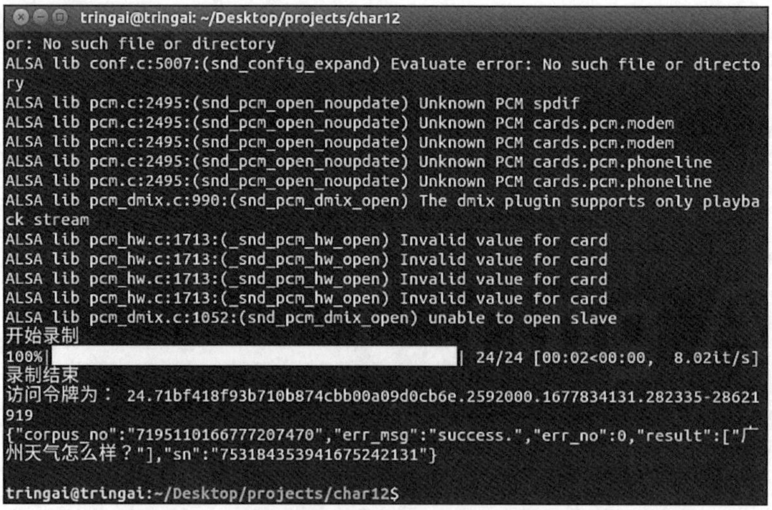
tringai@tringai: ~/Desktop/projects/char12
or: No such file or directory
ALSA lib conf.c:5007:(snd_config_expand) Evaluate error: No such file or directory
ALSA lib pcm.c:2495:(snd_pcm_open_noupdate) Unknown PCM spdif
ALSA lib pcm.c:2495:(snd_pcm_open_noupdate) Unknown PCM cards.pcm.modem
ALSA lib pcm.c:2495:(snd_pcm_open_noupdate) Unknown PCM cards.pcm.modem
ALSA lib pcm.c:2495:(snd_pcm_open_noupdate) Unknown PCM cards.pcm.phoneline
ALSA lib pcm.c:2495:(snd_pcm_open_noupdate) Unknown PCM cards.pcm.phoneline
ALSA lib pcm_dmix.c:990:(snd_pcm_dmix_open) The dmix plugin supports only playback stream
ALSA lib pcm_hw.c:1713:(_snd_pcm_hw_open) Invalid value for card
ALSA lib pcm_hw.c:1713:(_snd_pcm_hw_open) Invalid value for card
ALSA lib pcm_hw.c:1713:(_snd_pcm_hw_open) Invalid value for card
ALSA lib pcm_hw.c:1713:(_snd_pcm_hw_open) Invalid value for card
ALSA lib pcm_dmix.c:1052:(snd_pcm_dmix_open) unable to open slave
开始录制
100%| | 24/24 [00:02<00:00, 8.02it/s]
录制结束
访问令牌为: 24.71bf418f93b710b874cbb00a09d0cb6e.2592000.1677834131.282335-28621919
{"corpus_no":"7195110166777207470","err_msg":"success.","err_no":0,"result":["广州天气怎么样?"],"sn":"753184353941675242131"}
tringai@tringai:~/Desktop/projects/char12$

图 12-22　运行 voice.py 文件

【模块小结】

综上所述，随着人工智能技术的发展，应用场景将不断丰富，并驱动其支撑技术的持续发展，人工智能的市场规模将逐步扩大。人类正在逐步迈向“智能时代”，语音识别作为互联时代前沿的新兴技术，将逐步渗透至各行各业。在大数据时代下，人们的很多工作都需要在计算机网络的支持下才能完成。因此，人们急需在智能服务中应用语音识别，来代替人工的工作。另外，对人工智能进行更加深入的研究，并凭借先进的技术，对人工智能进行进一步的完善，让人工智能为人们的工作和生活提供更多的帮助。

【知识拓展】　智能客服的发展趋势

智能客服是以云计算、人工智能、大数据等新一代数字化技术为基础，综合应用语音识别技术、语音合成技术、知识管理技术、自动问答系统、智能推理技术等，从而降低客服人力成本、提高客服响应效率、增强用户体验的客户服务形式。

智能客服的核心价值主要体现在客户体验的提升、企业降本增效、提升企业品牌差异化。企业客户采用智能客服的原因众多，主要包括提升客户体验、提升品牌差异化、改善客服人员体验、降低成本、增加收入5大原因。

其中，提升客户体验是被企业提及最多的原因，该因素在领先企业和其他企业中的重要性占比最高（分别为46％、33％），是企业采用智能客服最重要的推动因素，也是智能客服最核心的价值体现。此外，对于领先企业而言，采用智能客服第二重要的是提升品牌差异化；而对其他企业而言，第二重要的是降低成本和增加收入。

在新一代智能技术赋能下，大数据、云计算、人工智能等技术促使客服系统与互联网交融，给客服中心引入创新的智能化服务模式。智能客服通过文字、语音、图片等媒介与用户构建交互桥梁，协助人工进行会话、质检、业务处理，从而释放人力成本、提高响应效率。伴随技术的深入应用，客服中心迈向AI数字化运营，客服的边界被不断拓宽拓深。智能客服在为企业提供客服基础上，正在助力实现企业管理的优化升级。

【课后实训】

（1）以下哪一项是json函数的作用？（　　）【单选题】

A. 用于将数据格式转换

B. 对目标网址进行访问

C. 用于发送网络请求

D. 获取访问令牌token

（2）以下哪一项是urlopen函数的作用？（　　）【单选题】

A. 用于将数据格式转换

B. 对目标网址进行访问

C. 用于发送网络请求

D. 获取访问令牌 token

(3) 在调用 API 时,需要进行授权认证,即 Token 认证。拥有 Token 就代表什么?(　　)【单选题】

A. 代表拥有某种权限

B. 代表网络通畅

C. 代表 API 调用次数有剩余

D. 代表程序无误

参 考 文 献

[1] 罗先进，沈言锦. 人工智能应用基础[M]. 北京：机械工业出版社，2021.
[2] 丁艳. 人工智能基础与应用[M]. 北京：机械工业出版社，2020.
[3] 曾照香，易贵平，刁秀珍. 智能制造系统集成应用(初级)[M].北京：机械工业出版社，2022.
[4] 肖正兴，聂哲. 人工智能应用基础[M]. 北京：高等教育出版社，2019.
[5] 李德毅. 人工智能导论[M]. 北京：中国科学技术出版社，2018.
[6] 周济，李培根. 智能制造导论[M]. 北京：高等教育出版社，2021.
[7] 北京新奥时代科技有限责任公司. 人工智能前端设备应用实训(中级)[M]. 北京：电子工业出版社，2022.
[8] 肖正兴，聂哲. 人工智能应用基础[M]. 北京：高等教育出版社，2019.
[9] 北京百度网讯科技有限公司. 百度 AI 开放平台客户案例[Z/OL]. [2022-03-26] . https://ai.baidu.com/customer.

图书资源支持

感谢您一直以来对清华版图书的支持和爱护。为了配合本书的使用，本书提供配套的资源，有需求的读者请扫描下方的“书圈”微信公众号二维码，在图书专区下载，也可以拨打电话或发送电子邮件咨询。

如果您在使用本书的过程中遇到了什么问题，或者有相关图书出版计划，也请您发邮件告诉我们，以便我们更好地为您服务。

我们的联系方式：

清华大学出版社计算机与信息分社网站：https://www.shuimushuhui.com/

地　　址：北京市海淀区双清路学研大厦 A 座 714

邮　　编：100084

电　　话：010-83470236　010-83470237

客服邮箱：2301891038@qq.com

QQ：2301891038（请写明您的单位和姓名）

资源下载：关注公众号“书圈”下载配套资源。

资源下载、样书申请

书圈

图书案例

清华计算机学堂

观看课程直播